动物常见病特征与防控知识集要系列丛书

常见人兽共患病特征与防控知识集要

史利军　主编

中国农业科学技术出版社

图书在版编目（CIP）数据

常见人兽共患病特征与防控知识集要 / 史利军主编．—北京：中国农业科学技术出版社，2016.1

（动物常见病特征与防控知识集要系列丛书）

ISBN 978－7－5116－2298－3

Ⅰ.①常… Ⅱ.①史… Ⅲ.①人畜共患病－防治 Ⅳ.①R442.9 ②S855

中国版本图书馆 CIP 数据核字（2015）第 240157 号

责任编辑 徐 毅 褚 怡
责任校对 马广洋

出 版 者 中国农业科学技术出版社
北京市中关村南大街 12 号 邮编：100081
电 话 (010)82106631(编辑室) (010)82109702(发行部)
(010)82109709(读者服务部)
传 真 (010)82106631
网 址 http://www.castp.cn
经 销 者 各地新华书店
印 刷 者 北京昌联印刷有限公司
开 本 880mm×1230mm 1/32
印 张 11.875
字 数 300 千字
版 次 2016 年 1 月第 1 版 2016 年 1 月第 1 次印刷
定 价 34.00 元

动物常见病特征与防控知识集要系列丛书

《常见人兽共患病特征与防控知识集要》

编 委 会

编委会主任 史利军

编委会委员 史利军 袁维峰 侯绍华
胡延春 曹永国 王 净
刘 锴 秦 彤 金红岩

主 编 史利军

副 主 编 张贺楠 金红岩 李淑英

编 写 人 员 (以姓氏笔画为序)

于 雷 王 净 王建军 王 彬
史利军 李淑英 张贺楠 金红岩
韩 伟

序

我国家畜、家禽及伴侣动物的饲养数量与种类急剧增加，伴随而来的动物疾病防控问题越来越突出。动物疾病，尤其是传染病，不仅影响动物的健康生长，而且严重威胁到了畜主、基层一线人员自身的安全，该类疾病的发生引起了社会的广泛关注，所以有必要对主要动物疾病有整体的了解与把握。由于环境的改变、饲料种类与质量的变化等因素造成的动物普通病，严重制约了当前农村养殖业的稳定持续协调健康发展，必须高度重视这些问题。

为使全国广大养殖户及畜主重视动物疾病的防控，掌握动物疾病防控的基本知识和最新技术，并有针对性地采取相关措施，组织有关专家和技术人员编写了《动物常见病特征与防控知识集要系列丛书》。该丛书可让养殖户、畜主等基层一线读者系统全面地了解动物疾病防治的基础知识以及病毒性传染病、细菌性传染病、寄生虫病、营养缺乏和代谢病、普通病、繁殖障碍病等的临床表现与症状，找出治疗方法，正确掌握动物疾病的用药基本知识，做到药到病除。

该系列书从我国目前动物疾病危害及严重流行的实际出发，针对制约我国养殖业生产水平、食品安全与公共卫生安全等关键问题，详细介绍了各种动物常见病的防治措施，包括临床表现、诊治技术、预防治疗措施及用药注意事项等。选择多发、常发的动物普通病、繁殖障碍病、细菌病、病毒病、寄生虫病进行了详细介绍。全书文字简练，图文并茂，通俗易懂，科学实用，是基层兽医人员、养殖户一本较好的自学教科书与工具书。

该系列丛书是落实农村科技工作部署，把先进、实用技术推广到农村，为新农村建设提供有力科技支撑的一项重要举措。该系列丛书凝结了一批权威专家、科技骨干和具有丰富实践经验的专业技术人员的心血和智慧，体现了科技界倾注“三农”，依靠科技推动新农村建设的信心和决心，必将为新农村建设做出新的贡献。

丛书编写委员会

2014 年 9 月

前　言

由于人兽共患病的肆虐对养殖业和人类的健康造成了巨大危害，人兽共患病的预防控制工作备受关注。人兽共患传染病是指人类与人类饲养的畜禽、野生动物之间自然传播的疾病和感染疾病，包括由病毒、细菌、衣原体、立克次体、支原休、螺旋体、真菌、原虫和蠕虫等病原体所引起的各种疾病。据有关文献记载，动物传染病有 200 余种，其中，有半数以上可以传染给人类，另有 100 种以上的寄生虫病也可以感染人类。在人类历史长河中，人兽共患病曾经造成巨大死亡，如鼠疫、天花、伤寒、霍乱、流感等，每次流行，造成的死亡人数都达到几十万、几百万甚至上千万。现在虽然科学技术发达，可人类并没有彻底消灭人兽共患病，人类感染人兽共患病的风险依然很大。目前，全世界已证实的人与动物共患传染病和寄生性动物病有 250 多种，其中，较为重要的有 89 种，我国已证实的人与动物共患病约有 90 种。20 世纪 70 年代以来，全球范围内新出现传染病和重新出现的传染病达到 60 多种，其中半数以上是人兽共患病。近年来，中国动物饲养数量一直以每年约 10% 的速度在增长，动物源人兽共患病的有效防控及深入研究成为动物及相关人员能否健康的关键。目前，城市动物主要以犬和猫为主，也包括观赏性鸟类、小型猪等其他小动物。动物源人兽共患病不仅危害动物健康，而且严重危害人类健康。其中的狂犬病、流感、结核病、弓形虫病、棘球蚴病等在我国一些地区动物群内仍有发生，对人民身体健康构成严重威胁，已引起社会各界广泛关注。

在我国，大多数人对人兽共患病的危害性认识不足，因此，应积极开展人兽共患病的理论知识和预防控制教育工作。为使全国广大兽医工作者及畜主重视人兽共患病，掌握人兽共患病的基本知识和最新进展，加强对人兽共患病防控工作的研究并采取针对性措施，编写了《常见人兽共患病特征与防控知识集要》一书。本书结合国内外最新资料，对每一种人兽共患病从病原、流行病学、对人与动物的致病性、诊断、防控等具体层面进行了介绍。该书注重实际应用，内容浅显、实用、易懂。

本书的编者来自以下单位：中国农业科学院北京畜牧兽医研究所（史利军），中牧实业股份有限公司（张贺楠、于雷、韩伟），西藏职业技术学院（金红岩），中国农业科学院农产品加工研究所（李淑英），河北北方学院动物科技学院（王净），内蒙古包头市农产品质量安全检验检测中心（王建军），哈药集团生物疫苗有限公司（王彬）。本书受中央级公益性科研院所基本科研业务费专项资金项目（2014ywf－yb－5）的资助。

由于作者水平有限，时间仓促，书中不足甚至错误之处在所难免，恳请读者批评指正。

编　者

2015 年 5 月于北京

目 录

第一章　病毒性人兽共患病

第一节　狂犬病

狂犬病俗称疯狗病，又称恐水症，是由狂犬病病毒引起的一种人兽共患病，该病一旦发病，死亡率近100%，迄今为止，是人类病死率最高的传染病。临床特征是神经兴奋和意识障碍，继之局部或全身麻痹而死亡。我国是狂犬病的高发地区，感染狂犬病死亡人数居世界第二，仅次于印度。狂犬病是世界性疾病，目前，有100多个国家和地区存在本病，迄今尚无有效的治疗药物和方法。

一、病原

狂犬病病毒为不分节段的单股负链RNA病毒，是一种嗜神经病毒，属于弹状病毒科狂犬病毒属。狂犬病病毒在外界环境下抵抗力较弱，可被日光紫外线或超声波等破坏；强酸、强碱、高锰酸钾、酒精、甲醛等可灭活；经56℃ 30～60分钟或100℃ 2分钟可灭活，狂犬病毒在自然环境下可保持活力7～10天。

二、流行病学

狂犬病属于自然疫源性疾病，野生动物是狂犬病毒主要的自然储存宿主。易感动物感染狂犬病病毒后，均可成为传染源。发展中国家的狂犬病主要传染源是病犬，其次为猫和狼。在发达国家，犬、猫狂犬病已经得到了控制，传染源主要是野生动物如红狐、食血蝙蝠、臭鼬和浣熊等。狂犬病毒有隐性感染的现象，健康带毒动物成为狂犬病潜在的传染源。几乎所有的温血动物如家畜、家禽及野生动物均对狂犬病病毒易感，在自然界中，易感动物主要是犬科和猫科动物。患病动物唾液50% ~90%含狂犬病病毒，大部分动物或人的狂犬病主要通过被患病动物咬伤或者抓伤，病毒自皮肤损伤处进入。少数是通过黏膜如被患病动物触舔肛门黏膜、溃疡表面感染，在极其特殊的情况下，病毒可通过呼吸道感染或气溶胶传播。病毒也可由消化道感染，野生动物也可能扒吃掩埋不深的病尸而发生传染。目前，已证实患狂犬病不会通过胎盘传给胎儿。这是因为狂犬病毒是一种嗜神经病毒，它侵入人体后，主要存在于脑、脊髓、唾液腺和眼角膜等处，一般不会通过胎盘传给胎儿。但狂犬病却可以通过乳汁传播给婴儿。哺乳期妇女如被疯狗咬伤，应停止哺乳。有人从狂犬病病人或动物(牛、马等)乳汁中查出了狂犬病毒。因此，狂犬病畜或被疯动物咬伤的牛、羊等的鲜乳，未经煮沸不能饮用。

三、临床特征与表现

狂犬病的潜伏期变动很大，各种动物亦不尽相同，一般为2~8周，最短为8天，长者可达数月或1年以上。各种动物的临诊表现都相似，一般可分为两类，一种为常见的典型的狂躁型；另一种是少见的麻痹型。

(一) 犬

犬的狂暴型可分为前驱期、兴奋期和麻痹期3个阶段。

1. 前驱期或沉郁期

此期0.5~2天，病犬精神沉郁，常躲在暗处，不愿和人接近，或不听呼唤，强行牵引则咬其主人。病犬食欲反常，喜食异物，喉头轻度麻痹，吞咽时颈部伸展，瞳孔散大，反射机能亢进，轻度刺激即兴奋，有时望空扑咬。性欲亢进，唾液分泌增多。

2. 兴奋期或狂暴期

一般2~4天，病犬表现为高度兴奋，狂暴不安，常常攻击人畜或咬伤自己。狂暴发作往往与沉郁交替出现。病犬卧地不动，但不久又站起，表现一种特殊的斜视和惶恐的表情，当再次受到外界刺激时，再次发作。随病势发展，陷于意识障碍，反射紊乱，狂咬，显著消瘦，吠声嘶哑，散瞳或缩瞳，下颌麻痹，流涎和夹尾等。

3. 麻痹期

麻痹期一般1~2天，麻痹急剧发展，表现下颌下垂，舌脱出口外，大量流涎，不久后躯及四肢麻痹，卧地不起，吞咽困难，见水表情惊恐，故又名恐水症。最后，因呼吸中枢麻痹或衰竭而死亡。

整个病程为6~8天，少数病例可延长到10天。

犬的麻痹型为兴奋期很短或轻微表现即转入麻痹期，经2~4天死亡。

（二）其他动物

牛、羊、鹿患病后呈不安、兴奋、攻击和顶撞墙壁等临床症状，大量的流涎，最后麻痹而死。马的临诊症状与此相似，有时呈现破伤风样临床症状。

（三）野生动物

自然感染见于大多数犬科动物和其他哺乳动物。潜伏期差异很大，但很少短于10天或长于6个月。人工感染的狐、臭鼬和浣熊的临诊症状与犬的临诊症状相似，大多数表现为狂暴型。狐的病程持续2~4天，而臭鼬的病程可达4~9天。

（四）人

狂犬病的前驱期通常是在咬伤后数周内，狂犬病的早期症状为非特异性的，可能包括厌食、嗜眠、发热、吞咽困难、呕吐、尿频和腹泻，在临床病程早期还可以见到渐进性的改变。患者随后可出现焦躁不安，不适，头痛，体温略升，随后兴奋和感觉过敏，流涎，对光、声敏感，瞳孔散大，咽肌痉挛，吞咽困难，并出现恐水症状，甚至听到流水声就发生惊恐和痉挛发作。兴奋期可能持续至死亡，或在死前出现全身麻痹。人狂犬病除了急性行为改变以外，没有示病性或种属特异性临床症状。

四、诊断

（一）动物的临床诊断

动物狂犬病的临床诊断虽不能确定感染，但对下一步确诊和采取有效的防治措施具有重要意义。动物出现疑似狂犬病的异常表现，并在出现临床症状以前，有过和正常情况下不易接触到的动物接触史的，或明显看到动物被咬伤情况的，可以初步诊断为狂犬病。确诊必须通过实验室检测。

（二）人的临床诊断

人感染狂犬病后临床表现为脑炎症状；由于感染个体不同而有差异。同时由于人的其他病毒性脑炎症状和狂犬病的症状尤其在早期容易混淆，因此，仅靠临床症状不能确诊。但通常根据问诊或主要的临床表现就可做出初步诊断。人狂犬病生前诊断主要依据以下几方面：①具有暴露史：人发病必定有暴露给动物的历史，在数天、数月乃至数年前曾被犬或猫或家畜或野生动物咬伤，或被舔吮，或曾宰杀过动物尤其是犬科动物等。②临床表现相关或相同：狂犬病的临床表现有以下特点：咬伤部位出现异常感觉，或咬伤肢体出现麻木感，蚁行感，肌肉呈现水肿或毛发竖立；出现恐水、怕风、咽喉部肌肉痉挛，对声光刺激过敏，出现多汗、流涎，咬伤肢体麻木，感觉异常；沉郁型或麻痹性狂犬病临床表现及特点可能不明显，尤其潜伏期较长的狂犬病，症状和表现可能较为复杂，需综合流行病学因素全面诊断。

（三）实验室诊断

根据临床症状可以做出初步诊断，实验室诊断常用的方法有以下几种。

1. 内基小体检查

取新鲜未固定脑等神经组织制成压印标本或制作病理组织切片，用 Seller 氏染色，内基小体呈鲜红色，其中，见有嗜碱性小颗粒。

2. 动物接种试验

取脑组织制成乳剂，给 3～5 周龄鼠脑内接种，在接种后第二天开始每天扑杀，用鼠脑做荧光抗体试验。如接种 1～2 周出现麻痹、脑炎临诊症状，死后脑内检出内基小体，也可作出诊断。

3. 免疫学检测

（1）荧光抗体试验。该法是世界卫生组织推荐的一种方法，能在疾病的初期做出诊断。我国也将荧光抗体试验作为检查狂犬病的首选方法。

（2）酶联免疫吸附试验。ELISA 既可测狂犬病的抗原又可测抗体，快速简便。目前，国内外多个厂家已经生产出快速狂犬病 ELISA 诊断试剂盒，应用方便，可用于大批量样品的流行病学调查。ELISA 可用于定性检测犬猫疫苗接种后血清样品中的狂犬病抗体。

4. 反转录—聚合酶链反应（RT－PCR）

RT－PCR 是检测狂犬病的一种常见的分子生物学诊断方法，动物的唾液、脑脊液、皮肤、脑组织标本、感染病毒后的细胞培养物和鼠脑均可用于病毒核酸的检测。RT－PCR 技术具有高灵敏度和高特异性的特点，在大规模样品的初步筛选中具有无可替代的优点，同时，检测结果直观，容易判定。

五、防制措施

狂犬病是一种人兽共患的急性传染病，死亡率近达100%，至今无有效的治疗药物和方法，因此，对于狂犬病做好防治措施是至关重要的。

（一）加大宣传力度，普及防治知识

从城市到农村，针对高危人群及养犬密度大的农村，开展预防宣传，通过多种形式开展狂犬病危害，犬猫的管理与免疫，被犬猫咬伤后的处理方法等知识的宣传教育活动，普及狂犬病的防治知识，提高群众防护意识，降低狂犬病的发病率。

（二）健全法律法规，加强犬猫管理

健全有关狂犬病防控监督管理的法律和法规，在国家法律保护的基础上，狂犬病的防控工作才能更有效地开展。将犬狂犬病列入强制免疫病种目录，进行强制免疫接种，严格实施准养证和免疫证。加强对犬猫的管理，可从管理家犬、免疫家犬、消灭无主犬和流浪犬、检疫进出口犬这四方面着手。对发病的犬、猫立即捕杀、焚毁或深埋，并对受污染的房舍和周围环境彻底消毒，避免疫情扩散。

（三）咬伤后的处置

人一旦被可疑动物咬伤或抓伤，应及时采取积极措施对伤口进行局部处理，同时进行疫苗接种以防止发病。对伤口的局部处理应在伤后立即进行，即使伤后已数小时，局部处理仍应按规定进行。伤口的正确处理方法是：挤压伤口，使之尽量多流些血，然后使用20%肥皂水反复冲洗，再用大量凉开水反复冲洗后，局部用70%酒精或2.5%～5%碘酒消毒。凡严重咬伤，伤口多处或咬伤头、面、颈部或手指者，在接种疫苗的同时应注射抗狂犬病免疫血清、纯化的马或人免疫球蛋白。由于狂犬病的高死亡率，为安全起见，不管伤人动物是否患有狂犬病，受伤后都应立

即接种狂犬病疫苗。

第二节　流　感

流行性感冒简称流感，与普通感冒不同，它是由正黏病毒科流感病毒引起的一种急性高度接触性传染病，通常引起禽类、人和其他哺乳动物的感染，通常侵害上呼吸道，在水貂和各种海生哺乳动物，则为自然发生的散发病例。

此病在动物间存在历史已久。1878 年意大利首次报道发生真性鸡瘟，即高致病性禽流感，该病后来在世界各地发生多次流行，造成巨大经济损失；1918 年猪流感在美国大流行，此后几乎每年都有发生，很快蔓延到许多国家。动物流感中，唯有高致病性禽流感病毒属于我国规定的一类动物传染病，自 1997 年陆续有高致病性禽流感直接从鸡传染人并引起死亡的报道，因此，该病引起世界各国的高度重视。人类流感的流行，迄今已有百余次之多，20 世纪有详细记载的世界大流行就有 3 次。

一、病原

流感病毒属于正黏病毒科，有 A 型流感病毒属、B 型流感病毒属、C 型流感病毒属等。其中，A 型流感病毒感染的宿主范围最广，包括人、猪、马、海洋哺乳动物、禽类等，是人和畜禽呼吸道疾病的重要病原。根据其表面糖蛋白血凝素（HA）和神经氨酸酶（NA）抗原性的不同，可将其分为 16 个 HA 亚型和 9 个 NA 亚型，对人类健康、动物生产和经济发展影响最大的是禽流感、马流感和猪流感。B 型和 C 型流感病毒主要感染人，对动物的危害相对较小。其中，B 型流感病毒常常局部暴发，不引起世界性流感大流行；C 型流感病毒以散在形式出现，主要侵袭婴幼儿，一般不引起流行。

流感病毒对环境的抵抗力相对较弱，高热或低 pH 值、非等渗环境和干燥均可使病毒灭活。在 -70℃稳定，冻干可保存数年。60℃20 分钟可使病毒灭活，因带有囊膜，一般消毒剂对病毒均有作用。

二、流行病学

（一）禽流感

各亚型的 A 型流感病毒，几乎都在家禽和野禽中分离到。截至目前，高致病性禽流感病毒都是 H5 和 H7 血清亚型，其他亚型对禽类均为低致病性，自 1990 年以来，H9 亚型在一些亚洲国家的鸡群成为占优势的血清亚型。

病禽和带毒禽是主要传染源。鸭、鹅等和野生水禽在本病传播中起重要作用，候鸟也起一定作用。本病的传播途径为气源呼吸道传播和排泄物或分泌物污染经口传播。

本病虽无明显季节性，但常常以冬、春季多发。

（二）猪流感

发生猪流感时，分离到的病毒常见 H1N1 和 H3N2 亚型，猪流感多呈流行性，感染群大多数猪或所有的猪都同时发病。病猪和带毒猪是主要传染源，主要通过鼻、咽途径直接传播。深秋、寒冬和早春是易发季节。

（三）马流感和其他动物流感

除禽以外，A 型流感病毒还可以自然感染马、貂、海豹、鲸等动物。马流感主要是 H7N7 和 H3N8 亚型病毒引起，以空气飞沫传播为主，天气多变的阴冷季节多发，运输、拥挤和营养不良因素也可诱发。

三、临床特征与表现

（一）禽流感

禽流感的临诊症状受到病毒毒力、宿主种类、年龄、性别、并发感染、获得性免疫和环境因素等影响，所以，异常多变。

1. 低致病性禽流感

低致病性禽流感病毒在野禽中引起的大多数感染，都不产生临诊症状，鸡和火鸡的表现为呼吸、消化、泌尿和繁殖器官的异常，以轻度乃至严重的呼吸道临诊症状最为常见，如咳嗽、打喷嚏、啰音、喘鸣和流泪等。产蛋期的鸡蹲窝时间延长而产蛋下降。此外还有堆积、羽毛松乱、精神不振、厌动、饲料和饮水消耗减少，间或下痢。并伴发或继发感染时临诊症状加重。病理变化主要是呼吸道，尤其是窦的损害，以卡他性、纤维性、脓性或纤维脓性炎症为特征。

2. 高致病性禽流感

野禽和家禽通常不产生显著临诊症状，但不同毒株存在差异。1997 年之后，亚洲一些地区流行的 H5N1 病毒，对 1 月龄以下的雏鹅和雏鸭有较强的致死能力，但易感性也存在品种间差异。产蛋期感染均表现产蛋下降。鸡和火鸡在大多数情况下呈最急性，表现死亡。病程较缓的，出现头部肿胀，精神沉郁，水和饲料消耗显著下降，头颈震颤，流泪，呼吸困难，叫声嘶哑，不能站立，角弓反张等。患病家禽在内脏器官和皮肤有各种水肿、出血和坏死，但最急性型可能无大体病理变化。病鸡因皮下水肿常导致头部、颜面、上颈和脚部肿胀，并伴有点状到斑块状出血。内脏器官最恒定的病理变化是浆膜或黏膜面出血和实质的坏死灶。出血在心外膜、胸肌、腺胃和肌胃的黏膜尤为突出。由 H5N1 引起的病变也常见小肠集合淋巴滤泡的坏死和出血。可在胰腺、脾脏和心脏见到坏死灶，肺充血或出血，法氏囊和胸腺通常萎缩。

(二) 猪流感

潜伏期短，几小时到数天。常全群几乎同时感染，病猪体温突然升高到40.3～41.5℃，有时可高达42℃。食欲减退甚至废绝，精神委顿，肌肉和关节痛，常卧地不起，捕捉时则发出惨叫声。呼吸急促、复式腹泻、夹杂阵发性痉挛性咳嗽。粪便干燥。眼和鼻流出黏性分泌物，有时鼻分泌物带有血色。病程较短，如无并发症，多数病猪可于6～7天后康复。发病率高而死亡率低。如有继发感染，则可使病逝加重，发生纤维素性出血性肺炎或肠炎而死亡。

(三) 马流感和其他动物流感

根据病毒型不同，表现的临诊症状不完全一样。H7N9所致的疾病比较温和，H3N8所致的疾病较重，并易继发细菌感染。典型病例表现发热，体温上升到39.5℃以内，稽留1～2天，或4～5天，然后徐徐将至常温，如有复向体温反应，则系发生继发感染。最主要的临诊症状是最初2～3天呈现经常地干咳，随后逐渐变为湿咳，持续2～3周。亦常发生鼻炎，先为水样后变为黏稠鼻液。H7N9感染时常发生轻微喉炎，有继发感染时才呈现喉、咽和喉囊的症状。所有病马在发热时都出现全身临诊症状。病马精神委顿，食欲降低，呼吸和脉搏频数，眼结膜充血浮肿，大量流泪。病马在发热期常表现肌肉震颤，肩部的肌肉最明显，病马因肌肉酸痛而不爱活动。

主要病理变化在下呼吸道，H3N8型较H7N7型有较强的毒力，更呈趋肺性，能观察到细支气管炎、肺炎和肺水肿。发热也较H7N7亚型高，可达41.5℃。

病马多取良性经过，经3～6天即恢复正常，几乎无死亡。

四、诊断

（一）禽流感

通过临诊症状，流行病学和病理变化分析或通过检测流感抗体可作出初步诊断。确诊需检测流感病毒抗原或基因，或分离鉴定流感病毒。泄殖腔和气管拭子是通常的样品来源，内脏器官应无菌采集，与肠道和呼吸道样品分开保存。内脏器官含有病毒是全身感染的标志。

直接检测禽流感病毒抗原的方法有酶联免疫吸附试验（ELISA）、荧光抗体法、免疫酶组化法等；直接检测病毒基因的方法有 RT－PCR、核酸探针原位杂交法等。

临诊上应注意将本病与新城疫、传染性支气管炎和传染性喉气管炎相区分（表 1－1）。

表 1－1　呼吸道症状的鸡传染病的鉴别诊断

病原	病名	流行特点	主要临诊症状	特征性病理变化
新城疫	新城疫病毒	各种鸡易感，发病急，传播快，死亡率极高	精神高度沉郁，呼吸困难，嗉囊积液，有波动感，倒提病鸡有酸臭液体从口中流出；下痢，粪便稀薄，呈黄绿色或黄白色；神经临诊症状明显	食道和腺胃及腺胃和肌胃交界处可见出血带或出血斑，腺胃乳头出血；肠黏膜枣核样溃疡，盲肠扁桃体出血、坏死

（续表）

病原	病名	流行特点	主要临诊症状	特征性病理变化
禽流感	A型流感病毒	不同品种和日龄的鸡均可感染，高致病性禽流感发病急、传播快，致死率可达100%	发病突然，羽毛蓬松，食欲废绝，精神沉郁，呆立，闭目，对刺激无反应；冠髯发绀，流泪，头颈部肿胀，呼吸困难，不断吞咽，口流黏液，叫声沙哑，拉黄白、黄绿或绿色稀粪；后期两腿瘫痪，病程1~3天，致死率可达100%。低致病性禽流感临诊症状较为复杂，表现为不同程度的呼吸道、消化道症状，以产蛋量下降或隐性感染为主，很少死亡	皮下、浆膜、黏膜及各组织器官广泛出血；输卵管有黏液或干酪样物或成熟卵子；肠道有大量枣核样坏死，盲肠扁桃体和胰脏出血坏死；头部水肿；肾肿大，有尿酸盐沉积；法氏囊肿大有黏液。低致病性禽流感呼吸道及生殖道有黏液或干酪样物，输卵管柔软易破碎，有成熟卵子
传染性支气管炎	冠状病毒	只感染鸡，各年龄均易感，5周龄内感染后危害大	沉郁、减食、垂翅、低头、嗜睡，呼吸困难，张口、伸颈、喷嚏、咳嗽、流泪、流鼻涕，气管有啰音，鼻窦及眶下窦肿胀，窒息而死，渐瘦、发育不良，病程1~2周	气管和支气管有黏条状或干酪样渗出物，鼻腔及上部气管也可看到浆液或黏性渗出物，气囊混浊，支气管周围可见局灶性炎症
传染性喉气管炎	疱疹病毒	成年鸡易感，传播快，感染率高，一般死亡率低	呼吸困难、咳嗽、喘息、打喷嚏，流泪、结膜炎；鼻腔有分泌物，发出啰音，咳出带血黏液，张口呼吸；蹲伏伸颈、鸡冠发紫，拉稀粪，窒息而死，产蛋下降或停止	喉头和气管肿胀出血，有黏条状分泌物堵塞，有时可见干酪样渗出物或凝血块，产蛋鸡可见卵黄性腹膜炎

（二）猪流感

根据其流行病学特点，结合典型的临诊症状和病理变化，可做出初步诊断。确诊需要通过血清学方法和病毒分离鉴定。实验室诊断方法可参考禽流感。

（三）马流感和其他动物流感

根据流行特点、临诊表现和病理变化可做出初步诊断。马流感与马腺疫、马支气管炎、马动脉炎等做鉴别诊断，确诊依赖实验室诊断，可参考禽流感实验室诊断。

五、防制措施

（一）禽流感

1. 预防

对于禽流感尤其是高致病性禽流感应采取预防为主的综合性防控措施：实行疫苗接种措施，接种不仅可以预防家禽发病和阻断病毒的传播，同时，也减少了病毒自发突变的机会，降低疫病向禽群和人传播风险；强化应急措施，一旦发现疫情，做到早发现、快诊断、严处置，把疫情扑灭在疫点，严防疫情扩散蔓延，同时，对疫区实施严格的消毒和净化措施；加强疫情监测，建立健全预警预报机制，加强养殖环节防疫管理和检疫监督。

2. 治疗

对于家禽感染禽流感的治疗原则是通过添加维生素等提高鸡的抵抗力，控制疾病的恶化和避免继发性疾病的发生。

（二）猪流感

1. 预防

主要措施为严格的生物安全和疫苗免疫。因为，存在种间传播，所以，应防止猪和其他种类动物，特别是家禽接触。疫苗免疫是控制猪流感的有效措施。

2. 治疗

对于生猪感染猪流感病毒，主要保证病猪的休息和营养，同时，可对发病猪场实施紧急疫苗接种并加强管理，以阻止病毒在猪场内的传播。此外，可使用抗生素提高机体抵抗力，避免继发感染其他细菌性疾病。

（三）马流感和其他动物流感

总的原则与禽流感和猪流感相同，疫苗免疫有很好的保护效果。

（四）人的防治措施

流感是一种可防可控的疫病，应采取科学的措施防止疫病向人群传播。尤其是养殖户和养殖场工作人员需加强个人卫生和消毒，良好的个人健康和卫生习惯可有效减少流感病毒的传播。人感染流感病毒通常采用抗病毒药物治疗，以有效缓解症状并防止流感并发症发生，抗病毒药物（奥司他韦、扎那米韦等）应在症状出现后快速服用，同时，在家里或医院静养治疗，即使服用退烧类药物和补充体液，必要时，服用抗生素防止继发感染。

第三节　口蹄疫

口蹄疫是一种具有严重经济影响的世界范围内传播的病毒性疾病。该病以高度接触性传染为特征，主要感染牛、羊、猪等家养以及野生的偶蹄动物。该病传播速度快、流行范围广，成年动物临床表现为口腔黏膜、蹄部和乳房等处形成水疱和溃烂，幼龄动物临床表现为心肌受损并因此导致较高死亡率。感染动物体重减轻、产奶量下降，该病已成为动物及其产品贸易的一个重要限制因素，是诸多国家动物疫病防治工作的重要任务之一。

一、病原

口蹄疫病毒属小 RNA 病毒科口蹄疫病毒属，为目前已知最小的 RNA 病毒。口蹄疫病毒分为 7 个血清型：O、A、C、Asia1、SAT1、SAT2、SAT3，同时包含数量巨大的变异株和谱系，目前，已有 80 多个拓扑型。各血清型不能形成有效的交叉免疫保护。口蹄疫病毒抗原变异性高，且因各亚型间交叉反应性的不同，极难确认血清分型抗原之间的差异，为疫苗毒株的选择带来困难。

二、流行病学

口蹄疫传播途径多、速度快、传染性强、病原变异大、多种动物共患，危害严重。气溶胶的吸入是口蹄疫病毒大范围流行的主要传播途径，气溶胶由病患动物的飞沫唾液或被污染的物品产生，被污染的饲料、水、饲养用具及疫区的流动动物都是重要的传播媒介。猪在各种家畜中向空气溶胶中释放的病毒量最大，由于牛的肺活量是各种家畜中最大的，牛最容易被空气溶胶传播方式口蹄疫的感染。破损皮肤的感染是一种次要途径，而且只在有新伤口时才会发生。人可通过直接或间接与病畜接触而感染，但是，口蹄疫病毒在跨种传播时有较大的障碍，因此，该病对人类健康影响较小。

该病的暴发无明显的季节性，但由于某些自然因素对口蹄疫病毒的直接影响，加上地域环境、交通情况和饲养管理等差别，不同地区，口蹄疫的流行呈现不同的季节性，牧区多在秋末开始，冬季和早春达到高峰，春秋减少，夏季基本平息，但在大规模饲养的猪舍中本病无明显的季节性。

口蹄疫是世界性大流行传染病，目前的分布势态是：个别发达国家和岛屿国家已经逐渐控制或消灭了该病，在发展中国家，特别是非洲、亚洲以及南美洲等地区流行严重。其中，欧洲国家主要为O型、A型、C型，特别是O1型和A22较多发生；亚洲国家主要为O型、C型、A型以及Asia I型；非洲国家除Asia I型外，其他6个血清型都有发生；拉丁美洲国家以A型、O型、C型为主。除大洋洲和北美洲早已扑灭口蹄疫外，亚、欧、非、拉四大洲在近代史上从未间断过。

三、临床特征与表现

典型的口蹄疫病例特征是在蹄、口腔黏膜以及母畜乳头上均有水泡发生。自然感染牛常在感染后2~5天出现症状，但也曾有潜伏期长达2~3周的报道。病牛体温上升，高达40.5~41.0℃，可能在数小时后在唇内面、齿龈、舌面等部位的黏膜处出现水泡，在足趾间、蹄踵球部、蹄冠以及乳房和乳头等部位的皮肤上也常出现水泡，此时的病牛大量流涎。成年牛的症状较轻，但妊娠母牛经常流产。良性病程时的死亡率一般不超过2%。但幼畜严重口蹄疫感染时的死亡率可高达50%~70%。犊牛常不表现任何明显的症状即死亡，主要是因心肌发生损害。猪和羊的临床症状与牛基本相同，但流涎不明显，其最明显的症状是突然发生急性跛行。病猪的蹄部病变严重时可使蹄匣全部脱落，病猪移动时只能跪行，疼痛难耐，有时伴有全身发抖。临床症状从温和型到严重型以至致死型的均可发生，特别是在幼畜。另外，在某些感染中可能会出现亚临床感染。

患病动物的口腔、蹄部、乳房、咽喉、气管、支气管炎和胃黏膜可见到水泡烂斑和溃疡，上面盖有黑棕色的痂块。反刍动物的真胃和大小肠黏膜可见出血性炎症。心包膜有弥散性及点状出血，心肌有灰白色或淡黄色的斑点或条纹，称为“虎斑心”。心肌松软似煮过的肉。

尽管口蹄疫对人的易感性不高，但在确诊病例中可有以下临床症状表现：畏寒、发热、头痛、眩晕、咽痛、颌下淋巴结肿大、胃肠痉挛、恶心、呕吐、腹泻等全身不适；手指、脚趾水疱，水疱由小变大后破裂，后形成薄痂或溃疡，逐渐愈合；口腔黏膜、唇、舌糜烂，口腔流涎明显；头面部、四肢、眼结膜疱疹，患处有明显的灼烧及刺痒感。加之患者免疫功能低下，容易合并细菌感染。

四、诊断

根据流行病学、临床症状和病理剖检可作出初步诊断，确诊需要进行实验室诊断。

实验室诊断主要包括病毒分离与鉴定、血清学诊断和分子生物学诊断。病毒分离是最直接、最关键的环节，分离病毒常采用乳鼠、豚鼠或组织细胞接种病理材料的方法进行，分离的病毒可以进一步通过试验来确诊；血清学诊断中补体结合试验是一种传统的诊断方法，但在许多实验室已为酶联免疫吸附试验（ELISA）所取代，ELISA 试验更特异、更敏感，且不受前补体或抗补体因子影响，病毒中和试验和 ELISA 试验均为型特异性的血清学检测方法，病毒中和试验需要组织培养，因此，稳定性比 ELISA 试验差，且检测所需的时间长。ELISA 试验的优点是无须细胞培养，甚至可以用灭活抗原进行，对生物安全设施要求不太严格；分子生物学诊断，如聚合酶链反应（PCR）和原位杂交技术，是快速且敏感的诊断方法。

在临床上，口蹄疫与其他水泡性疾病，如猪水疱病、牛瘟、牛恶性卡他热、水泡性口炎、猪水疱性疹临床症状相似，应注意进行鉴别（表 1－2）。

表 1-2　相似症状疫病的鉴别诊断

病原	病名	流行特点	主要临诊症状	特征性病理变化
口蹄疫	蹄口疫病毒	偶蹄兽易感，不分年龄品种，多途径传播，传播快，发病率高，死亡率低	猪：体温 40~41℃，鼻端、唇、口腔黏膜有水疱、烂斑，跛行，重者蹄匣脱落，行走困难，孕猪流产，仔猪死亡率高；牛：高热，口涎悬垂，口腔、乳头及蹄冠有水疱	猪：仔猪呈虎斑心，其他病理变化同生前所见牛：口腔、蹄部有水疱和烂斑，咽喉、气管、前胃黏膜溃疡，真胃和肠黏膜出血
猪痘	痘病毒	多年龄均可发生，夏秋多见，地方流行，很少死亡	体温 40~41℃，毛少处有红斑—丘疹—水疱—脓疱—结痂经过，很少死亡，易继发感染	同生前所见
水疱病	猪水疱病毒	只感染猪，不分年龄，品种，无季节性，发病率高，死亡率低	体温 40~42℃，先于蹄部出现水疱，烂斑，跛行；后有少数猪鼻端出现水疱，仔猪有神经症状	同生前所见
牛瘟	副黏病毒	大小牛皆可发生，常暴发，传播快，发病率病死率高	严重的糜烂性口炎，唾液带血，眼睑痉挛，高热，严重下痢，多以死亡告终	白细胞减少，消化道黏膜坏死性炎
牛恶性卡他热	疱疹病毒	常散发，成年及幼年都可发生，病牛常与绵羊有接触史，病死率高	分最急性、消化道型、头眼型、温和型，高热稽留，腐烂性口炎、结膜炎，角膜混浊，血尿，末期有脑炎与腹泻	初期白细胞减少，后期白细胞增多，头眼型存在气管假膜；消化道型口、真胃、肠出血、溃疡，肝、肾细胞肿胀，肺充血、出血
水泡性口炎	微 RNA 病毒	地区流行，发病及病死率低，虫媒传播	低热，厌食，口腔有水疱，偶见于乳头及蹄部	口腔和咽喉黏膜充血或糜烂，胃肠道黏膜充血或出血

五、防制措施

目前，不同的国家采取不同的防制措施，但是，不论采取何种防制方式都是由该国的社会经济条件、政治现状、技术因素和疫区的流行情况等条件决定的。现今，发达国家往往通过宰杀、焚化、深埋感染动物及其他任何疑似感染或接触到口蹄疫的动物，并对疫区进行彻底消毒的措施来消灭或控制口蹄疫的。而经济条件相对落后的发展中国家多采用定期注射疫苗、隔离消毒、封锁疫区以及毁灭病尸等措施来控制该病的流行。

（一）预防措施

1. 一般措施

加强饲养管理，保持畜舍卫生，经常进行消毒，对购进的动物及其产品、饲料、生物制品等进行严格检疫，减少平时机体的应急反应。

2. 预防接种

疫区和受威胁区内的动物最好用与当地流行的相同血清型、亚型的疫苗进行免疫接种。

3. 消毒

粪便进行堆积发酵处理或用5%氨水消毒；畜舍、场地和用具以2%～4%烧碱液、10%石灰乳、0.2%～0.5%过氧乙酸或1%～2%福尔马林喷洒消毒。

（二）治疗措施

动物发生口蹄疫后，一般不允许治疗，而应采取扑杀措施。特殊情况下，可在严格隔离的条件下予以治疗。对病畜要精心饲喂，加强护理，畜舍应保持清洁、干燥等。

口腔可用清水或0.1%高锰酸钾冲洗，糜烂面上可涂以1%～2%明矾或碘酊甘油或冰硼散。

蹄部可用来苏尔洗涤，擦干后涂鱼石脂软膏等，再用绷带包扎。

乳房可用肥皂水或2%～3%硼酸水洗涤，然后涂以青霉素软膏或其他防腐软膏，定期将奶挤出以防发生乳房炎。

恶性口蹄疫患畜除局部治疗外，可用强心剂，如安钠咖、葡萄糖盐水等。用结晶樟脑口服，每日2次，每次5～8g，可收良效。

第四节　水疱性口炎

水疱性口炎是由水疱性口炎病毒引起的人兽共患的重大动物疫病。水疱性口炎病毒呈嗜上皮性，受感染的家畜主要表现为口、蹄和乳头周围的水疱样损害，产肉量和产奶量下降，一般不引起动物死亡。人感染后出现类似流感的症状，但不会引发水疱。世界动物卫生组织（OIE）将水疱性口炎列为法定通报传染病。

一、病原

水疱性口炎病毒为弹状病毒科水疱性口炎病毒属的成员，应用中和试验和补体结合试验，可将水疱性口炎病毒分为两个独立的血清型，即新泽西型（NJ，初次分离鉴定于1926年）和印第安纳型（IND，初次分离鉴定于1925年），两者不能交互免疫保护，后者又有3个亚型，它们是印第安纳I型（为典型株，主要分离自牛的毒株）、印第安纳II型（包括可卡株和阿根廷株，主要分离自牛、马及蚊体内的毒株）、印第安纳III型（巴西Alagoas株，最初分离自骡）。

水疱性口炎病毒对理化因子的抵抗力与口蹄疫病毒相似。2%氢氧化钠或1%福尔马林能在数分钟内杀死病毒。58℃ 30分钟、可见光、紫外线及脂溶剂（乙醚、氯仿）都能使其灭活。

病毒可在土壤中于4～6℃可存活若干天。

二、流行病学

水疱性口炎最早的报道是发生在中美和北美马的一种病毒性疾病，随后传播至欧洲和非洲，亚洲国家也有本病流行。至今该病在中美洲、美国部分地区和南美洲的北部呈地方性流行，在南、北美洲的温带地区呈周期性流行。

本病能侵害多种动物，牛、猪、马和猴易感，野生动物中野羊、鹿、野猪、浣熊和刺猬亦能感染。绵羊、山羊、犬和兔一般不易感。人与患病动物接触也易感染本病。易感宿主可因病毒型不同而有所差异，马、牛和猪是新泽西型病毒的主要宿主，印第安纳型病毒曾引起牛和马的水疱性口炎流行，但不引起猪的疾病。

患病动物是主要传染源，病毒从患病动物的水疱液和唾液排出。病毒通过损伤的皮肤和黏膜而感染；也可通过污染的饲料和饮水经消化道感染；还可通过双翅目昆虫为媒介经叮咬感染。病的发生具有明显的季节性，多见于夏季及秋初。本病虽可暴发但不广泛流行，由于本病和口蹄疫临诊症状相似，因而成为一种需要进行鉴别诊断的重要传染病。因人偶可感染而使其具有一定的公共卫生意义。

三、临床特征与表现

（一）牛

病初体温升高达40～41℃，精神沉郁，食欲减退，反刍减弱，大量饮水，口黏膜及鼻镜干燥，耳根发热，在舌、唇黏膜上出现米粒大的水疱，后融合成大水疱，内含透明黄色液体。经1～2天，水疱破裂，疱皮脱落后，则遗留浅而边缘不齐的鲜红色烂斑，与此同时，病牛大量流出清亮的黏稠唾液，采食困难，有时患病动物在乳头及蹄部也可能发生水疱。病程为1~2周，转归良好，极少死亡。

（二）马

马水疱性口炎症状与牛相似，但较缓和。舌及口腔黏膜发生水疱，主要见于舌背部，于1~2天破裂，留下鲜红裸露的糜烂面，不久愈合。病马经常摩擦其唇部，表现痒感。马体的其他部分不常见次发性病理变化。

（三）猪

病初体温升高，24~48小时后，口腔和蹄部出现水疱，不久破裂而形成痂块，多发生于舌、唇部、鼻端及蹄冠部，病猪在口腔或蹄部病理变化严重时，采食受影响，但食欲未减退。有时在蹄部发生溃疡，病灶扩大，可使蹄壳脱落，露出鲜红色创面。病期约2周，转归良好，病灶不留痕迹。

（四）人

人可因接触病畜而偶然发生感染，人水泡性口炎病毒感染的临床表现从温和的急性发热性流感样疾病直至脑炎，但大多温和，常不显症状或仅轻微发热或寒战，并常发生无症状的亚临床感染。人感染的潜伏期为30小时至8天，有的患者表现头疼、恶心、呕吐等。

四、诊断

（一）临诊诊断

根据本病流行有明显的季节性、典型的水疱病理变化以及流涎的特征临诊症状，一般可做出初步诊断。当牛发病时，应与口蹄疫做鉴别诊断。猪发生本病时，应与猪口蹄疫、猪水疱病及猪水疱疹做鉴别。人有水泡性口炎病畜接触史和水泡性口炎病毒接触史的发热患者，应特别注意本病的诊断，确诊有赖于实验室诊断。

（二）实验室诊断

1. 病料采集

病毒分离和抗原检测可于病初采集未破溃水疱的水疱液和水疱皮及刚破溃水疱的水疱皮，以50%甘油生理盐水保存送检。患者还可采集水疱拭子、口腔拭子或咽喉洗涤液。检查抗体应于病初和恢复期采集双份血清。

2. 病原学检查

包括电镜检查、病毒分离培养、PCR及动物接种试验等。

3. 血清学检查

检查抗原方法包括补体结合试验和荧光抗体试验；检测抗体如前述，应进行双份血清的测定。方法包括补体结合试验、中和试验和ELISA。

五、防制措施

（一）预防

1. 综合性措施

本病以预防为主，主要是防止动物发病和注意个人防护，防止接触感染。一旦发现水疱性口炎应立即封锁疫点（区），隔离病畜，彻底消毒被污染的场地和用具，清除被污染的饲料和饮水。所有病畜痊愈后14天未再发生新病例，方可解除封锁。解除封锁前应进行一次消毒。在动物流行时，人应避免与感染动物接触。接触病畜的兽医和养殖人员，应注意个人防护。

2. 疫苗接种

对动物进行预防接种可预防动物发病、减少人感染的传染来源。

（二）治疗

该病在人通常为良性经过，一般无需治疗，必要时作对症处理。

动物患病时要精心护理，防止继发感染，有助于本病早日康复。以温和的消毒液冲洗口腔，可缓解水泡引起的疼痛。无食欲的动物给予营养支持治疗。对口、乳房和蹄的继发感染，应予以适当对症治疗。

第五节　登革热

登革热是由登革热病毒引起的一种虫媒病毒性人与动物共患病。临床上以高热、出疹、出血、全身肌肉和关节酸痛为主要症状，主要由埃及伊蚊和白纹伊蚊传播。根据其所致疾病的严重程度不同，分为典型登革热和登革出血热，登革出血热又可分为无休克登革出血热和登革休克综合征，后者病死率较高。本病传播迅速，发病率高，是目前世界上分布最广、发病人数最多、危害最大的重要虫媒病毒病之一。

一、病原

登革热病毒在分类上属黄病毒科、黄病毒属，自然界存在的登革热病毒包括4种密切相关但抗原性不同的血清型，4种血清型的病毒可分别感染，但感染后产生的抗体不能保护感染者不被其他血清型病毒感染，反而能通过调理作用增强第二种血清型的感染，即抗体依赖的增强感染现象，这可能是引起登革休克综合征的原因。由于4种血清型在热带地区传播流行，因此，每个个体均可能同时暴露于4种血清型，这加大了登革出血热暴发流行的可能性。

登革热病毒对外界理化因素的抵抗力不强，脂溶剂如乙醚、氯仿和脱氧胆酸钠、脲、离子型和非离子型去污剂均可使病毒灭活。紫外线照射或X线辐射，亦可将病毒灭活。不耐热，56℃加热30分钟可将病毒完全灭活。

二、流行病学

登革热的分布与媒介伊蚊的分布一致，主要分布在热带和亚热带地区，尤以东南亚、西太平洋和加勒比海地区疫情最为严重。在我国主要流行地区均在沿海省市，如海南、广东、广西、福建、台湾等东南沿海省区。

登革热是典型的虫媒传染病，其疫源地分为城市型和丛林型。在城市型疫源地区，传染源主要是出于病毒血症期的显性和隐形感染者，埃及伊蚊是城市型登革热的主要传播媒介。森林中某些灵长类动物感染登革病毒后也产生与人类相似的病毒血症，是丛林型疫源地的主要传染源，白纹伊蚊是丛林型登革热的主要传播媒介。当雌蚊叮咬了病毒血症时期的病人或猴后，病毒在蚊虫唾液腺内增殖，经 8 ~ 10 天的潜伏期，病毒即可分布到蚊子全身，雌蚊再次吸血时病毒随唾液腺进入易感动物体内，把病毒传播给健康人或猴。

人、灵长类动物以及蚊虫是登革热的自然宿主。伊蚊既是传播媒介，亦是登革热的贮存宿主，并可经卵垂直传播。人群对登革热普遍易感，当登革热初次爆发时，可使大量人群发病。该病毒有 4 个血清型，感染后可获得对同型病毒的免疫力，一般 1 ~ 5 年，但对异型病毒无交叉保护。

本病的流行具有明显的季节性，主要在 5 ~ 10 月，多发生在气温高、雨量多的季节。频繁的人口流动，也是导致本病大流行的重要因素。

三、临床特征与表现

人对登革热病毒普遍易感，且无年龄和性别差异。人感染愈合后产生较持久的免疫力，一般为 1 ~ 5 年，对异型病毒仅有短暂的免疫力，因而患者可能感染其他血清型病毒，发生二次感染。

根据世界卫生组织分型标准，将登革热分为3种临床类型。

1. 典型登革热

潜伏期2~15天，其临床症状根据病人的年龄不同而不同。婴儿和幼儿可能出现非特异性发热和皮疹；大龄儿童和成人可能出现轻度发热综合征，但大多数患者表现为突然发热，24小时之内体温升高到40℃，热型多为不规则热，同时伴有关节、肌肉疼痛、头痛、全身乏力、恶心、呕吐、皮疹、淋巴结肿大及白细胞和血小板减少，部分患者出现腹痛、腹泻或便秘等。这种急性热期持续2~7天，随后进入恢复期，此时，病人身体虚弱。在退热期，20%~50%的病例出现不同部位的出血，以牙龈、口腔出血为主，其他包括消化道、呼吸道、胸腔或腹腔出血。因为，登革热能发生严重全身肌肉和骨关节疼痛，所以，还有"断骨热"之名。

2. 登革出血热

登革出血热是一种潜在致病性并发症疾病，其特征为突然高热、寒战、头痛、周身疼痛、颜面潮红、皮疹、胃肠道症状等。继之出现由血小板减少所导致的明显出血表现，血管通透性增加及血液浓缩和肝大等特征，多见于消化道、呼吸道、泌尿生殖道和中枢神经系统等部位出血，出血多发生在病程的2~6天。登革出血热的发病率比登革热低，但病死率较高，尤其是儿童。

3. 登革休克综合征

一小部分登革出血热病例继之出现患者大量失血，导致循环系统出现衰竭症状，表现出心肌炎或心功能不全；病毒毒素导致患者高热、缺氧，患者表现出口唇发绀、四肢厥冷、血压下降等系列休克症状。

黑猩猩、猕猴、狒狒等灵长类动物感染病毒后，可出现与人类似的病毒血症，病毒血症持续1~2天，无明显的临诊症状。

四、诊断

(一) 诊断标准

1. 流行病学资料

凡在流行地区、流行季节或15天内去过或来自流行区，和/或发病前5~9天曾有被蚊虫叮咬史。

2. 临床表现

突然发病，畏寒、发热，伴有疲乏、恶心、呕吐等症状；伴有较剧烈的头痛、眼眶痛，肌肉、关节和骨骼痛；伴面、颈、胸部潮红，结膜充血；浅表淋巴结肿大；皮疹于病程5~7天出现多样性皮疹、皮下出血点等；少数患者可表现脑炎样脑病症状和体征；有出血倾向，一般在病程5~8天牙龈出血、鼻衄、消化道出血、皮下出血、血尿、阴道或胸腹部出血；多器官大量出血；肝大；伴有休克。

本病应注意与流行性感冒、肾综合出血热、钩端螺旋体病、立克次体病和风湿性关节痛相鉴别。

(二) 实验室诊断

1. 病毒分离

从病人病毒血症期的血液样品分离病毒，常用的病毒分离方法有敏感细胞接种、乳鼠脑内接种以及幼蚊脑内或成蚊胸腔接种。

2. 常规血清学方法

血清学方法是较为经典的病毒检测方法。如血凝抑制试验、补体结合试验和病毒中和试验等。

3. 快速诊断方法

近些年发展起来的RT-PCR、ELISA、免疫荧光抗体试验等方法，具有敏感、特异、快速等优点，广泛应用于快速诊断。

五、防制措施

（一）预防

1. 加强监测

登革热监测包括人间疫情监测（疫情监测、血清学监测、病原学监测）和媒介监测（媒介密度监测、病毒监测）。

2. 灭蚊

控制和消灭埃及伊蚊和白纹伊蚊是当前最有效的预防措施。

3. 人群预防

尚无特异性疫苗可用。加强宣传教育，提高群众自我保护意识。在流行区尽量减少集会，减少人群流动。

4. 个体预防

加强个人防护，使用驱避剂，药物浸泡蚊帐，白天防止蚊虫叮咬。

（二）治疗

1. 一般治疗

急性期卧床休息，给予流质或半流质食物，在防蚊设备的病室中隔离至完全退热。

2. 对症治疗

高温时用物理降温，慎用止痛退热药；有大量流汗、呕吐、腹泻而至脱水者，应及时补液，尽可能使用口服补液；有出血倾向者，可用一般止血药物止血；脑炎型病例应及时快速注射脱水剂；呼吸中枢受抑制者应使用人工呼吸机。

3. 登革出血热的治疗

以支持疗法为主，注意维持水、电解质平衡。休克病例要快速输液以扩张血容量，并加用血浆或代血浆，但不宜输入全血，以避免加重血液浓缩。可静脉滴注糖皮质激素，以减轻中毒症状和改善休克。有弥散性血管内凝血者按照弥散性血管内凝血治疗。保持足够的循环体液量是登革出血热病例管理的主要特征。

第六节　流行性出血热

流行性出血热又名“肾综合征出血热”，是一种自然疫源性传染病，本病以鼠为传染源，可通过多种途径传播。人的临诊症状是发热、出血、休克和肾衰竭。本病在20世纪30年代首先发现于我国黑龙江下游两岸，现分布于我国的30个省、自治区、直辖市。本病发病率高，已成为我国重点防制的传染病之一。本病主要分布于欧亚大陆东部、中部及背部，其中，以我国、俄罗斯、朝鲜疫区分布较广，发病较多。

一、病原

本病的病原为属于布尼亚病毒科汉坦病毒属的旧世界汉坦病毒。汉坦病毒对乙醇、氯仿、丙酮等脂溶剂和去氧胆酸盐敏感，戊二醛及常用消毒剂如碘酒、酒精等能将其灭活；对温度有一定抵抗力，37℃ 1小时，病毒感染性无明显变化，高于37℃及pH值5.0以下不稳定，60℃ 30分钟或100℃ 1分钟可灭活。对紫外线敏感。在室温条件下，汉坦病毒干燥的细胞培养物可以存活较长时间，在啮齿动物的排泄物中可以至少存活2周。

二、流行病学

本病是世界性疾病，疫源地遍布五大洲80多个国家或地区，多发于亚洲、欧洲、美洲。主要流行于中国和韩国，其次为俄罗斯、芬兰等。中国是受该病危害最为严重的国家，每年发病人数占世界总发病人数的90%以上。

汉坦病毒具有多宿主性，每一血清型各有其主要的宿主动物。其中，对该病具有重要意义的宿主和传染源主要为啮齿类动物。我国的主要宿主动物为黑线姬鼠、褐家鼠、黄胸鼠、社鼠、小家鼠等。

本病可通过呼吸道、消化道、伤口和螨媒（革螨、恙螨等）传播，还可通过胎盘垂直传播。

本病的流行具有明显的自然疫源性，在地势低洼、潮湿、多水多草或成片荒草滩地及半垦区和新垦区多发。

三、临床特征与表现

啮齿动物是汉坦病毒自然宿主，该病毒在宿主动物体内可产生持续性感染而不产生明显症状。乳鼠接种病毒后常引起致死性疾病，出现竖毛、生长停滞、过度兴奋、震颤、全身痉挛、弓背、后肢麻痹等症状，2~3 周死亡。

人对汉坦病毒易感，潜伏期通常为 7~14 天，也有短至 4 天者，偶见长至2 月。典型病例具有三大症状，即发热、出血和肾脏损害，并依次出现 5 期过程，即发热期、低血压休克期、少尿期、多尿期和恢复期。轻型或及时合理治疗的患者，往往 5 期过程不明显，或出现越期现象（如缺乏低血压期少尿期或多尿期）；重症病例来势凶猛，病期可相互重叠，预后较差。少数病例三大主症不全（缺乏出血现象或肾脏损害）；轻型病例仅有发热，热后症状消退。此类患者需经特异性血清学检测才能证实。肾综合征出血热经治愈后很少留下后遗症，比较常见的后遗症是慢性肾衰竭和高血压。

四、诊断

（一）动物的诊断

汉坦病毒感染自然宿主几乎不出现典型症状，但可从脑、心、肝、肾等组织中分离得到病毒，血清中可检测到汉坦病毒抗体。

（二）人的诊断

依据流行病学史，临床表现及实验室检查结果综合判断进行诊断，确诊需有血清学或病原学检查结果。本病需与急性发热性传染病、肾病、血液系统疾病、胸部外科急症及登革热等疾病鉴别诊断。

1. 流行病学史

发病在肾综合征出血热疫区及流行季节，或病前两个月内有疫区旅居史，或病前两个月内有与鼠类或其排泄物/分泌物直接或间接接触史。

2. 临床表现

早起症状和体征：起病急，发冷、发热；全身酸痛、乏力，呈衰竭状；头痛、眼眶痛、腰痛；面、颈、上胸部充血潮红，呈酒醉貌；眼睑浮肿，结膜充血水肿，有点状或片状出血；上颚黏膜呈网状充血，点状出血；腋下皮肤有线状或簇状排列的出血点；束臂试验阳性。病程经过：典型病例有发热期、低血压期、少尿期、多尿期和恢复期 5 期经过前 3 期可有重叠。

3. 实验室检查

血液检查：早期白细胞数低或正常，3～4 天后明显增多，杆状核细胞增多，出现较多的异型淋巴细胞，血小板明显减少。尿检查：尿蛋白阳性，并迅速增加，伴纤维血尿、管型尿。血清特异性抗体阳性。恢复期血清特异性抗体比急性期有 4 倍以上增高。从病人血液白细胞或尿沉渣细胞检测到汉坦病毒抗原或病毒 RNA。

（三）实验室诊断

根据流行病学、临床表现及常规、血小板检查可做出初步诊断。确诊需要进行病毒分离和血清试验，常用的方法有免疫荧光试验、酶联免疫吸附试验、血凝抑制试验、PCR 等。

五、防制措施

（一）预防措施

采取以灭鼠防鼠为主的综合性措施，对高发病区的多发人群及其他疫区的高位人群进行疫苗接种。健康教育：必须加强组织领导，进行广泛的宣传教育；灭鼠防鼠：在整治环境卫生、清除鼠类栖息地的基础上，开展以药物杀灭为主的灭鼠措施，一般在流行高峰前半月进行；灭螨：清除杂草，填平洼地，增加日照，整治环境的同时，采用敌敌畏等药物杀灭革螨，恙螨；疫苗接种。纯化乳鼠脑灭活疫苗和细胞培养灭活苗是目前国内外研制成功的两类汉坦病毒疫苗，效果良好。对高发疫区的青壮年，特别是高危人群，应在流行前1个月内完成全程注射，于翌年加强注射一次。

尽量加强个人防护，防止接触传染。须做到：整治环境卫生，投放毒饵，堵塞鼠洞，防止野鼠进家；避免与鼠类及其排泄物或分泌物接触；不吃生冷特别是鼠类污染过的食物、水和饮料等；避免皮肤黏膜破损，如有破损，应用碘酒消毒处理；在清理脏乱杂物和废弃物（如稻草、玉米秸秆等）时，要戴口罩、帽子和手套等。

（二）病人、接触者及其直接接触环境的管理

发病时，必须尽快明确诊断，做好疫情报告；积极治疗病人，抓紧抗休克和预防大出血及肾衰竭的治疗；保证有一个安静、整洁、卫生的休养环境。本病虽未见人传人的报告，但必须对“危险环境”进行整治（清理和消毒），对接触者必须严密观察其是否发生疾病。

（三）治疗

抓好“三早一就”（早发现、早休息、早治疗，就近治疗）措施及发热期治疗。通过综合性抢救治疗措施，预防/控制低血

压休克、肾衰竭、大出血，做好抢救治疗中的护理工作。

第七节　流行性乙型脑炎

流行性乙型脑炎又称日本乙型脑炎，简称乙脑，是由日本乙型脑炎病毒引起的自然疫源性疾病。经蚊媒传播，在猪－蚊－猪之间循环，流行于夏秋季。人被带毒蚊虫叮咬后，大多数为隐性感染，少数发展为脑炎，发病者以儿童为主，临床上以高热、意识障碍、惊厥、昏迷、呼吸道衰竭为特征。30%患者恢复后有不同程度的后遗症，死亡率约为10%。目前，已知有60多种动物可感染乙脑病毒。动物感染乙脑病毒，临床上多数呈现以兴奋或沉郁为主的神经症状，尤其马为典型。妊娠母猪出现流产，公猪发生睾丸炎。

一、病原

乙脑病毒在分类上属黄病毒科黄病毒属，乙脑病毒能够凝集鹅、鸽、绵羊和雏鸡的红细胞，但不同毒株的血凝滴度有明显差异。病毒的抗原性稳定。人和动物感染本病毒后，均可产生补体结合抗体、中和抗体和血凝抑制抗体。

乙脑病毒对温度、紫外线、福尔马林、蛋白酶、去氧胆酸盐、乙醚、氯仿等敏感。100℃加热2分钟或56℃加热30分钟即可使其灭活。病毒对低温和干燥的抵抗力强，冷冻真空干燥后在－70℃条件下可长期保存。该病毒在不同稀释剂内的稳定性有明显的不同，10%脱脂乳，0.5%水解乳蛋白和5%的乳糖是较为良好的稀释剂，但在生理盐水内病毒的滴度下降很快。

二、流行病学

本病为自然疫源性传染病，多种动物和人感染后都可成为本病的传染源。经检查发现，在本病流行区域，畜禽的隐性感染率均很高，特别是猪，其次是马和牛。猪感染后出现病毒血症的时间较长，血中病毒含量较高，对乙脑的传播起重要作用。猪的饲养数量大、更新快，容易通过猪 – 蚊 – 猪等的循环，扩大病毒的传播，所以猪是本病毒的主要增殖宿主和传染源。其他温血动物虽能感染本病毒，但随着血中抗体的产生，病毒很快从血中消失。抗乙脑病毒感染的免疫主要靠体液免疫。

本病主要通过带病毒的蚊虫叮咬而传播，已知库蚊、伊蚊、按蚊属中的不少蚊种以及库蠓等均能传播本病。其中，尤以三带喙库蚊为本病主要媒介，病毒在三带喙库蚊体内可迅速增至5 ~ 10万倍。三带喙库蚊的地理分布与本病的流行区相一致，它的活动季节也与本病的流行期吻合。三带喙库蚊是优势蚊种之一，嗜吸畜禽血和人血，感染阈值低，传染性强，病毒能在蚊体内繁殖和越冬，且可经卵传至后代，带毒越冬蚊能成为次年感染人和动物的传染源，因此，蚊不仅是传播媒介，也是病毒的贮存宿主。蝙蝠、蛇、蜥蜴和候鸟也可能成为传染源。

人和家畜中的马属动物、猪、牛、羊等均具有易感性。猪不分品种和性别均易感，发病年龄多与性成熟期相吻合。本病在猪群中流行特征是感染率高，发病率低，绝大多数在病愈后不再复发，成为带毒猪。人群对乙脑病毒普遍易感，但感染后出现典型乙脑临诊症状的只占少数，多数人通过临诊上难以辨别的轻型感染或隐性感染获得免疫力。通常以10岁以下的儿童发病较多，尤以3 ~ 6岁发病率最高。但因儿童计划免疫的实施，近年来有报道，发病年龄有增高趋势。病后免疫力强而持久，罕有二次发病者。

热带地区，本病全年均可发生。在亚热带和温带地区本病有明显的季节性，主要在7 ~ 9月流行，这与蚊的生态学有密切关系。我国华南地区的流行高峰在6 ~ 7月，华北地区为7 ~ 8月，而东北地区则为8～9月。气温和降水量与本病的流行也有密切关系。自然条件下，每4～5年流行一次。

三、临床特征与表现

(一) 动物的临床特征与表现

动物感染流行性乙脑病毒的临床表现，大多呈现以兴奋或沉郁为主的神经症状，但不同动物的发病表现又有各自的特点。

1. 猪

猪常突然发病，体温升高达40～41℃，呈稽留热，精神沉郁、嗜睡。食欲减退，饮欲增加。粪便干燥呈球状，表面常附灰白色黏液，尿呈深黄色。有的猪后肢轻度麻痹，步态不稳，或后肢关节肿胀疼痛而跛行。个别表现明显神经临诊症状，视力障碍，摆头，乱冲乱撞，后肢麻痹，最后倒地死亡。

妊娠母猪常突然发生流产。流产前除有轻度减食或发热外，常不被人们所注意。流产多在妊娠后期发生，流产后临诊症状减轻，体温、食欲恢复正常。少数母猪流产后，从阴道流出红褐色乃至灰褐色黏液，胎衣不下，母猪流产后对继续繁殖无影响。

流产胎儿多为死胎或木乃伊胎，或濒于死亡。部分存活仔猪虽外表正常，但衰弱不能站立，不会吮吸；有的生后出现神经临诊症状，全身痉挛，倒地不起，1～3天死亡。有些仔猪哺乳期生长良莠不齐。

公猪除有上述一般临诊症状外，突出表现是发热后发生睾丸炎。一侧或两侧睾丸明显肿大，具有证病意义。但需与布鲁菌病相区别。患睾阴囊皱褶消失，温热，有痛觉。白猪阴囊皮肤发红，2～3天后肿胀消退或恢复正常，或者变小、变硬，丧失制造精子功能。如一侧萎缩，尚能有配种能力。

2. 马

潜伏期为1～2周。病初体温短期升高，可视黏膜潮红或轻度黄染，精神不振，头下垂，驻立于暗处，常打哈欠，食欲减退，肠音稀少，粪球干小。部分病马经1~2天体温恢复正常，食欲增加并逐渐康复。有些病马由于病毒侵害脑和脊髓，出现明显的神经临诊症状，表现沉郁、兴奋或麻痹。视力和听力减退或消失。常有阵发性抽搐。有些病马以沉郁为主，表现呆立不动，低头垂耳，眼半开半闭，常出现异常姿势，后期卧地昏迷。有些病马以兴奋为主，表现狂躁不安，乱冲乱撞，攀越饲槽，后期因为过度疲惫，倒地不起，麻痹衰竭而死。一般病马多为沉郁和兴奋交替出现。还有病马主要表现后躯的不全麻痹，步行摇摆，容易跌倒，甚至不能站立。多数预后不良，治愈马常遗留弱势、舌唇麻痹、精神迟钝等后遗症。

3. 牛、羊

多呈隐性感染，自然发病者极为少见。牛感染发病后主要见有发热和神经临诊症状。发热时，食欲费绝，呻吟、磨牙、痉挛、转圈以及四肢渐次出现麻痹临诊症状，视力、听力减弱或消失，唇麻痹、流涎、咬肌痉挛、牙关紧闭、角弓反张，四肢关节伸屈困难，步样蹒跚或后躯麻痹，卧地不起，约经5天可能死亡。

4. 鹿

突然发病，病初体温升高，食欲减退，不安尖叫。有的倒地不能站立，头歪向一侧，磨牙，眼球和局部肌肉震颤，四肢划动。有的病鹿初见运动障碍，行走摇摆、头顶饲槽或墙壁，造成多处擦伤，最后倒地死亡。一般多为兴奋、沉郁及后躯麻痹混合发生。有时未见任何临诊症状而突然死亡。

（二）人的临床特征与表现

人感染乙脑后潜伏期为5~15天，病人临床症状以高热、惊厥、昏迷为主，病程一般可分为4个阶段。

初期：起病急，发热、头痛、全身不适、伴有寒战，体温38~39℃。头痛剧烈，并伴有恶心、呕吐，此期持续时间一般

1 ~6 天。

急性脑炎期：持续高热，体温达 39℃以上，中枢神经系统感染加重，出现意识障碍，精神恍惚、昏睡、惊厥或抽搐，受影响肢体出现麻痹，有的患者因呼吸衰竭而死亡。神经系统检查巴宾斯基征阳性，跟腱反射阳性。

恢复期：神经系统症状逐渐缓解，体温脉搏等逐渐恢复正常。

后遗症期：部分患者发病 6 个月会留下以瘫痪、失语及精神失常为主的后遗症，发病率约 30%。

四、诊断

根据流行病学资料、临床症状和体征以及实验室检查结果的综合分析，进行诊断，但确诊则需要依靠病原分离或抗体检查。

（一）临床综合诊断

本病具有严格的季节性，散发，多发生于幼龄动物和 10 岁以下的儿童，有明显的脑炎临诊症状，怀孕母猪发生流产，公猪发生睾丸炎。死后取大脑皮质、丘脑和海马角进行组织学检查，发现非化脓性脑炎等，可作为诊断的依据。

（二）病毒分离与鉴定

在本病流行初期，采取濒死期动物脑组织或发热期血液，立即进行鸡胚卵黄囊接种或 1 ~5 日龄乳鼠脑内接种，可分离到病毒，但分离率不高。分离获得病毒后，可用标准毒株和标准血清进行交叉补体结合试验、交叉中和试验、交叉血凝抑制试验、酶联免疫吸附试验、小鼠交叉保护试验等鉴定病毒。

（三）血清学诊断

血凝抑制试验、中和试验和补体结合试验是本病常用的实验室诊断方法。由于这些抗体在病的初期效价较低，且阴性感染或免疫接种过的人和家畜血清中都可出现这些抗体，因此，均以双份血清抗体效价升高4倍以上作为诊断标准。这些血清学方法只能用于回顾性诊断或流行病学调查，无早期诊断价值。

五、防制措施

（一）动物防制措施

预防流行性乙型脑炎，应从动物免疫接种、消灭传播媒介和宿主动物的管理三方面采取措施。

1. 免疫接种

应用乙脑疫苗，给马、猪进行预防注射，不但可以预防流行，还可降低本动物的带病率，既可控制本病的传染源，也为控制人群中乙脑的流行发挥作用。预防注射应在当地流行开始前1月内完成。

2. 消灭传播媒介

以灭蚊防蚊为主，尤其是三带喙库蚊，应根据其生活规律和自然条件，采取有效措施。对圈舍定期喷药灭蚊。

3. 加强宿主动物的管理

应重点管理好没有经过夏秋季节的幼龄动物和从非疫区引进的动物。这类动物大多没有感染过乙脑，一旦感染则容易产生病毒血症，成为传染源。尤其是猪，饲养期短，猪群更新快。应在乙脑流行区完成疫苗接种，并在流行期间杜绝蚊虫叮咬。

（二）人的防制措施

1. 预防措施

将预防乙脑的知识教给群众，提高自我保护意识，特别是提高群众对疫苗接种、防蚊灭蚊对预防乙脑重要性的认识；接种乙脑疫苗以提高人群免疫力是预防乙脑的重要措施之一，接种对象是流行区的儿童及从非流行区到流行区的敏感人群；灭蚊要强调一个早字，最好在人间乙脑流行前1～2个月开展一次群众性灭蚊活动，夜间睡觉防止蚊虫叮咬，可用蚊帐、驱蚊剂等。

2. 治疗

目前，尚无特效抗病毒药物治疗，主要采取对症、支持和综合治疗方法。抢救病人要把好高热、惊厥和呼吸衰竭三关。

第八节　疱疹病毒感染

疱疹病毒是一群较大的有囊膜的 DNA 病毒，自然界分布广泛，分别感染人、非人灵长类动物及其他哺乳动物、禽类、两栖类、爬行类及鱼类动物。最早发现的疱疹病毒有人的单纯疱疹病毒、水痘—带状疱疹病毒、猴 B 病毒和伪狂犬病毒等。大多数动物种类至少能被一种疱疹病毒感染，少数疱疹病毒可感染几种不同种类动物。在非人类疱疹病毒中，只有猴疱疹病毒 I 型（B 病毒）对人有致病性。

一、病原

疱疹病毒科现有成员已超过 130 个，根据病毒生物学特性和基因结构，疱疹病毒科内成员分为 α、β 和 γ 3 个亚科。截至目前，感染人的已知疱疹病毒有 9 种，即单纯疱疹病毒 I 型、单纯疱疹病毒 II 型、人巨细胞病毒、水痘—带状疱疹病毒、EB 病毒、人疱疹病毒 6A 型、6B 型、7 型和 8 型。感染非人灵长类动物的疱疹病毒有 35 种，大部分为猴疱疹病毒，例如，B 病毒、恒河猴巨细胞病毒等。疱疹病毒基本形态相同，其分类归属主要依据病毒的结构。病毒颗粒呈球形，完整的病毒由核心、衣壳、被膜和囊膜组成，直径为 120～130nm，其大小主要取决于衣壳的厚度及外膜的状态。衣壳呈 20 面体对称，含有 162 个相互连接、呈放射状的颗粒，衣壳外膜由一层被膜覆盖，厚薄不均，外层为典型的脂质双层囊膜，上有凸起。核心为缠有 DNA 的纤丝卷轴。

病毒对温度很敏感，50℃ 30 分钟可灭活。疱疹病毒囊膜含有大量脂类，对乙醚、氯仿、丙酮、去氧胆酸钠等脂溶剂都很敏感，对胰蛋白酶、酸性和碱性磷脂酶等酶类敏感。紫外线、X 射线和 γ 射线都可以灭活疱疹病毒，中性红、亚甲蓝对疱疹病毒也有灭活作用。病毒液在 pH 值 6.8 ~ 7.4 范围以外容易被灭活。病毒在有蛋白质的溶液中较为稳定，常用 10% 的马血清或兔血清、0.1% 蛋黄或 0.5% 明胶保存病毒。疱疹病毒在 -70℃ 以下稳定，可长期保存，-20℃ 下病毒感染效价迅速下降，短期保存时 4℃ 比 -20℃ 好，最好的保存方法是低温冷冻干燥，毒价维持数年而无明显变化。

二、流行病学

（一）传染源

人是单纯疱疹病毒的自然宿主，病人及带病毒者是传染源，病毒主要存在于患者眼、咽或生殖系统等的分泌物中。单纯疱疹病毒 II 型的传染源为病人和无症状的带病毒者，病毒主要存在于女性的宫颈、阴道、尿道、外阴和男性的阴茎、尿道等处。

病人是水痘与带状疱疹的唯一传染源，病人一般在出疹前 1 ~ 2 天和出疹后 4 ~ 5 天有传染性。即使病人发热 3 ~ 4 天后体温恢复正常，但由于疱疹痂皮尚未完全干燥脱落，病人仍具有传染性。病毒存在于病变黏膜皮肤组织、疱疹液及血液中，可由鼻咽分泌物排出体外，但水痘出现皮疹前未能从呼吸道中分离出病毒，皮疹出现后也很难从呼吸道中分离出病毒，水痘在出现首发皮疹后 5 天内都具有接触传染性。带状疱疹病人其传染源作用不如水痘病人重要，易感者接触带状疱疹病人后，一般只引起水痘，而不发生带状疱疹。

人是巨细胞病毒的唯一宿主。病人及急性带毒者是传染源。病毒存在于血液、唾液、眼泪、尿液、精液、粪便、乳汁、子宫颈和阴道分泌物中。先天性感染、围产期以及出生后早起感染的婴儿持续排毒，可达数年。儿童或成人发生感染后，病毒复制可经历多年，因此，大多数青年及成人会因病毒复制增加而发病，并从不同部位间歇排毒。

B 病毒的自然宿主是猴，病猴和隐性带毒猴是该病的重要传染来源。B 病毒可感染其他灵长类动物，形成外源宿主，感染会引起快速发病而死亡。病毒间歇性的从这些动物的唾液、尿液和精液中排出，仅在初次感染、继发感染或正在患其他疾病的猴子中偶见持续排毒。

（二）传播途径

单纯疱疹病毒 I 型主要经由皮肤黏膜的直接接触，如抚摸、擦拭、接吻等密切接触及空气飞沫传播。单纯疱疹病毒 II 型主要通过接触或新生儿围产期在子宫内或产道受染，从青春期开始单纯疱疹病毒 II 型感染率逐渐上升，局部复发感染是妊娠期单纯疱疹病毒感染的最常见形式。生殖道疱疹病毒感染是其他性传播病毒感染的重要危险因素之一。

水痘病毒是通过空气飞沫传播，经呼吸道侵入机体，也可通过直接接触水痘疱疹疹液而感染。由于水痘病毒体外抵抗力薄弱，所以，通过日常接触传播机会较小，但在家庭中持续接触该病毒，可使几乎所有易感者感染。处于潜伏期的供血者可通过输血传播本病。孕妇分娩前 6 天内患水痘，可以感染胎儿，使其出生后 10 ~ 13 天发病。

巨细胞病毒主要通过母婴、输血、性接触等传播。其中，围产期母婴传播的意义最大，包括经胎盘感染，经宫颈逆行感染，经产道感染和产后水平感染。同病婴的密切接触，也是造成成人感染的重要途径。多次输血或一次大量输血，常使原发和再发感染的危险性增高。性接触是成人间传播途径之一。

B 病毒通过咬伤、抓伤、密切接触等感染健康猴。随后病毒可长期潜伏在组织器官内。性交也是病毒传播的主要途径，因此，性成熟的猴子大多B病毒抗体阳性，而仔猴、幼猴则很少有抗体。人类感染B病毒主要是通过直接接触猴的感染性唾液或组织培养物。

（三）易感动物

幼年人群对单纯疱疹病毒普遍易感，故大多数已受感染，原发感染多无症状，感染后体内产生中和抗体。

水痘人类普遍易感，任何年龄均可感染，婴幼儿和学龄前儿童发病较多，6个月以下的儿童较少见，但新生儿也可患病，孕妇患水痘时，胎儿可被感染甚至形成先天性水痘综合征，体内高效价抗体不能清除潜伏的病毒，多年后仍可能发生带状疱疹。

人群对巨细胞病毒的易感性是普遍的，并且可以重复感染，易感者为不同年龄、性别、种族和职业的人群。影响原发和再发感染的危险因素包括巨细胞病毒输入和防御感染能力低下，前者因所输血液和所供器官中潜伏病毒，或与排毒者密切接触而感染，后者为病人免疫功能低下，接收免疫抑制剂后处于免疫抑制状态。

B病毒感染主要发生于恒河猴和食蟹猴，从恒河猴分离的B病毒比从其他品种猴分离的B病毒对人的致病性强。猴通常在性成熟时受到感染。通常猴为无症状感染，人不存在无症状B病毒感染。

（四）流行特征

单纯疱疹多散发，发病率无季节性变化，密集人群偶见流行，在低收入的人群中发病率较高。

水痘全年均可发生，以冬春季节多见，一次患病后可获得持久免疫，再次得病者极少，多散发，偏僻地区偶可暴发，城市可每2~3年发生周期性流行。带状疱疹是散发性流行，无季节性，常发于40~70岁，这是由于幼年时患水痘后，病毒潜伏于机体神经节内，经激活后引起带状疱疹。

巨细胞病毒感染属非流行性传染，无季节性，社会经济发展与感染率明显相关，也可能与人种遗传因素有关。孕妇的原发性或重复感染均可引起胎儿的宫内感染，多数人在儿童或少年期受感染而获得免疫，成人感染则多发于免疫缺陷或免疫抑制状态下，由潜在感染被激活而引发该病。

猪是该病毒的贮存宿主，临床上目前还没有人自然感染的病例，但曾有实验室工作人员感染本病的报道。本病呈散发或地方疫源性流行，本病发生有一定季节性，多发生在冬春季节。现该病广泛分布于世界各国，猪、牛及绵羊发病数量逐年增加，每年给世界各国养猪业造成巨大经济损失。

B 病毒在猴中潜伏感染，通过黏膜排毒，但并不经常排毒，通常排毒时间为几个小时。仅在初次感染、继发感染或正在患其他疾病的猴子中偶见持续排毒 4 ~ 6 周者。人通过接触猴组织和体液引起 B 病毒感染，人与人之间 B 病毒二次传播的可能性很小。

三、临床特征与表现

单纯疱疹病毒潜伏期为 2 ~ 12 天，平均 6 天。原发感染引起口腔疱疹、眼疱疹、皮肤疱疹、疱疹性湿疹、生殖器疱疹、疱疹性脑膜脑炎等。新生儿疱疹感染多由于围产期母体产道受染单纯疱疹病毒 II 型引起，轻症可有口腔、皮肤、眼部疱疹，重症则有中枢神经系统感染或全身各内脏的血行播散性感染。复发感染多呈唇疱疹，也可出现外生殖器疱疹或眼疱疹，通常无发热等全身症状。

水痘—带状疱疹：水痘潜伏期 12 ~ 21 天，发病较急，前驱期有低热或中度发热，头痛、全身不适、食欲缺乏、咳嗽等症状，数小时或 1 ~ 2 天迅速出现皮疹。带状疱疹潜伏期 7 ~ 12 天，发疹前数日局部皮肤常先有瘙痒，感觉过敏，针刺或灼痛，局部淋巴结可肿痛。部分带状疱疹病人可有轻度发热、乏力、头痛，2～4天开始发疹。带状疱疹病程2～4周，能自愈，愈后可获终身免疫，但偶有复发。

巨细胞病毒的致病性因感染者的感染方式、免疫状态和合并症不同而各异。先天感染的婴儿会引起流产、死产，活婴5%表现为典型全身多系统和多脏器受累，重症病例可于数日或数周内死亡，5%为非典型临床症状，90%为亚临床型。7岁以下儿童感染可引起无黄疸型肝炎，并常伴肝脾肿大。成人感染主要表现为单核细胞增多症，主要症状为无力、肌痛、长程发热、肝功能异常和淋巴细胞增多，并出现大量异型淋巴细胞。

B病毒潜伏期2天至5周，大多数为5～21天。疾病发生、发展与感染暴露部位及病毒量有关。人一旦发病则病情严重，主要表现为上行性脊髓炎或脑脊髓炎及严重的神经损伤。病初背腰局部疼痛、发红、肿胀，出现疱疹，有渗出物，并出现普通流感症状，发热、肌肉疼痛、疲乏、头痛，其他症状还包括淋巴腺炎、淋巴管炎、恶心呕吐、腹部疼痛、打嗝；当病毒感染中枢神经系统脑及脊髓时就会出现进行性神经症状，如感觉过敏、共济失调、复视双重影以及上行性松弛麻痹；当病毒传播到中枢神经系统则是不良预兆，即使通过抗病毒及支持治疗，大多数还会死亡。死亡原因大多数是由上行性麻痹引起的呼吸衰竭所致。病程数天至数周，幸存者多留有严重的后遗症。

四、诊断

（一）*疱疹病毒的临床诊断*

单纯疱疹是根据疱疹特点及发疹部位，结合流行病学资料进行临床诊断。

水痘的临床诊断要点是：水痘性皮疹特点是较轻的全身症

状，无水痘病史及近 2 ~ 3 周内有与水痘或带状疱疹病人接触史。带状疱疹的临床诊断要点是单侧性发疹，多数水疱簇集成群，排列成带状，沿周围神经分布，发疹前后局部发疹部位有神经痛。

巨细胞病毒感染的临床诊断要点是出现紫癜、黄疸、肝脾肿大、小头畸形、体重过轻、早产、脉络膜视网膜炎、消化道溃疡、腹股沟疝和低钙惊厥等。

人类 B 病毒感染的发病与猴相似，在感染宿主内，神经元途径对病毒播散起主要作用。感染后病毒在皮肤内复制与局部出现炎性病变，病毒入侵局部淋巴结可发生出血或局灶性坏死，出现多器官受累。

（二）疱疹病毒的实验室诊断

1. 形态学检查

刮取病人受检材料镜检，根据首检组织细胞特征进行诊断。

2. 病毒学检查

采集检材，接种组织细胞，出现典型病变后用荧光抗体法或中和试验等血清学方法进行鉴定，也可用免疫电镜或荧光免疫电镜检查。此外，病毒分离、核酸 PCR 检测和血清学检测也有诊断价值。其中，分离培养是 B 病毒感染的标准诊断方法。

五、防治措施

（一）预防

疱疹病毒感染的综合性预防措施，包括传染源管理、切断传播途径和保护易感者。其中，水痘应呼吸道隔离及避免其他方式接触传染，无并发症者可在家隔离，防止与易感儿童及孕妇接触，带状疱疹病人不必隔离，但应避免与易感儿童及孕妇接触，被动免疫采用水痘带状疱疹免疫球蛋白于接触后 72 小时内肌肉注射。巨细胞病毒感染的预防还包括对供血员、器官移植供者和受者进行血清学检查 。预防 B 病毒感染建议使用护眼镜、面具、齐下颚的面罩，以防飞溅物掉入眼睛内和保护猴饲养人员的黏膜，并进行相关知识培训。此外，应建立无B病毒猴群。

接种疫苗进行主动免疫是预防疱疹病毒感染的有效措施。水痘高危患者接种减毒活疫苗自然感染的预防效果为68%～100%，并可持续10年以上。巨细胞病毒感染的传染源广泛而多为隐性，传播途径复杂而不宜控制，而且易感者普遍存在，因而其预防重点为疫苗接种。

（二）治疗

水痘的治疗要点是精心护理、止痒及防止继发细菌感染，抗病毒治疗可用于免疫功能低下的水痘患者，新生儿水痘或播散性水痘肺炎、脑炎等严重病例应在起病4天内及早采用抗病毒药物治疗。带状疱疹病人应卧床休息，避免摩擦，防止感染，可适当用镇静剂，重症患者尤其是眼部带状疱疹应采用抗病毒治疗。单纯疱疹病毒和巨细胞病毒感染患者可采用抗病毒治疗及对症治疗。B病毒感染患者急救是立即用洗必泰或肥皂水清洗皮肤或黏膜，眼可用灭菌盐水冲洗，清洗持续15分钟以上，皮肤可用碘酊灭活病毒。

第九节　轮状病毒感染

轮状病毒病是由轮状病毒引起的婴幼儿和多种幼龄动物的急性胃肠道传染病，临床表现以呕吐、腹泻、脱水为主要特征。近年研究发现，轮状病毒也可引起肠道外其他系统感染。成年人和成年动物一般隐性感染。轮状病毒感染对人类和动物的健康都有较大危害，常导致巨大经济损失，在全球已成为一个重要的公共卫生问题。

一、病原

轮状病毒为双股 R NA 病毒，属于呼肠孤病毒科轮状病毒属。轮状病毒具有不同的血清群和血清型。轮状病毒对理化因子的作用有较强的抵抗力。在4℃下能保持完整的形态，在粪便或没有抗体的牛奶中，室温 18 ~ 20℃放置 7 个月仍有感染力，加热至56℃经 1 小时不能灭活。病毒对乙醚、氯仿、季铵盐类、次氯酸钠等有较强的抵抗力，反复冻融、超声波处理 37℃ 1 小时仍不失活。较高或较低的相对湿度下仍能保持稳定。氯、臭氧、碘、酚等可灭活病毒。

二、流行病学

轮状病毒自 1973 年确诊以来，已遍布全球。轮状病毒感染人，多发于6 岁以下的婴儿、儿童，最多流行于 1 岁以下的婴儿，在犊牛，生后 12 小时就可发病，一般 1 ~ 7 日龄犊牛发病率最高，而猪，一般发生在 1 ~ 6 周龄仔猪或 8 周龄以下仔猪，其他动物感染也主要集中在幼龄动物。轮状病毒感染具有明显的季节性，在人多发于秋冬季节，在动物也多发于晚秋、冬季和早春。少数地区季节性不明显而呈终年流行。

病人、隐性感染者及带毒者是本病的传染源，由于后两者不易被发现，因而起着重要的传染源作用。人和动物主通过直接接触或间接接触感染者及污染的饮水、饲料等感染。

轮状病毒主要感染婴幼儿及幼龄动物。人、牛、猪、羔羊、兔、犬、鸡、猴等都有易感性。轮状病毒无严格的种属特异性，动物和人可交叉感染。

三、临床特征与表现

(一) 对动物感染性

大多数动物感染后临床症状相似，但严重程度不一，有些无症状，有些表现亚临床症状，有些则出现严重肠炎。感染动物主要症状为厌食、腹泻、脱水和酸碱平衡紊乱。病畜精神沉郁，食欲缺乏，不愿走动，有些动物吃奶后常发生呕吐，继而迅速腹泻，呈水样或糊状，常在严重腹泻后 2 ~ 3 天产生脱水，血液酸碱平衡紊乱。如无其他病原微生物污染，该病不引起发热。腹泻脱水严重者可引起死亡，导致重大经济损失。

1. 牛

牛轮状病毒可造成新生牛犊小肠局部感染，通过破坏小肠吸收功能而引起腹泻。潜伏期 12 ~ 96 小时，感染后第二天便可向外界排毒，持续 7 ~ 8 天，病牛精神委顿，不愿走动，如不存在其他病原等混合感染，体温正常或略有升高。食欲减退、腹泻，粪便黄白色、液状，除非继发细菌感染，否则，腹泻粪便中无血液和黏液，长期腹泻导致脱水明显，严重的常有死亡，病死率可达 50%，新生犊牛病死率可能高达 80%。通常大于 3 月龄的牛不再易感。

2. 猪

1 ~ 4 周龄及弱仔猪多发，大猪和 1 月龄以上的小猪感染后通常不引起明显的临床症状，除非存在混合感染。潜伏期 12 ~ 24 小时，病初精神委顿、厌食、不愿走动，常有呕吐。迅速发生腹泻，粪便呈水样或糊状，色黄白或暗黑。如继发大肠杆菌病，常使症状严重和病死率增高。

3. 其他动物

马驹、羊羔、幼犬和猫等感染轮状病毒，潜伏期短，主要症状也是肠炎、腹泻、委顿、厌食、体重减轻和脱水等。一般

4～8天痊愈。幼小动物也有死亡。

（二）对人的感染性

2岁内婴儿易感。潜伏期通常小于2天，但最长可达7天。一些患者发热至39℃及以上。多数患者在病初即发生呕吐，常先于腹泻，有时呕吐与腹泻同时出现。大便水样和蛋花汤样，无臭味，每天排便次数至10余次，常发生腹痛、腹胀和肠鸣，腹泻严重者可出现脱水症状，多为一般脱水。重度脱水者伴有电解质紊乱、酸中毒，严重者可引起死亡。成人感染与儿童相比，症状通常不明显，有些也会出现腹泻、头痛、不舒服、恶心等症状。

四、诊断

（一）动物的临床诊断

不同动物感染轮状病毒有其共同的临床特点：发生在寒冷季节；多侵害幼龄动物；突然发生水样腹泻；发病率高和病变集中在消化道。

根据上述临床特点作出初步诊断，确诊需要结合实验室检查。

（二）人的临床症状

临床表现具有下列特点：多见于2岁以内婴儿，1岁以内婴儿最易感（可能与婴幼儿消化道防御功能尚未完全发育，免疫功能发育不成熟有关）；秋冬季节多发，高峰期在12月和1月；大便呈水样和蛋花汤样，每天排便至10余次；常伴有高热、呕吐、腹胀和肠鸣。

（三）实验室诊断

实验室诊断包括病毒分离与鉴定；检测病毒或病毒抗原；分子生物学技术。

五、防制措施

（一）动物预防措施

本病的预防主要依靠加强饲养管理及卫生消毒措施，认真执行一般的兽医防疫措施，增强母畜和仔畜的抵抗力。在疫区要做到新生仔畜及早吃到初乳，接受母源抗体的保护以减轻发病，减少应激。

现有预防轮状病毒感染的弱毒疫苗和灭活疫苗，可以免疫幼畜或妊娠母畜，以获得主动或被动免疫。我国研制的猪源弱毒活疫苗免疫母猪，其所产仔猪腹泻率下降60%以上，成活率高。用牛源弱毒活疫苗免疫母牛，所产犊牛30天内未发生腹泻，而对照组腹泻率为22.5%。我国还研制出猪轮状病毒和传染性胃肠炎二联弱毒疫苗，给新生仔猪吃初乳前肌内免疫，30分钟后吃奶，免疫期达1年以上；给妊娠母猪分娩前注射，也可使其所产仔猪获得良好的被动免疫。也有应用猪源轮状病毒灭活疫苗免疫仔猪，牛源轮状病毒和大肠杆菌二联灭活油佐剂疫苗免疫母牛，均取得良好的效果。

发现病畜后除采取一般防疫措施外，应停止哺乳，用葡萄糖水给病畜自由引用。对病畜进行对症治疗，如使用收敛止泻剂，使用抗菌药物以防止细菌继发感染，静脉注射葡萄糖盐水和碳酸氢钠以防止脱水和酸中毒等，一般可取的良好效果，可有效降低病畜死亡率。

（二）人的预防措施

为预防婴儿感染轮状病毒，应做到饭前便后洗手，保持乳房奶头的清洁卫生，人工哺乳奶头应开水冲烫，尽量使用母乳喂养婴儿，提高婴幼儿的抵抗力。由于粪——口是主要传播途径，对儿童要加强教育，以养成良好的卫生习惯。同时，要提高环境的卫生水平。使用疫苗免疫可减少发病，降低死亡率，还能节约卫生资源，降低医疗成本。

人发生感染后，以对症支持治疗为主，提倡饮食治疗和液体疗法。抗生素对病毒性腹泻无效，禁止滥用抗生素。

第十节　痘病毒感染

痘病毒感染是人、家畜、野生动物、海洋哺乳动物、鸟类和昆虫的一组全身性或皮肤性痘病毒感染的总称。这种感染在脊椎动物表现为皮肤和黏膜上发生特殊的丘疹和疱疹。典型病例，病初为丘疹，后变为水疱、脓疱，脓疱干结成痂，脱落后痊愈。几乎各种哺乳动物都有其各自的痘病毒。但某些痘病毒可以选择几种不同动物，甚至可以感染人，引起人与动物共患的疾病。

一、病原

痘病毒是已知的病毒粒子中基因组最大、最复杂的以及宿主范围最广和成员最多的病毒家族，其大部分成员又都能引起动物源性人兽共患病。与人类和动物有关的痘病毒可分为正痘病毒属、山羊痘病毒属、禽痘病毒属、副痘病毒属、猪痘病毒属、兔痘病毒属、软疣痘病毒属和亚塔痘病毒属 8 个属，其中，正痘病毒属的天花病毒于 1980 年被消灭，并停止种痘。

各种动物的痘病毒在形态结构、化学组成和抗原性方面均大同小异。大多数痘病毒粒子呈砖形，由一管状物组成外层结构，外层结构之内是哑铃形的芯髓，以及两个功能不明的侧体。芯髓内含病毒 DNA 及核蛋白。病毒囊膜含有宿主细胞的类脂成分或病毒特殊蛋白。各种禽痘病毒与哺乳动物痘病毒间不能交叉感染或免疫，但各种禽痘病毒之间在抗原性上极为相似，且都具有血细胞凝集特性。其他属的同属病毒各成员之间，也存在许多共同抗原和广泛的交叉中和反应。

病毒对温度有高度抵抗力，在干燥的痂块中可以存活几年，但病毒很容易被氯制剂等破坏，有的对乙醚敏感。

二、流行病学

（一）传染源

患病或隐性感染的啮齿类或哺乳类动物，都可以成为本病的传染源，发病期间的血液、结痂和呼出的气体均具有传染性。

（二）传播途径

动物的饲养管理人员、护理用具、皮毛、垫草、饲料和外寄生虫都能够成为传播的媒介。

（三）易感动物

多种动物对痘病毒有不同程度的易感性，人、猴、猪、家禽、羊、牛和马等都可以感染。鹦鹉、松鼠、兔子等也可感染本病毒。人感染痘病毒发病情况与职业、受感染机会、接触频率和剂量、人自身的免疫状态等因素相关。

（四）流行特征

痘病毒一般多发生在冬末春初，其发病和危害程度与当地人及动物的免疫状况相关，易感动物在没有免疫的情况下初次感染痘病毒发病率、死亡率较免疫的动物要高很多。

（五）发生与分布

痘病毒呈世界性分布，绵羊痘分布于世界养羊地区，在中国华北、西北地区均有发生，我国从1949年后，在西北、东北和华北地区流行山羊痘，少数地区疫情严重；世界卫生组织于1980年宣布天花已经在全世界消灭。

三、对动物和人的致病性

痘病毒对皮肤和黏膜上皮细胞具有特殊亲和力。病毒侵入机体后先在网状内皮系统繁殖，而后进入血液循环新城病毒血症扩散全身，在皮肤和黏膜上皮细胞内繁殖，引起炎症过程和特异性痘疹病变。

（一）牛痘

牛痘在牛的潜伏期为4～8天，病牛体温轻度升高，食欲减退，反刍停止，挤奶时乳头和乳房敏感，不久在乳房和乳头（公牛靠近睾丸处皮肤）上出现红色丘疹，1～2天后形成约豌豆大小的圆形或卵圆形水疱，疱上有一凹窝，内含透明液体，逐渐形成脓疱，然后结痂，10～15天痊愈。若病毒侵入乳腺，可引起乳腺炎。

（二）伪牛痘

伪牛痘主要侵害泌乳母牛，潜伏期约5天。在未有任何临床症状前，乳牛乳房敏感，抗拒人员接近，经2～3天后，患部出现红色丘疹，一般黄豆粒大小，最大不超过1cm，随后变为樱红色水疱，2～3天内形成结痂，有的由丘疹变为结痂，没有形成水疱过程，痂皮脱落后留下圆形隆起，中央凹陷，呈现肉芽样疤痕，每个乳头上有丘疹3～5个，也有多至15～30个。有的丘疹可遍布每个乳头、乳房和乳房沟间。一般2～3周愈合。上述病变呈周期性再现。

（三）猴痘

自然条件下猴感染表现两种病型：急性型（仅见于食蟹猴，特征是面部水肿并沿向颈部延伸，最后窒息而死，同时，全身各部位皮肤出现皮疹，口腔黏膜溃疡）和丘疹型（仅在面部和四肢皮肤出现丘疹，起初散在，化脓后流出灰色脓汁，丘疹周围发红，多在7～10天消退，瘢痕组织愈合，严重者可导致死亡）。

（四）传染性脓疱

本病在动物上潜伏期通常为2～8天，最长可达16天。病初患羊食欲下降，精神不振，齿龈红肿。开始在眼周围、口角、上唇和鼻镜上出现散在的小红斑，逐渐变为丘疹和小结节，继而成为水疱、脓疱，破溃后结成黄色或棕色的疣状硬痂。病羊由于疼痛而不愿采食，表现为流涎、精神不振、食欲减退或废绝、反刍减少、被毛粗乱无光、日渐消瘦。若为良性，1~2周后痂皮干燥、脱落后留下红斑而逐渐康复；若病情严重，在齿龈、舌面及颊部黏膜上出现大小不等的溃疡；病程不断扩展，继续发生丘疹、水疱、脓疱和痂垢，并相互融合，形成大面积痂垢。痂垢不断增厚，痂垢下伴有肉芽组织增生，整个嘴唇肿大外翻呈桑葚状隆起，严重影响采食，病羊日趋消瘦，最后衰竭而死。病程2~3周。有的羊在蹄叉、蹄冠和系部皮肤上发生同样病变，影响肌腱和关节运动，病羊跛行或长期卧地。少数病羊还在乳房、阴唇、阴囊、包皮及四肢内侧发生同样病理变化，阴唇肿胀、阴道内流出黏性或脓性分泌物；病程长者，可发生破溃。公羊还表现为阴鞘肿胀。

(五) 牛丘疹性口炎

牛是易感动物，特别是2岁以下的犊牛最易感。发病特征是在口腔及其边缘发生增生性病变。通常临床表现不明显，或仅引起温和的非典型症状。病初在鼻腔内、上腭或唇内表面可看到直径为2~4mm的充血性病灶，病灶发展迅速，形成充血边缘围绕的丘疹。其中，有的可转化为有皱纹的丘疹状斑，此斑可持续1~3周。从丘疹到病变愈合的过程中，出现黄色、淡红及褐色的斑点。在黏膜周围出现坏死性糜烂或溃疡，病理组织学观察在固有层可见染成深紫色的包涵体。该病以这种状态持续数月，而在某些牛群中的发病率可能更高。

四、诊断

(一) 动物痘病的临床诊断

由于痘病毒的典型症状为少毛或无毛区（有时候是黏膜部位）出现痘疹或痘状溃烂，根据痘病毒的四个特征时期即“红

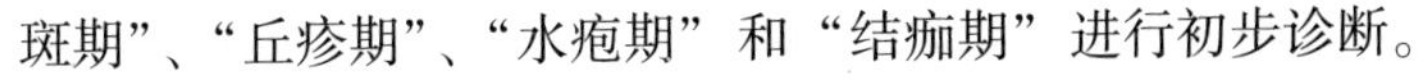

斑期”、“丘疹期”、“水疱期” 和 “结痂期” 进行初步诊断。

1. 牛痘

感染不久在乳房和乳头（公牛靠近睾丸处皮肤）上出现红色丘疹，1 ~ 2 天后形成约豌豆大小的圆形或卵圆形水疱，疱上有一凹窝，内含透明液体，逐渐形成脓疱，然后结痂，10 ~ 15 天痊愈。若病毒侵入乳腺，可引起乳腺炎。

2. 伪牛痘

伪牛痘病变主要发生于泌乳牛的乳房和乳头部位，病变周期中很少形成脐型痘疱，而且病变过程有周期性再现的特征，根据这些可作出初步诊断。本病需与牛溃疡性乳头炎做出鉴别诊断，后者乳头皮肤表现肿胀、破溃和结痂过程，不形成丘疹、水疱，炎症反应较重，细胞内有包涵体。

3. 猴痘

当野外环境中灵长动物出现丘疹，土拨鼠出现眼睑结膜炎时，应考虑猴痘。确诊需进行病毒分离和动物接种。

4. 传染性脓疱

根据动物的临床症状通常能够作出诊断。应于羊痘和溃疡性皮肤病以及坏死杆菌病进行鉴别诊断。

5. 牛丘疹性口炎

由于本病多数情况下有水疱、下痢和全身症状，所以，易于口蹄疫、牛瘟和牛病毒性腹泻—黏膜病等混淆，确诊需进行实验室诊断。

（二）人类痘病的临床诊断

人类痘病的诊断要点要从人与痘病毒传染源的接触史、人痘病毒免疫状况以及特征性的临床症状等角度进行诊断。

（三）实验室诊断

由于痘病毒的危害性和特殊性，实验室病原学诊断必须在相应级别的生物安全实验室进行。

1. 动物痘病毒的实验室诊断

病原学诊断依靠电镜检查和包涵体检查等，血清学诊断依靠中和试验等，鉴于目前的试验技术，血清学诊断方法只能诊断没有免疫过疫苗的动物。

2. 人类痘病实验室诊断

天花已在世界范围内灭绝，一旦发生天花暴发，需进行病例分类，根据人天花实验室诊断，诊断标准满足以下之一者，可诊断为“天花”。

（1）临床标本“PCR 法”中检出天花病毒 DNA。

（2）临床标本分离出天花病毒（WHO 天花参考实验室或同级别的实验室），并经天花病毒 PCR 法确认。

五、防治措施

（一）动物疫病的防治措施

一旦确诊该病，应本着“早”、“快”、“严”、“小”的原则及时上报有关部门，对动物及其副产品作无害化处理，如需剥皮利用，注意消毒防疫措施，防止扩散病毒。引种时做好严格的检疫工作，避免引入该病。有计划的免疫接种是预防本病的有效手段。

（二）人类痘病毒的防治措施

人接种的痘病疫苗为牛痘苗，牛痘苗安全、可靠，接种后不会引起人与人之间的传播，一经问世，很快在全世界广泛使用。直到今日，种牛痘仍被认为是预防天花的最好办法。牛痘疫苗的发明，使人类免受天花的灾难。

第十一节　病毒性腹泻

有多种病毒可引起腹泻，如轮状病毒和诺如病毒等，轮状病毒是各种幼龄动物病毒性腹泻的主要病原之一（详见第一章第九节），诺如病毒可引起成人和大龄儿童肠炎的暴发流行，但极少波及婴幼儿。诺如病毒感染 12～48 小时，感染者出现恶心、呕吐、胃痉挛和腹泻等急性症状，常伴有低热、头疼、寒战和肌痛等临诊表现。本病可全年发生，以冬季多见，呈世界分布。

一、病原

诺如病毒属杯状病毒科、诺瓦克样病毒属，病毒基因组为正链 RNA。该病毒在室温 pH 值 2.7 环境下 3 小时、20% 乙醚 4℃处理 18 小时或 60℃孵育 30 分钟后，该病毒仍有感染性。诺如病毒可耐受普通饮用水中 3.75～6.25mg/L 的氯离子浓度，但在 10mg/L 的高浓度氯离子（处理污水采用的氯离子浓度）存在时可被灭活。诺如病毒对氯的耐受性强于脊髓灰质炎病毒 I 型、人轮状病毒、猴轮状病毒以及 f12 噬菌体。

二、流行病学

病人和感染者是重要传染源。病毒大量存在于患者的消化道。并可通过其排泄物污染饮水、土壤、用具等，如不及时消毒处理或处理不彻底，则可形成长久的疫源地。家畜和家禽也是诺如病毒的贮存宿主。水生动物，特别是贝类属于滤食性动物，其生理特性以及近海养殖的环境特点，使得贝类成为多种病原微生物的富集器，一旦产地水源被诺如病毒污染，贝类就成为潜在的传染源。

诺如病毒可通过多种途径传播，粪—口途径是主要传播方式，大多数是传染源的排泄物污染食物和水而造成流行，继发病例则因人—人传播所致。暴发期间，空气和污染物也是不容忽视的传播媒介。

诺如病毒引起的腹泻可全年发生，但冬季较多见，常出现暴发流行，主要侵袭成年、学龄前儿童、少年及家庭密切接触者。流行地区广泛，分布世界各个国家，无论发达国家还是发展中国家，此病毒都有很高的感染率，感染率没有年龄和性别差异。

三、临床特征与表现

目前在很多家禽和水生动物都检测到诺如病毒，但病毒对动物无致病性。人感染后潜伏期多在24～48小时，少数在18～72小时。发病突然，以恶心、呕吐、胃疼和腹泻为主要症状，儿童患者呕吐普遍，成人患者腹泻为多，24小时内腹泻4～8次，粪便呈水样，不带血，也少见黏液，便检白细胞阴性。有研究提示，原发感染患者的呕吐症状明显多于续发感染者。有些病人仅表现出呕吐症状，故在临床曾有冬季呕吐病诊断。此外，头痛、轻度发热、寒战和肌痛也是常见症状。尽管脱水情况罕见，但这是致死的重要原因，尤其是年老、体弱者更为敏感。该病为自限性疾病，通常患者病程在48～72小时，有的则更短，至今未见后遗症报告。

四、诊断

该病的临床诊断主要依据流行季节、地区特点、发病年龄等流行病学资料、临床表现，以及实验室常规检测结果。从临床症状上并不能区别诺瓦克样病毒或人杯状病毒感染引起的腹泻病。但在一次腹泻流行中符合以下标准者，可初步诊断为诺瓦克样病毒的某一成员感染：潜伏期24～48小时；50%以上发生呕吐；病程一般为12～60小时；排除细菌和寄生虫感染。

该病的实验室诊断方法包括：电镜法（直接电镜法、免疫电镜法）、免疫法（放射免疫法、生物素－亲和素免疫法、ELISA等）和分子生物学方法（核酸杂交技术、RT－PCR技术等）。

五、防制

（一）预防

1. 预防措施

加强以预防肠道传染病为重点的宣传教育，提倡喝开水，不吃生的、半生的食物，尤其是禁止生食贝类等水产品，生吃瓜果要洗净，饭前便后要洗手，养成良好的卫生习惯。加快城乡自来水建设，在暂时达不到要求的地区，必须保护水源，改善饮用水条件，实行饮水消毒。严格执行食品卫生法，特别加强对饮食行业、农贸集市、集体食堂等的卫生管理，食品加工者要严格注意个人卫生，一旦发病立即调离工作岗位。

2. 病人、接触者及其直接接触环境的管理

对病人、疑似病人和病毒携带者要分别隔离治疗；责任疫情报告人发现突发疫情后，以最快的通讯方式向发病地的疾病预防控制机构报告；对病人、疑似病人和病毒携带者的吐泻物和污染过的物品、空气、饮用水、厕所等进行随时消毒，当感染者送隔离病房或治愈后，进行终末消毒。

（二）治疗

该病的临床特点是病程轻、病程短、常呈自限性。在治疗上以饮食疗法、液体疗法等对症处理以及支持疗法为主。多数可在门诊治疗，婴幼儿因腹泻而严重脱水需住院治疗的患者约占3% ~10%。应注意到严重的脱水、酸中毒及电解质失调是最终引起主要器官功能衰竭、弥散性血管内凝血等，是导致死亡的主要原因。

对轻症脱水及电解质平衡失调者，可给予口服等渗液或口服补液盐。米汤加补液盐溶液对于婴幼儿脱水很有好处。但高渗性脱水者应稀释1倍后再服用，脱水纠正即停服。对严重脱

水及电解质紊乱者应静脉补液，特别要注意当缺钾时应正规补给钾离子，酸中毒时加碳酸氢钠予以纠正，情况改善后改为口服。

对症治疗腹痛可口服654－2，或用次水杨酸铋制剂，也可肌内注射654－2减轻腹部痉挛性疼痛。由于小肠受到损害，其吸收功能下降，故饮水宜清淡及富水分为宜。吐泻频繁者禁食8～12小时，然后逐步恢复饮食。

第十二节 戊肝病毒病

戊型病毒性肝炎简称戊肝，是由戊型肝炎病毒引起的一种以肝脏损害为主的人与动物共患传染病，猪是最常见的动物宿主。本病呈世界范围流行，以印度恒河流域和非洲尼罗河流域为主，在我国也是一种普遍流行，危害严重的疾病。

一、病原

戊型肝炎病毒属于戊肝病毒科、戊肝病毒属。戊型肝炎病毒分为8种基因型，但只有一个血清型。戊型肝病毒不稳定，对高盐、氯仿等敏感。在酸性和弱碱性的肝内胆汁和胆囊内胆汁环境中较为稳定。在生肉和没有完全煮熟的肉制品里病毒仍可保持相当的感染性。

二、流行病学

戊肝的主要传染源是戊肝患者及隐性感染者，其急性期粪便，特别是潜伏末期和急性期早期的患者粪便中含有大量戊型肝炎病毒。戊型肝炎病毒主要经粪－口途径传播，也可通过输血传播。该病毒除感染人类和多种非人灵长类动物外，还感染多种其他动物，其中，最主要的动物自然宿主为猪。人类戊肝病例主要集中在青壮年和中老年，男性多于女性。

戊肝主要发生在亚洲、非洲和中美洲等一些发展中国家。该病具有一定的季节性，多发生在3～5月和11月至翌年1月，通常流行或暴发多发生在雨季或洪水之后。

三、临床特征与表现

1. 猪

感染戊型肝炎病毒猪大多数无明显肝炎临床表现。若人工接毒，则接种后3～4周在皮肤出现特征性黄疸，以腋下和巩膜最为明显；丙氨酸转氨酶升高；粪便排毒；肝活检可见局限性坏死、肝细胞肿胀、空泡变性，病变较为轻微，且多在接种后2月左右消失或减退。

2. 人

本病的潜伏期为10～60天，平均40天。人感染戊型肝炎病毒可表现为临床型感染和隐性感染。临床型感染中主要为急性黄疸型、急性无黄疸型和重型肝炎。突出症状和体征依次为肝区压痛、恶心、疲倦乏力、尿黄、黄疸等，与甲型肝炎相似，但程度重、病程长、病死率高于甲肝。孕妇感染戊肝病情严重，常出现流产、死胎、产后出血或急性肝坏死，尤其在妊娠后3个月发生感染。老年戊肝的病程更长，病情更重，重型肝炎比例和病死率均较高。儿童戊肝主要表现为亚临床感染。

戊肝患者整个病程持续4～6周。在感染后1～2周首先出现病毒血症和粪便排毒，感染后5～6周出现急性肝炎的生化变化（如血清转氨酶升高）和临床症状（如黄疸等），随后病毒血症迅速消退，但粪便排毒可以继续持续一段时间。

四、诊断

根据患者流行病学史和临床症状进行初步临床诊断，病原特异诊断主要依赖于病毒检测和血清检测。

戊型肝炎应根据流行病学资料、症状、体征和实验室检查综合诊断。确诊则以血清学和病原学检查的结果为准。

1. 急性戊型肝炎（黄疸型/无黄疸型）

① 病人接触史或高发区居留史（发病前2～6周接触过肝炎病人或饮用过被污染的水、外出用餐、到过戊肝高发区和流行区）；② 持续一周以上乏力，食欲减退或其他消化道症状，肝大，伴叩击痛；③ 血清转氨酶明显升高；④ 血清病原学检验排除急性甲、乙、丙、庚型肝炎；⑤ 皮肤、巩膜黄染，血清胆红素大于17.1μmol/L，尿胆红素阳性并排除其他疾病所致的黄疸；⑥ 血清学检验抗戊型肝炎病毒IgM阳性，抗戊型肝炎病毒IgG由低转高4倍以上。

疑似病例：②+③+⑥。

确诊病例：临床诊断+⑥。有④者为黄疸型急性戊型肝炎。

2. 急性重型戊型肝炎

① 符合急性黄疸型戊型肝炎的临床诊断标准；② 起病10天内出现精神、神经症状（肝性脑病）；③ 黄疸迅速加深，血清胆红素大于17μmol/L；④ 凝血酶原时间延长，凝血酶原活动度低于40%。

疑似病例：①+③。

确诊病例：疑似病例+②+④。

3. 亚急重型性戊型肝炎

符合急性黄疸型肝炎的诊断标准。

起病后10天以上出现以下情况者：一是高度乏力和明显食欲缺乏，恶心，呕吐，皮肤、巩膜黄染，重度腹胀或腹水。二是血清胆红素上升大于171μmol/L或每天升高值大于17.1μmol/L。三是血清凝血酶原时间显著延长，凝血酶原活度低于40%。无意识障碍。

五、防制

（一）综合性措施

在戊型肝炎流行区，有效地改善水质将是控制戊型肝炎病毒传播扩散的关键。如果在短时间内不能很好地提高饮用水的质量，至少应该将水进行煮沸后饮用。清洗及处理食物时，也要防止使用被病毒污染的水体。另外，要注意饮食卫生，生熟食品及食品加工工具要分开，尤其注意不要食用未煮熟的猪肝。加强对养猪场、屠宰场等高危场所的卫生监控以及职业暴露人群的健康体检。对于感染的动物，应认真做好其排泄物的消毒工作，以免引起污染导致流行。在戊肝高流行区，尤其是在高流行季节，应加强对输血后肝炎的监控工作。

加强控制猪粪便，将其无害化处理后才可排放，开展野生动物和家畜尤其是猪群戊型肝炎病毒监测。

（二）治疗

肝炎是一种自限性疾病，无慢性化，目前尚无特异性治疗手段，一般急性期强调卧床休息，以护肝、对症治疗手段为主，避免饮酒、过劳和损肝药物。

重型戊型肝炎要加强对病人的监护，密切观察病情。采取延缓肝细胞继续坏死，促进细胞再生，改善微循环等措施。预防各种并发症，如肝性脑病，脑水肿，大出血，肾功能不全，继发感染，电解质紊乱，腹水，低血糖并加强支持疗法。

病人要实施隔离，从发病起隔离 3 周，对其粪便、分泌物要做好消毒；对接触者要严密观察 45 天，进行丙氨酸转氨酶和尿胆红素检查。流行期间要做好消毒工作，管好饮用水源，不饮生水，注意饮食卫生，消灭苍蝇。对流行区的病人要给予支持治疗，防止重型肝炎的发生。

第二章　细菌性人兽共患病

第一节　结核病

结核病是由结核分枝杆菌、牛分枝杆菌等引起的人、畜禽、野生动物等多种动物共患的一种慢性传染病，其特征是在机体多个组织器官形成肉芽肿和干酪样或钙化病灶。我国是全球22个结核病高发国家之一，其中结核病患者数居世界第二位，仅次于印度。结核病已成为危害我国人民健康和畜牧业健康发展的一种重要的人兽共患病。

一、病原

分枝杆菌属是革兰氏阳性抗酸菌的代表。本病的病原主要是分枝杆菌属的3个种，即结核分枝杆菌、牛分枝杆菌和禽分枝杆菌。

分枝杆菌在分类学上属放线菌目分枝杆菌科分枝杆菌属。结核分枝杆菌为细长略带弯曲的杆菌，呈单个或分枝状排列，无鞭毛、无芽孢。大小（1~4）μm×0.4μm。牛分枝杆菌则较粗短，禽分枝杆菌呈多形性。在陈旧的病灶和培养物中，形态常不典型，可呈颗粒状、串球状、短棒状、长丝形等。

结核杆菌富含类脂和蜡脂，对外界环境的抵抗力较强。在干痰中存活6~8个月，冰点下能存活4~5个月，在污水中可保持活力11~15个月，在粪便中存活几个月，若粘附于尘埃上，保持传染性8～10天。对酸、碱耐受力较强，在3%盐酸或氢氧化钠溶液中能耐受30分钟。对消毒剂5%石炭酸、4%氢氧化钠和3%福尔马林敏感，对湿热、紫外线、酒精的抵抗力弱，乳中的结核杆菌62～63℃ 15～20分钟被灭活，日光直射2～4小时，75%酒精内数分钟即死亡。

二、流行病学

1. 传染来源

许多动物诸如牛、猴、山羊、猪、绵羊、马、猫、犬、狐、鹿、美洲野牛、水牛、野兔、雪貂、野猪、羚羊、骆驼等都可以患结核病。人类和这些动物经常接触，可以把自身所患的病传染给动物，也可以被患病的动物传染。

开放性肺结核病人是主要传染源。患结核病的牛，通过其牛奶传染给人，这已成为一个重要的公共卫生问题。我国1985年和1987年两次奶牛结核病抽样调查结果，其患病率分别为5.83%和5.43%。1990年，全国结核病流行病学抽样调查结果表明，我国患牛结核分枝杆菌病的比例为每百例肺结核病人中有6例。虽然人结核病最主要的传染源是结核病患者，但是，牛、山羊、猪、犬、猫等动物可被牛型结核杆菌和人型结核杆菌感染，反过来成为人的传染源。同样，人患牛结核杆菌所致的肺结核也可使牛受感染。

2. 传播途径

人和动物结核病，均证实其传染途径主要为呼吸道，部分由消化道感染，经皮肤或胎盘传染者极少。如饮用未经消毒的牛奶或食用了污染了结核菌的其他食物可引起消化道传播。

3. 易感动物

对牛分枝杆菌最易感的为奶牛，其次为水牛、黄牛、牦牛等，也能感染包括人在内的许多哺乳动物，包括鹿、猪、山羊、骆驼、犬、猫等家养动物，还包括野猪、羊驼、獾、松鼠、野牛、猴、狒狒、狮子、大象等50多种温血脊椎动物以及20多种禽类。这些感染的野生动物，构成病原储备库，由于难以对其进行疫病防控，会严重影响对家畜的疫病防控效果。

犬、猫对结核分枝杆菌也比较易感。犬、猫的结核病主要是由结核分枝杆菌和牛分枝杆菌所致，极少数由禽分枝杆菌所引起。犬、猫可经消化道、呼吸道感染，多为亚临床表现，易与其他呼吸道疾病混淆。患病犬、猫能在整个病期随着痰、粪尿、皮肤病灶分泌物排出病原，是人类隐蔽、威胁的传染源。

在试验动物中，豚鼠对结核杆菌、牛分枝杆菌都有高度敏感性，感染结核杆菌、牛分枝杆菌后的病变，与人类的进行性结核病变和牛分枝杆菌病变极其相似，常用于结核杆菌和牛分枝杆菌的动物试验研究中。此外，小鼠也是结核分枝杆菌复合群易感试验动物。

4. 流行特征

（1）牛结核分枝杆菌流行特点。环境因素可促使结核病发生。外周及饲养环境不良，如牛舍阴暗潮湿、光线不足、通风不良、牛群拥挤、病牛与健康牛同栏饲养以及饲料配比不当、饲料中缺乏维生素和矿物质等，均可促进本病的发生。

社会发展对牛结核病流行的影响。随着牛奶在人们正常饮食中的比例加大，人结核病的发病率也在上升，两者呈明显的流行病学相关性。特别是人口流动和耐药菌株的传播使得牛结核病的流行日趋严重。因此，开展广泛深入的流行病学研究，可为采取有效防治措施提供可靠的依据。

自然及生态因素对牛结核病流行的影响。通过对照研究若干因子与牛结核病流行之间的关系。这些因子包括：群体大小、牛的交易、牛群历史、相邻牛群状况、牛群与野生獾的距离以及动物本身因素，如年龄、饲养及品种等。结果表明，在群体水平上与结核流行关系较为密切的因子，是牛群的大小、牛群的流动以及研究前后6个月内相邻牛群结核病流行的情况。

野生动物造成了牛结核病的不断流行。由于野生动物獾和狐狸等动物结核病的出现，增加了牛结核病感染的又一感染因素。野生动物通过排泄物将结核杆菌排出体外，污染了饲草、饲料和饮水等，家畜采食后感染结核杆菌，进而造成牛结核病的发生。因此，控制牛结核病，必须兼顾野生动物结核病的防控。

此外，检疫不严格、未能及时消除传染源，检疫不严格、盲目引种，对检出的阳性牛不能及时处理，未能从根本上消灭传染源以及人畜间相互感染，是造成牛结核病不断发生和流行的主要原因。

（2）人结核分枝杆菌流行特点。流行广泛。1949年前，结核病在我国蔓延极广，是我国最主要的慢性传染病之一，也是危害儿童健康和生命的严重疾病。近10～20年来虽然结核病的流行情况有明显好转，但仍是广泛流行的慢性传染病。

儿童发病率高。1990年全国流行病学调查资料表明，7岁儿童感染率为6.6%，年感染率为0.97‰，在世界上属于高感染水平。结核病的易感染者为小儿，主要传染源是成年患者，小儿初染结核病是成年期续发结核病的主要来源，因此，要控制和消灭结核病，必须十分重视小儿结核病的防治。

艾滋病的流行以及耐药结核菌株的出现，促进了结核病的流行。艾滋病和结核病可以相互加剧病情，由于艾滋病削弱了机体免疫系统的功能，艾滋病阳性患者感染结核杆菌更易发展成为结核病；而结核杆菌感染可导致艾滋病阳性患者死亡，约有15%的艾滋病病人死于结核病。

5. 发生与分布

（1）牛结核病的发生分布和流行情况。牛结核病在我国危害严重，是我国的二类动物疫病，被OIE定为B类动物传染病。

近年来，随着耐药性菌株的产生及个体养牛户的增加，结核病的阳性检出率在逐年上升。牛结核病在我国的历史悠久，尤其是近年来随着人民生活水平的提高，奶牛业的不断发展，奶牛养殖业的不断扩大，牛结核病也在不断地蔓延。1985 年和 1987 年进行的两次全国奶牛抽样调查结果，牛结核病患病率分别为 5.83% 与 5.43%。1979 年、1985 年和 1990 年 3 次全国结核病流行病学调查显示，由牛分枝杆菌导致的牛结核病所占的比例分别为 3.8%、4.2% 和 6.4%。此后，虽未有全国性的调查统计数据见诸报道，然而地方性的疫情调查显示情况仍不容乐观。2001 年对 26 个省市的统计表明，个别省牛结核病阳性率高达 10.18%，2002 年对 16 个省市的统计调查表明，家畜结核病阳性率超过 1% 的省有 10 个，个别省份高达 7%。据统计，新中国成立以来共计发病牛 146 151 头，死亡 11 573 头，处理阳性牛 24 068 头，牛结核病已经给我国养牛业带来了巨大的经济损失，尤其是对奶牛业的危害极其严重，给人类的健康也带来了威胁。由于结核病感染宿主的广泛性，从而造成了结核病的不断发生，给预防工作造成了很大的困难。因此，了解牛结核病在我国的传播和流行情况并制定切实可行的根除计划，就显得尤为必要。

（2）人结核病的发生分布和流行情况。据 WHO 报告，全球有 20 亿人已感染了结核菌，我国为 5.5 亿人。感染结核分枝杆菌后约有 1/10 的人在一生中有发生结核病的危险。据报道，当前全球约 1/3 的人感染过结核杆菌，每年有 800 万新发结核病患者，有 300 万人死于结核病，结核病是全世界由单一致病菌引致死亡最多的疾病。全球 80% 的结核病患者分布在 22 个结核病高发国家。中国是结核病高发国家之一，结核病患者人数居世界第二位。

据 2000 年全国结核病流行病学抽样调查，全国活动性肺结核患病率为 367/10 万，涂片阳性肺结核患病率为 122/10 万，菌阳患病率为160/10万，推算全国有450万活动性肺结核患者，其中，涂片阳性肺结核患者150万，菌阳肺结核患者200万。

由于牛（牛奶、牛肉及制品等）和人类的关系较其他动物更为密切，因此，有5%以上的人结核是由牛分枝杆菌引起。牛结核是其他动物结核病最大的传染源。

三、对动物与人的致病性

1. 对动物的致病性

潜伏期一般为3~6周，有的可长达数月或数年。

(1) 症状。临床通常呈慢性经过，以肺结核、乳房结核和肠结核最为常见。

肺结核：以长期顽固性干咳为特征，且以清晨最为明显。患畜容易疲劳，逐渐消瘦，严重者可见呼吸困难。

乳房结核：一般先是乳房淋巴结肿大，继而后方乳腺区发生局限性或弥漫性硬结，硬结无热无痛，表面凹凸不平。泌乳量下降，乳汁变稀，严重时乳腺萎缩，泌乳停止。

肠结核核：消瘦，持续下痢与便秘交替出现，粪便常带血或脓汁。

(2) 病理。在肺脏、乳房和胃肠黏膜等处形成特异性白色或黄白色结节。结节大小不一，切面干酪样坏死或钙化，有时坏死组织溶解和软化，排出后形成空洞。胸膜和肺膜可发生密集的结核结节，形如珍珠状。

(3) 危害。动物结核病以牛最为严重。牛结核病也是一种危害严重的人兽共患传染病，我国将其列为二类动物疫病。它不但会造成严重经济损失，更严重的是影响奶业的发展，而且由于公共卫生原因，还会引起严重社会问题。

2. 对人的致病性

对人具有致病性的主要是人型和牛型结核杆菌。人体感染结核菌后，潜伏期长短不一，有的可以潜伏 10～20 年，有的 5 年左右，也有短至几个月的。

（1）症状。呼吸道症状有咳嗽、咳痰、痰血或咯血。可有胸痛、胸闷或呼吸困难。咳痰量不多，有空洞时可较多，有时痰中有干酪样物，1/3～1/2 肺结核有痰血或咯血，多少不一，已稳定、痊愈者可因继发性支扩或钙化等导致咳血。咳嗽、咳痰、痰血或咯血 2 周以上，是筛选 80% 结核传染源的重要指征。一般肺结核无呼吸困难，大量胸水，自发气胸，或慢纤洞型肺结核及并发肺心衰，心衰者常有呼吸困难。全身症状常有低热、盗汗、食欲缺乏、消瘦、乏力，女性月经不调等。

病灶小或位置深者多无异常体征，范围大者可见患侧呼吸运动减弱，叩浊，呼吸音减弱或有支气管肺泡呼吸音。大量胸水可有一侧胸中下部叩诊浊音或实音。锁骨上下及肩胛间区的啰音，尤其是湿啰音往往有助于结核的诊断。上胸内陷，肋间变窄，气管纵膈向患侧移位均有提示诊断的意义。

（2）病理。结核杆菌的致病作用，可能是细菌在组织细胞内顽强增殖引起炎症反应以及诱导机体产生迟发型变态反应性损伤有关。结核杆菌可通过呼吸道、消化道和破损的皮肤黏膜进入机体，侵犯多种组织器官，引起相应器官的结核病，其中以肺结核最常见。人类肺结核有两种表现类型。

原发感染：为首次感染结核杆菌，多见于儿童。结核杆菌随同飞沫和尘埃通过呼吸道进入肺泡，被巨噬细胞吞噬后，由于细菌胞壁的碳酸脑苷脂抑制吞噬体与溶酶体结合，不能发挥杀菌溶菌作用，致使结核杆菌在细胞内大量生长繁殖，最终导致细胞死亡崩解，释放出的结核杆菌或在细胞外繁殖侵害，或被另一巨噬细胞吞噬再重复上述过程，如此反复引起渗出性炎症病灶，称为原发灶。原发灶内的结核杆菌可经淋巴管扩散在肺门淋巴结，引起淋巴管炎和淋巴结肿大，X 线胸片显示哑铃状阴影，称为原发综合征。随着机体抗结核免疫力的建立，原发灶大多可自愈。但原发灶内可长期潜伏少量结核杆菌，不断刺激机体强化已建立起的抗结核免疫力，也可作以后内源性感染的来源。只有极少数免疫力低下者，结核杆菌可经淋巴、血液扩散到全身，导致全身粟粒性结核或结核性脑膜炎。

继发感染：也称原发后感染，多见于成年人。大多为内源性感染，极少由外源性感染所致。特点是病灶局限，一般不累及邻近的淋巴结，主要表现为慢性肉芽肿性炎症，形成结核结节，发生纤维化或干酪样坏死。病变常发生在肺尖部位。

粟粒型及重症亚血行播散型肺结核病灶范围大的干酪肺炎和大片播散，大量胸水的胸膜炎，可有持续高热或弛张热型。

（3）危害。结核病防治直接关系群众健康、经济发展和社会稳定。结核病仍然是传染病中的主要杀手。而随着耐药性的增加，结核病又可能产生更严重的流行和威胁。

世界卫生组织（WHO）于1993年史无前例地宣布：全球结核病紧急状态。随着全球结核病流行的加剧，1998年又重申：遏制结核病行动刻不容缓。目前，全球1/3的人口（约20亿）已感染了结核菌，95%发生在发展中国家。其中，包括2 000万活动性结核病患者。目前，每年新增加800万～1 000万肺结核患者，其中，75%的人年龄在15～50岁。全球每天有8 000人死于结核病，每年则达300万人，其中，发展中国家占98%。

中国是全球22个结核病高负担的国家之一，结核病人数位居世界第二，仅次于印度。全国约5.5亿人感染了结核菌，其中，10%的人发生结核病。

目前，全球20亿结核菌感染者中，有5 000万人感染了耐药结核分枝杆菌。WHO在55个国家和地区的统计显示：结核杆菌耐药率为20%～50%，耐多药率为5%～20%。我国的状况同样令人担忧，初始耐药率为28.1%，继发耐药率为41.1%，属高耐药国家，给我国结核病防控带来挑战。

四、诊断要点

（一）动物的临床诊断要点

1. 临床症状和病理变化诊断

牛结核病临床症状的示病性不典型。感染前期可能不出现临床症状，而感染后期常出现特征性的临床表现，包括体弱、厌食、消瘦、呼吸困难、淋巴结肿大和咳嗽等，这些症状在其他疾病也可看到。故早期临床诊断不易获得准确结果。死后通过剖检，病理组织学检查可以根据特征病变诊断，特征性病变常见于肺、咽喉、支气管、纵膈淋巴结，病变也常见于肠系膜淋巴结、肝、脾、浆膜及其他器官，如干酪样坏死、钙化、上皮样细胞、多核巨细胞和吞噬细胞等。

2. 病原学诊断

显微镜检查：检查牛分枝杆菌临床样品和组织材料涂片可用显微镜直接观察。牛分枝杆菌的抗酸性，通常用古典萋—尼氏染色检查，也可用荧光抗酸染色。免疫过氧化物酶技术也可获得令人满意的结果。如果组织内有抗酸性微生物，并且具有典型的组织学病变（干酪样坏死、钙化、上皮样细胞、多核巨细胞和吞噬细胞）则可以作出初步诊断。在培养分离到牛结核杆菌，但在组织切片上可能检查不到抗酸性微生物。

分离培养：进行培养时，先将组织样品匀浆处理，随后用酸或碱去除污染，如5%草酸或2% ~4%氢氧化钠。也可根据具体情况也可采用其他浓度的化学药品去污，混合物于室温振荡10分钟，然后中和。离心悬浮液，弃上清液，沉淀物用于培养和显微镜检查。

3. 免疫学诊断

（1）迟发性过敏反应试验。目前，我国牛结核病的法定检验方法为牛型结核分枝杆菌 PPD（提纯蛋白衍生物）皮内变态反应试验（即牛提纯结核菌素皮内变态反应试验）（GB/T 18645），判定标准还维持 1996 年的 OIE 判定标准。即在牛颈部皮内注射 0.1mL（20 万单位/mL）72 小时后局部炎症反应明显，皮肿胀厚度差≥4mm 为阳性；如局部炎症不明显，皮肿胀厚度差在 2～4mm，判为疑似；如无炎症反应，皮肿胀厚度差在 2mm 以下，为阴性。凡判为疑似反应牛，30 天后需复检一次，如仍为疑似，经 30～45 天再次复检，如仍为疑似可判为阳性。

（2）血清学诊断。由于结核病细胞免疫与体液免疫的分离，检测特异性抗体可用于结核病的诊断。此类方法利用抗原抗体反应，检测针对牛结核分枝杆菌抗原的循环抗体。

4. 分子生物学诊断

包括应用聚合酶链反应诊断技术、核酸探针技术等。

（二）人的临床诊断要点

对肺结核的诊断通常主要是问病史查体征，痰菌（涂片或培养），胸部 X 线检查，结核菌素试验以及其他特殊检查如免疫血清学、纤支镜活检与其他病理检查等。

肺结核诊断一旦痰中查到结核菌即可定诊。但菌阴肺确诊有时相当困难，其比例又占肺结核 1/2 或更高，故应更加重视。血清免疫学 ELISA 检测结核特异性抗体有助于菌阴肺结核的确诊。

根据结核菌感染的类型，应采取病灶部位适当标本。如肺炎结核有采取咳痰（最好取早晨第一次咳痰，挑取带血或脓痰）；肾或膀胱结核以无菌导尿或取中段尿液；肠结核采取粪便标本，结核性脑膜炎进行腰脊穿刺采取脑脊液；脓胸、肋膜炎、腹膜炎或骨髓结核等则穿刺取脓汁。采取的样本就行镜检、分离培养等实验室诊断。此外，也可用酶联免疫吸附试验、聚合酶链反应等方法对病人血清、脑脊液、浆膜腔液进行检测。

五、防治措施

(一) 动物结核病的防治

目前我国每年养牛的存栏数达到1亿4千万头，而一些省区牛结核病的发病率呈现上升趋势，部分牛场可高达9%的阳性率。我国现行的牛结核防控技术因学习国外先进经验，采取以“监测、检疫、扑杀和消毒”相结合的综合性防治措施，防止疾病传染人。

1. 加强监测工作

由于牛，特别是奶牛结核病是动物结核病主要危害，所以动物结核病的监测对象主要是牛。通常监测比例为可采用：种牛、奶牛100%，模场肉牛10%，其他牛5%，疑似病牛100%。如在牛结核病净化群中检出阳性牛时，应及时扑杀阳性牛，其他牛按假定健康群处理。

2. 开展结核检疫分区工作

我国牛结核检疫工作应尽早与OIE接轨。根据OIE牛结核检疫频率的要求以及发达国家普遍对牛结核检疫进行分区的经验，结合我国实际情况，应在国家层面上进行结核检疫分区工作，不同的区域使用不同的检疫政策。

3. 加强屠宰场检疫和标志体系建设

OIE法典中，对屠宰场检疫提出了明确的要求。世界主要发达国家，均建立了以活畜检疫和屠宰场检疫为主要内容的检疫体系。屠宰场检疫是发现结核阳性牛群的一个最简单、最有效的方法。我国应迅速完善屠宰场检疫体系和动物标志追踪体系，从而快速有效的发现结核阳性牛群。

4. 加强对牛结核变态反应阳性牛和阳性牛群的管理

所有牛结核菌素皮内变态反应阳性家畜和紧密接触家畜，均进行严格的隔离、扑杀、消毒、无害化处理等。

（二）人结核病的防治

1. 控制和消灭传染源

结核病的传染源是患病的人和动物，尤其是患开放性结核的人和动物。控制传染源要早期发现、早期隔离和治疗感染结核病的人和动物。对有结核病接触史者作结核菌素试验，阳性者可考虑用异烟肼进行治疗；对人群定期进行胸部 X 线透视，对痰菌阳性的病人隔离。

2. 切断传播途径

结核杆菌侵入人体主要通过呼吸道和消化道，以呼吸道最为主，这与社会环境卫生和个人卫生以及与文化知识密切相关。如教育公众养成不随地吐痰，家庭或集体食堂都应对餐具进行消毒，并提倡分餐制以减少消化道传播。

对动物传染源的控制亦应引起社会各方面的注意。如患结核病的奶牛，特别是患乳房结核的奶牛的牛乳不应出售。食品检验部门应对牛奶企业和奶制品场经常进行卫生监督，严格执行食品卫生法。

3. 预防接种

卡介苗接种是预防结核病的有效措施之一，广泛接种卡介苗能极大降低结核病的发病率。6 个月以内健康儿童可直接接种，较大儿童须作结核菌素试验，阴性者接种。一般在接种后 6 ~ 8 周如结核菌素试验转阳，则表示接种者已产生免疫力。试验阴性者应再接种，结素试验转阳率可达 96% ~ 99%，阳性反应免疫力可维持 5 年左右。

第二节　炭　疽

炭疽是由炭疽芽孢杆菌引起的一种人兽共患传染病。人类炭疽主要通过患病或死亡的食草动物感染发病，临床主要表现为皮肤坏死及特异的黑痂，或表现为肺部、肠道及脑膜的急性感染，有时伴发败血症。动物炭疽的病变特点是天然孔出血，血液凝固不良，败血症变化，脾脏显著肿大和皮下、浆膜下结缔组织出血性胶样浸润。

一、病原

分类地位

炭疽杆菌属芽孢杆菌科芽孢杆菌属成员。有保护性抗原、荚膜抗原和菌体抗原。其毒素已知有 3 种成分，即水肿因子、保护性抗原和致死因子。

炭疽杆菌菌体较大，长 4 ~ 10μm，宽 1 ~ 3μm，能形成荚膜和芽孢、无鞭毛、不运动，形态呈棒状，两端截平，排列成链，似竹节状，革兰染色阳性。炭疽杆菌对外界理化因素的抵抗力不强，常规消毒方法即可灭活，但其芽孢的抵抗力很强，干燥状态下可存活若干年。炭疽杆菌的芽孢对碘敏感，1 ：2 500碘液 10 分钟即可杀死芽孢。120℃高压蒸汽灭菌 10 分钟，干热 140℃ 3 小时可破坏芽孢。20% 漂白粉和 20% 石灰乳浸泡 2 天，3% 过氧化氢 1 小时，0. 5% 过氧乙酸 10 分钟均可将炭疽芽孢杀死。

二、流行病学

1. 传染来源

患病动物及其尸体是主要的传染源。细菌大量存在于病畜的脏器组织，并可通过其排泄物、分泌物，特别是濒死动物天然孔流出的血液，污染饲料、饮水、牧场、土壤、用具等，如不及时消毒处理或处理不彻底，则可形成长久的疫源地。

炭疽病人也是传染来源，但人对人的直接接触传播极为罕见。被污染的环境形成的尘埃、气溶胶及恐怖活动分子施放的炭疽芽孢，亦可成为重要的传染来源。

2. 传播途径

动物采食时，接触被炭疽芽孢污染的土壤和饮水或者吃了带菌的骨、肉、血粉等可以通过消化道感染；动物呼吸时，吸入了含有炭疽芽孢的尘埃可以通过呼吸道感染；另外，炭疽杆菌也可通过皮肤上的伤口造成感染。

人类主要是通过直接或间接接触患病的牲畜、进食染病的牲畜肉类、吸入含有炭疽杆菌的气溶胶或尘埃以及接触污染的毛皮等畜产品而造成感染。

炭疽杆菌属于自然疫源性人兽共患传染病，其传播媒介包括以食草动物为主的动物、人类等以及被污染了的用品、交通工具、饲料、饮水和土壤。

3. 易感动物

自然宿主：各种动物对炭疽杆菌均有不同程度的易感性，羊、牛、马等草食动物最易感，鹿、驴、骡、骆驼次之，猪、犬、猫等杂食动物再次。野生肉食动物，如狮、豹、狼、貉、獾、貂、鼬亦可感染。

人类炭疽的流行常发生在动物炭疽的流行之后，人对炭疽普遍易感，发病情况与职业、受感染的机会、接触频率和剂量以及病菌的毒力有关。

试验动物：小鼠、豚鼠、猴、兔最易感，大鼠有抵抗力。

4. 流行特征

本病常呈地方性流行，发病率的高低与炭疽芽孢的污染程度有关。动物炭疽的流行与当地气候有明显的相关性，夏季气候炎热多雨，炭疽芽孢易发芽繁殖，大雨过后洪水冲刷易促成芽孢的扩散；另外，夏季虻、蝇等昆虫活动频繁，也是造成炭疽传播的有利条件，因此，每年的7～9月是炭疽的高发季节。

人类炭疽按流行病学可分为工业型和农业型，从流行病学角度讲，工业型炭疽不是原发流行型，农业型才是原发流行型。工业型炭疽多发生于从事屠宰、皮毛加工、肉食品加工、畜产品收购等工作的人员。农业型炭疽多见于农民、牧民和基层兽医。

5. 发生与分布

炭疽的分布几乎遍布全世界，在各国又有多发区。不同地区发病率高低与当地的气候、土壤条件有关，即在尸体排出物中炭疽杆菌能否形成芽孢以及其后能否在土壤中生长繁殖。炭疽芽孢具有在外环境中长期生存的能力，合适的土壤环境中可持久维持“繁殖体—芽孢—繁殖体”的增殖过程，当达到感染动物的有效剂量时，才能感染在此处活动的家畜。

时至今日，炭疽对人类仍然构成严重威胁，在世界各地频繁出现暴发流行。近年来非洲最严重的人群流行发病达万余人。1997 年内，澳大利亚，法国的牛群，美国得克萨斯州的鹿和加拿大北部的美洲野牛均暴发炭疽，造成重大的经济损失。

我国 30 多个省（市、区）都不同程度地有炭疽的发生和流行。据不完全统计，1956—1998 年我国炭疽累计发病 113 495 例，死亡 4 168例，病死率 3. 64%，平均发病率 0. 28/10 万。其中，有 3 次流行高峰，1957 年，1963 年和 1977 年，平均发病率分别为 0. 54/10 万，0. 65/10 万和 0. 54/10 万。近 10 年来，我国炭疽主要发生在西北、西南的 10 个高发省（区），占全国总发病数的 90% 以上，发病频率平均在 0. 16 ~ 10. 82/10 万，这些地区以农牧业为主。通过对畜间连续监测发现，我国南方以牛炭疽为主，其次是猪、犬，马和羊也有发病；北方主要是羊炭疽，其次为牛、马、驴、骡。

三、对动物与人的致病性

（一）对动物的致病性

潜伏期长短不一，一般为 1 ~ 5 天。国际动物卫生法典规定的潜伏期为 20 天。动物炭疽临床表现为最急性型、急性型和亚急性型或慢性型3种类型。

1. 最急性型

常见于反刍动物，表现为无症状死亡。濒死时常见体温高达42℃，肌肉震颤，呼吸困难，黏膜充血，随即动物间或性抽搐、虚脱、最后死亡。死后血液凝固不良，自然孔出血，尸僵不全。

2. 急性型

常见于马，随感染部位不同而表现不同，摄食芽孢后见有舌炭疽，引起肠炎和结肠绞痛，可见肠炭疽痈，伴有高热和抑郁，腹下乳房、肩部和咽喉部常有水肿。

3. 亚急性型或慢性型

常见于猪、犬和猫，表现为发热性咽炎，伴以喉部、耳下部及附近淋巴结肿胀，精神沉郁，吞咽困难，呼吸加快，黏膜发绀，唇部可见血性水泡，不能进食，常在圈中走动，烦躁不安，最后窒息死亡。也有自愈者。另外，猪对炭疽杆菌的抵抗力较强，不少病例临床症状不明显，只于屠宰后发现有病变，在实际工作中应予以注意。犬常见面颊部或足部生有炭疽痈。

（二）对人的致病性

潜伏期一般为1～5天，长者可达60天，肺炭疽可短至12小时，肠炭疽也可于24小时发病。

人类感染炭疽的几率相对较低，感染的危险性大约为1/10万，目前还没有人与人直接接触感染炭疽的证据。人类感染主要表现为皮肤炭疽、肺炭疽和肠炭疽3种类型。

1. 皮肤炭疽

最常见。病菌从皮肤伤口进入人体，经12～36小时局部出现小疖肿，继之形成水泡、脓胞，最后中心形成炭色坏死焦痂，“炭疽”之名由此而得。病人有高热、寒战，轻症2～3周自愈，重症发展成败血症而死亡。

2. 肺炭疽

因吸入炭疽芽孢所致。多发生于毛皮工人。病初呈感冒样症状，之后发展成严重的支气管肺炎及全身中毒症状，2~3 天可死于中毒性休克。

3. 肠炭疽

因食入未煮透的病畜肉制品所致。有连续性呕吐、便血和肠麻痹，2~3 天死于毒血症。

有时，肺炭疽和肠炭疽可引起急性出血性脑膜炎而死亡。

四、诊断

（一）动物炭疽的临床诊断要点

急性起病并伴有如下 3 种表现形式之一。

1. 最急性型

多见于反刍动物，表现为体温升高可达42℃，肌肉震颤，呼吸困难，黏膜充血，随即动物间或性抽搐、虚脱、最后死亡。死后血液凝固不良，口腔、鼻腔、肛门、阴门等自然孔出血，尸僵不全。

2. 急性型

常见于马，可见肠炭疽痈，伴有高热和抑郁，腹下乳房、肩部和咽喉部常有水肿。

3. 亚急性型或慢性型

犬、猫、猪等表现为发热性咽炎，咽喉部淋巴结肿，犬面颊部或足部炭疽痈。

（二）人类炭疽的临床诊断要点

1. 可疑

具有上述临床症状和致病特点，并且有与被确诊或可疑的动物或被污染环境及动物产品接触的流行病学史。

2. 疑似

临床表现符合炭疽感染的特征，未分离出炭疽杆菌并排除其他诊断，但仅一项实验室检查结果支持炭疽感染；或临床表现符合炭疽，有明确的暴露于炭疽的流行病学史，但无炭疽感染的实验室证据。

3. 确诊

临床有符合皮肤炭疽、肺炭疽或肠炭疽的表现，并从受影响的组织或部位分离出炭疽杆菌；或临床表现符合皮肤炭疽、肺炭疽或肠炭疽，并有两种以上的实验室检查结果支持炭疽感染。

（三）实验室诊断要点

（1）从受影响的组织或部位收集的临床标本分离并证实炭疽杆菌。

（2）其他支持性实验室检查：从受影响的组织或部位的标本经 PCR 检测出炭疽杆菌 DNA；临床标本经免疫组化染色发现炭疽杆菌；经其他公认的实验室检测方法（如血清学）证实炭疽感染。

五、防治措施

炭疽是一种人兽共患的急性烈性传染病，又是造成生物恐怖和达到军事目的最可能使用的重要生物战剂。在我国人的传染病疫情报告中列为乙类传染病，但发生肺炭疽时要按甲类传染病处理。在我国动物传染病名录中将其列为二类动物疫病，但若出现暴发流行，则按一类动物疫病处置。

（一）动物炭疽的防治措施

动物炭疽的防治要重点抓好以下 3 点。

1. 综合性防治措施

控制和消灭传染源是防治炭疽的主要措施，要尽可能从根本上解决外环境的污染问题。

一旦确定发生本病，应立即按照《炭疽防治技术规范》的有关要求采取措施封锁疫区，隔离病畜，消毒圈舍、用具和周围环境。对炭疽病畜应严格按照国家有关规定进行不放血扑杀，其口、鼻、肛门、阴门等腔道开口均应用含氯消毒剂浸泡的棉花或纱布塞紧，尸体用消毒剂浸泡的床单包裹，安全运输至指定地点进行无害化处理，对场地进行严格消毒和监控。如就地焚烧，应挖坑垫起尸体，用油或木柴焚烧，焚烧要彻底，以免留下后患。

2. 疫苗免疫接种

要控制炭疽，就要从根本上解决外环境的污染问题。有效和比较容易实施的方法就是对草食家畜，尤其是炭疽常发地区的家畜应每年定期接种炭疽疫苗。通常使用的菌苗包括Ⅱ号炭疽芽孢苗和无毒炭疽芽孢苗。Ⅱ号炭疽芽孢苗适用于牛、马、驴、骡、羊和猪，一般不引起接种反应。注射后24天可产生坚强免疫力，免疫期1年。无毒炭疽芽孢苗是一株弱毒变种，失去了形成夹膜的能力。但此苗对山羊反应强烈，故禁用于山羊。

3. 对病死动物要坚决做到“四不准、一处理”

不准宰杀、不准食用、不准出售、不准转运，按规定进行无害化处理。

（二）人类炭疽的防治措施

1. 人类炭疽的预防

在疫区或易感人群，首先应进行疫苗预防接种。我国生产的炭疽减毒活疫苗已应用多年，疫苗接种2周后，机体产生的细胞免疫和体液免疫可达到保护水平，其免疫持久性可维持一年。

2. 人类炭疽的治疗

人类炭疽的治疗原则是：早期诊断，早期治疗；杀灭体内细菌，中和体内毒素；抗生素和抗血清联合使用；防止呼吸衰竭和并发炭疽脑膜炎。

抗生素治疗首选药物是青霉素，对青霉素过敏者可选用相应的敏感抗生素。敏感抗生素对各型炭疽病人均有效，但对已经释放到血液中的毒素无效。抗生素与精制抗炭疽血清联合使用对抢救危重病人十分重要。精制抗炭疽血清对消退病人严重水肿、中和体内毒素、降低病人持续高热、恢复心血管功能、缩短病程等方面，均有抗生素所不及的治疗效果。美国人类基因组科学公司近期研制开发的防治炭疽的人源单克隆抗体，已经美国食品和药品管理局（FDA）批准进入一期临床研究，有望成为预防和治疗炭疽的新药。

第三节　破伤风

破伤风又名强直症，俗称锁口风，是由破伤风梭杆菌经伤口感染引起的一种急性中毒性人兽共患病。临诊上以骨髓肌持续性痉挛和神经反射兴奋性增高为特征。本病广泛分布于世界各国，呈散在性发生。

一、病原

破伤风梭杆菌，又称强直梭菌，是一种大型厌氧性革兰阳性杆菌，多单个存在。本菌在人、动物体内外均可形成芽孢，其芽孢在菌体一端似鼓槌状或球拍状，多数菌株有鞭毛，能运动，不形成荚膜。破伤风梭杆菌在机体和培养基内均可产生几种破伤风外毒素，最主要的为痉挛毒素，是一种作用于神经系统的神经毒，引起人、动物特征性强直症状，亦是仅次于肉毒梭菌毒素的细菌毒素，对热较敏感，65～68℃经5分钟即可灭活，通过0.4%甲醛杀菌脱毒21～31天，可将它变成类毒素。本菌繁殖体抵抗力不强，一般消毒药均能在短时间内将其杀死，但芽孢体抵抗力强，在土壤中可存活几十年。

二、流行病学

1. 传染源

本菌广泛存在于自然界，人畜粪便都可带有，尤其是施肥的土壤、腐臭淤泥中。

2. 传播途径

感染常见于各种创伤，如断脐、去势、手术、断尾、穿鼻、产后感染，在临床上有1/3~2/5的病倒查不到伤口，可能是创作愈合或可能经子宫、消化道黏膜损伤感染。

3. 易感性

人与各种家畜均有易感性，其中以人、单蹄兽最易感，猪、羊、牛次之，犬、猫仅偶尔发病，家禽自然发病罕见。实验动物中豚鼠、小鼠均易感，家兔有抵抗力。本病元明显的季节性，多为散发，幼龄动物的感受性较成年动物高。

三、临床症状

潜伏期最短1天，最长可达数月，一般1~2周。潜伏期长短与动物种类及创伤部位有关，创伤距头部较近，创伤口深而小，创伤深部严重损伤并发生坏死或创口被粪土、痂皮覆盖等，可使潜伏期缩短，反之则延长。人和单蹄兽较牛、羊易感性更高，症状也相应严重。

（一）人类破伤风

病初低热不适、头痛、四肢痛、咽肌和咀嚼肌痉挛，继而出现张口困难、牙关紧闭、呈苦笑状，随后颈背、躯干及四肢肌肉发生阵发性强直痉挛，不能坐起，颈不能前伸，咀嚼、吞咽困难，饮水呛咳，有时可出现便秘和尿闭，严重时呈角弓反张状态。任何轻微的刺激如光线、声响、说话、吹风等均可引起痉挛发作或加剧，强烈痉挛时有剧痛并出现大汗淋漓，体温大多正常，病程一般为 2～4 周。常见的并发症为窒息、肺感染、尿潴留、代谢性酸中毒等。

（二）动物破伤风

1. 单蹄兽

最初表现对刺激的反射兴奋性增高，稍有刺激即高举其头，瞬膜外露，接着出现卧嚼缓慢，步态僵硬等症状，以后随病情的发展，出现全身性强直痉挛症状，轻者口少许张开，进食缓慢；重者开口困难、牙关紧闭，无法采食和饮水，由于咽肌痉挛致使吞咽困难，唾液积于口腔而流涎，口臭，头颈伸直，两耳竖立，鼻孔张开，四肢及腰背僵硬，腹部卷缩，粪尿潴留，严重者便秘，尾根高举，行走困难，形如木马，各关节屈曲困难，易于跌倒，且不易自起，病畜此时神志清楚，有饮食欲，但应激性高，轻微刺激可使其惊恐不安、痉挛和大汗淋漓，末期病畜常因呼吸功能障碍（呼吸浅表、气喘、喘鸣等）或循环系统衰竭（心律失常，心搏亢进）而死亡，体温一般正常，死前体温可升至 42℃，病死率达 45%～90%。

2. 牛

较少发生，症状与马相似，但较轻微，反射兴奋性明显低于马，常见反刍停止，多伴有瘤胃服气。

3. 羊

成年羊病初症状不明显，中、后期才出现与马相似的全身性强直症状，常发生角弓反张和瘤胃膨气，步行时呈现高跷样步态。羔羊的破伤风常起因于脐带感染，角弓反张明显，常伴有腹泻，病死率极高，几乎于可达 100%。

4. 猪

较常发生，多由于阉割感染，一般也是从头部肌肉开始痉挛，牙关紧闭，口吐白沫，嘶声尖细，瞬膜外露，两耳竖立，腰背弓起，全身肌肉痉挛，触摸坚实如木板感，四肢强硬，难以站立，病死率较高。

四、诊断

根据本病的特殊临诊症状，如神志清楚，反射兴奋性增高，骨髓肌强直性痉挛，体温正常，并有创伤史等，即可确诊。对于轻症或病初症状不明显的病例，要注意与马钱子中毒、脑膜炎、狂犬病等相鉴别。

五、治疗

1. 人患病治疗

人一旦患了破伤风，应送医院进行抢救，并隔离病人，保持安静环境，接受破伤风免疫球蛋白、抗生素等治疗，并彻底治理伤口，应用大剂量破伤风抗毒素，以中和体内毒素。病情严重者或须施以肌肉松弛药、气管造口术和装置呼吸器以协助呼吸，保证呼吸通畅。

2. 动物治疗

创伤处理：尽快查明感染的创伤和进行外科处理。清除创内的脓汁、异物、坏死组织及痂皮，对创口深或小的要扩创，以5%～10%碘酊和3%过氧化氢或1%高锰酸钾消毒，然后用青霉素、链霉素做创周注射和全身治疗。

药物治疗：早期使用破伤风抗毒素疗效较好。

对症治疗：当病畜兴奋不安和强直痉挛时，可使用氯丙嗪等镇静解痉药，以解痉挛。对咬肌痉挛、牙关紧闭者，可用1%普鲁卡因溶液于开关、锁口穴位注射，每天1次，直至开口为止。

六、防控

1. 人群防控

开展广泛的预防宣传工作，使群众对该病提高警惕，孕妇应接受破伤风免疫注射，普及新法接生。避免各种损伤，正确及时地处理伤口。受伤后要尽早去医院以消毒剂清洗伤口，不洁的伤口须由受训的医疗人员彻底治理，并肌内注射破伤风抗毒素（TAT）1 500单位进行预防。最可靠的方法是在平时注射破伤风类毒素，使人体产生抗体，预防注射3次，有效期可达10年。

2. 动物防控

预防注射：在本病常发地区，应对易感家畜定期接种破伤风类毒素。牛、马等大动物可在阉割等手术前1个月进行免疫接种，可起到预防本病的作用。对较大、较深的创伤，除做外科处理外并应肌内注射破伤风抗血清1万~3万单位。

防止外伤感染：平时要注意饲养管理和环境卫生，防止家畜受伤。一旦发生外伤，要及时处理，防止感染。阉割手术时要注意器械的消毒和无菌操作。

第四节　鼠　疫

鼠疫是由鼠疫耶尔森氏菌引起的自然疫源性烈性传染病，它具有传染性强、传播速度快和病死率高的特点。历史上曾经发生3次世界鼠疫大流行，给人类带来深重灾难，曾经导致欧洲一半人口的死亡。鼠疫自然疫源地目前主要分布在非洲、亚洲和美洲，平均每年报道鼠疫病例3 000人左右。我国鼠疫自然疫源地分布广泛，占国土陆地面积的15%左右，主要分布在云南、青藏高原、新疆、内蒙古、甘肃等西部大开发地区。啮齿类动物（特别是野鼠、家鼠和旱獭）及其寄生的蚤类可携带该病菌，并传播给人或其他动物。临床上主要表现为高热、淋巴结肿痛、出血倾向、肺部特殊炎症等。鼠疫在自然界的发生主要依赖于鼠疫耶尔森氏菌在蚤和动物之间的传播，是一种典型的人兽共患传染病。鼠疫耶尔森氏菌可以感染人，传染源通常主要是动物，尤其是啮齿类动物，肺鼠疫可以通过飞沫在人与人之间传播。

一、病原

鼠疫耶尔森氏菌，俗称鼠疫杆菌，属于肠杆菌科耶尔森氏菌属成员。耶尔森氏菌属包括11个菌种，鼠疫耶尔森氏菌、假结核耶尔森氏菌、小肠结肠炎耶尔森氏菌、中间耶尔森氏菌、弗氏耶尔森氏菌、克氏耶尔森氏菌、鲁氏耶尔森氏菌、莫氏耶尔森氏菌、阿氏耶尔森氏菌、罗氏耶尔森氏菌、和波氏耶尔森氏菌，其中，只有前3种对人致病。

鼠疫耶尔森氏菌为革兰染色阴性短小杆菌，长1~1.5μm，宽0.5~0.7μm，两端钝圆。无鞭毛，不能活动，不形成芽孢，在动物体内或在弱酸性血平板培养基上37℃培养可形成荚膜。在普通培养基上生长缓慢，在培养基37℃培养及化脓病灶中呈多形性。

鼠疫耶尔森氏菌在低温及有机体物中生存时间较长，在脓痰中存活10~20天，尸体内可活数周至数月；对光、热、干燥及一般消毒剂均非常敏感。日光直射4~5小时即死，加热55℃ 15分钟或100℃1分钟，5%石炭酸、5%来苏儿、5%~10%氯胺等均可将病菌杀死。鼠疫耶尔森氏菌对链霉素、卡那霉素及四环素敏感。

二、流行病学

被携带病菌的跳蚤叮咬或处理感染动物时被抓伤或咬伤，都会感染鼠疫。感染者或携带病菌的动物呼出的液滴，也具感染性。

1. 传染源

鼠疫为典型的自然疫源性疾病。主要传染源是鼠类和其他啮齿类动物。其他动物，如猫、羊、兔、骆驼、狼等也可能成为传染源。肺鼠疫病人是人间鼠疫的重要传染源。

在人间流行前，一般先在鼠间流行。鼠间鼠疫传染源（储存宿主）有野鼠、地鼠、狐、狼、猫、豹等，其中，黄鼠属和旱獭属最重要。家鼠中的黄胸鼠、褐家鼠和黑家鼠是人间鼠疫的重要传染源。各型患者均可成为传然原，以肺型鼠疫最为重要。败血型鼠疫早期的血有传染性，肺鼠疫仅在脓肿破溃后或被蚤吸血时才起传染源作用。

2. 传播途径

动物和人间鼠疫的传播主要以鼠蚤为媒介。当鼠蚤吸取含病菌的鼠血后，细菌在蚤胃大量繁殖，形成菌栓堵塞前胃，当蚤再吸血时，病菌随吸进的血反吐，注入动物或人体内构成感染。蚤粪也含有鼠疫耶尔森氏菌，可因搔痒进入皮内。此种“鼠→蚤→人”的传播方式是鼠疫的主要传播方式。

另外，鼠疫的传播方式还有经皮肤传播和呼吸道飞沫传播。食患病啮齿动物的皮、肉或直接接触病人的脓或痰或经皮肤伤口均可感染。肺鼠疫病人痰中的鼠疫耶尔森氏菌，可借飞沫构成人与人之间的传播，造成人间肺鼠疫大流行。

3. 易感者

人对鼠疫耶尔森氏菌普遍易感，无性别、年龄差别。病后可获持久免疫力。预防接种可获一定免疫力。但轻症鼠疫容易被治愈，病后免疫不充分。啮齿动物对鼠疫耶尔森氏菌敏感性不同，有的高度敏感，有的敏感性差。除猫科动物外，野生食肉动物感染后很少出现症状或发生菌血症，故一般很少死亡。在家畜中，骆驼常发生鼠疫耶尔森氏菌感染。此外，驴、骡、绵羊、山羊和一些灵长类动物也有个别病例报道。

4. 流行特点

世界各地存在许多自然疫源地，野鼠鼠疫长期持续存在。人类对鼠疫无天然免疫力，不分种族、性别和年龄均易感。人类鼠疫多由野鼠传至家鼠，由家鼠传染给人引起发病；流行性鼠疫多由交通工具向外传播，形成外源性鼠疫，引起流行、大流行；季节性与鼠类活动和鼠蚤繁殖情况有关，人类鼠疫多在6~9月，肺鼠疫多在10月以后流行。

5. 发生与分布

从1991—2003年全国有12个省（区）127个县（市、旗）526县次发生动物鼠疫，113县次（14个县）检出阳性材料。新判定鼠疫疫源县61个。除蒙古旱獭、布氏田鼠、阿拉善黄鼠疫源地外，其他8类疫源地都处于活跃状态。我国在内蒙古自治区（以下称内蒙古）、云南、西藏自治区（以下称西藏）、甘肃、青海、新疆维吾尔自治区（以下称新疆）和四川等7省区发生人间鼠疫900例，死亡120例，病死率13.33%。

目前，我国有11块鼠疫自然疫源地，分布在黑龙江、吉林、辽宁、河北、内蒙古、辽宁、甘肃、新疆、青海、西藏、四川、陕西、云南、广东、广西壮族自治区（以下称广西）、福建、浙江、江西、贵州等19个省（区）277个县（市、旗），疫源地总面积约988 773km²。

从近年的鼠疫发病率，死亡率及流行范围来看，世界鼠疫疫情有上升的趋势，鼠疫对人类的威胁也日趋严重。出现以下流行特点：流行范围不断扩大，疫情呈上升趋势；间隔多年突然暴发；侵入城镇等人口稠密区；远距离传播等。

三、对动物与人的致病性

1. 对动物的致病性

啮齿动物及兔类自然感染本菌后，可引起急性、慢性疾病或隐性感染。发病死亡动物的病变因病程不同而有一些差异。在急性病例，可见出血性淋巴结炎和脾炎，其他器官的病变不明显；在亚急性和慢性病例，淋巴结为干酪样变，脾、肝、肺有针尖样坏死灶。将鼠疫耶森氏菌擦在豚鼠剃去毛的腹部上，可引起感染，其他污染菌却不能。豚鼠常于 1～3 天发病，表现不活泼、不食、竖毛和衰弱等，3～7 天死亡。剖检可见皮下及全身充血、脾充血、颗粒性肝及胸腔有外渗液。

2. 对人的致病性

被带菌跳蚤叮咬 1～7 天出现症状。淋巴腺鼠疫的最初症状包括淋巴结疼痛、肿大、发烧。这时最靠近叮咬处的淋巴结疼痛，可有寒战、肌痛、虚弱、疲劳、呕吐、头痛。如果肺部受染，发生极严重的肺炎，甚至致死。肺鼠疫的典型症状是发烧、淋巴结肿大、咳嗽、胸痛、唾液含血。潜伏期一般为 2～5 天，腺鼠疫或败血型鼠疫为 2～7 天；原发性肺鼠疫为 1～3 天，甚至仅数小时；曾预防接种者，可长至 12 天。临床上有腺型、肺型、败血型及轻型等四型，除轻型外各型初期的全身中毒症状大致相同。

四、诊断

（一）临床诊断要点

鼠疫的诊断原则：一是具有流行病学线索，发病前 10 天到过鼠疫动物病流行区或接触过鼠疫疫区内的疫源性动物、动物制品及鼠疫病人，进入过鼠疫实验室或接触过鼠疫实验用品；二是患者除具有鼠疫临床症状，必须具有鼠疫细菌学诊断或被动血凝试验（PHA）血清 F1 抗体诊断阳性结果方可确诊。自分离和鉴定出鼠疫耶尔森氏菌以来，人们已成功地建立起常规的病原学和血清学检测方法，并在临床实践中得到广泛应用。随着分子生物学技术的飞跃发展，鼠疫耶尔森氏菌检测技术正发生着日新月异的变化。特别是 20 世纪 90 年代中后期，随着科学技术的突飞猛进，研究人员已将基因技术、蛋白质组学研究技术、生物芯片技术、传感器技术等现代生物学技术运用到鼠疫的诊断、鉴定、防治、监测和科研工作中，并取得了可喜的成果。

（二）实验室诊断要点

鼠疫耶尔森氏菌的分离及鉴定是一种传统的检测技术，其方法包括显微镜检查、菌体培养、鼠疫噬菌体裂解试验及动物试验等4个步骤，通常简称4步检查或4步诊断。取淋巴结穿刺液、脓、痰、血、脑脊液进行检查。

（三）血清学诊断

自鼠疫耶尔森氏菌被成功分离和鉴定以后，人们已成功地建立了常用的鼠疫间接血凝试验。近年来，又出现快速的血清学检测技术，如酶联免疫吸附测定、放射免疫沉淀法、免疫荧光检测可以作为辅助诊断。

（四）分子生物学检测与诊断

近年发展起来的新技术，如核酸探针技术、聚合酶链反应技术、指纹图谱检测法、生物芯片检测法及生物传感器已用于鼠疫的检测、流行病学调查，具有快速、敏感、特异的优点。

（五）鉴别诊断

腺鼠疫应与急性淋巴结炎、丝虫病及兔热病区别。败血型鼠疫须与其他原因所致败血症、钩端螺旋体病、流行性出血热、流行性脑脊髓膜炎相区别，应及时检测相应疾病的病原或抗体，并根据流行病学、症状体征鉴别。另外，肺鼠疫须与大叶性肺炎、支原体肺炎、肺型炭疽等区别，主要依据临床表现及痰的病原学检查鉴别；皮肤鼠疫应与皮肤炭疽相区别。

五、防制措施

1. 管理患者

发现疑似或确诊患者，应立即按紧急疫情上报，同时，将患者严密隔离，禁止探视及病人互相往来。病人排泄物应彻底消毒，病人死亡应火葬或深埋。对医疗机构内的病人、病原携带者、疑似病人的密切接触者，在指定场所进行医学观察和采取其他必要的预防措施；接触者应检疫 9 天，对曾接受预防接种者，检疫期应延至 12 天。

2. 消灭动物传染源

对自然疫源地进行疫情监测，控制鼠间鼠疫。广泛开展灭鼠爱国卫生运动。旱獭在某些地区是重要传染源，也应大力捕杀。

3. 切断传播途径

灭蚤必须彻底，对猫、狗、家畜等也要喷药。加强交通及国境检疫，对来自疫源地的外国船只、车辆、飞机等均应进行严格的国境卫生检疫，实施灭鼠、灭蚤消毒，对乘客进行隔离留检。

4. 药物预防

接触患者后可服用抗生素药物进行预防，四环素、磺胺嘧啶、链霉素等有一定效果。

5. 免疫预防

自鼠间鼠疫开始流行时，对疫区及其周围的居民、进入疫区的工作人员，均应进行预防接种。

6. 疫情控制

及早诊断与治疗至关重要，如未治疗，有一半淋巴腺鼠疫患者将致死。及时治疗可将死亡率降到 5% 以下。肺鼠疫患者在治疗的前 3 天应严密隔离。凡确诊或疑似鼠疫患者，均应迅速组织严密的隔离，就地治疗，不宜转送。隔离到症状消失，血液、局部分泌物或痰培养（每 3 日 1 次）3 次阴性，肺鼠疫 6 次阴性。

第五节　布鲁氏菌病

布鲁氏菌病是由布鲁氏菌引起的人兽共患传染病，广泛分布于世界各地。据报道，有 170 多个国家和地区有布鲁氏菌病疫情。人布病发病率超过 1/10 万的国家有：希腊、意大利、美国、阿根廷、阿拉伯、老挝、黎巴嫩、匈牙利、伊朗、爱尔兰、北爱尔兰、西班牙、叙利亚、马耳他、墨西哥、新西兰、秘鲁、前苏联和葡萄牙，共19个。有50个国家和地区的绵羊、山羊存在布病流行，主要集中于非洲和南美洲等；有101个国家和地区的牛有布病存在，主要分布于非洲、中美洲、南美洲、东南亚及欧洲南部等；有33个国家和地区的猪有布病存在，主要集中于美洲、非洲北部和欧洲南部等。世界上畜间布病以牛型布鲁氏菌感染牛的布病为主，占有家畜布病分布的国家和地区的50%以上。最近在海洋哺乳动物体内分离到布鲁氏菌，扩大了本菌的生态范围。

一、病原

1985年，WHO布鲁氏菌病专家委员会将布鲁氏菌属分为6个种，19个生物型。即马耳他布鲁氏菌、流产布鲁氏菌、猪布鲁氏菌以及绵羊附睾种布鲁氏菌、沙林鼠布鲁氏菌和犬布鲁氏菌各有1个生物型。

20世纪90年代，人们陆续从海洋动物包括海豹、海豚、小鲸鱼、鲸鱼及水獭中分离到了第七种生物型的布鲁氏菌，并且证明从海洋动物中分离到的布鲁氏菌的致病性和分子特征与上述6种布鲁氏菌不同，是一种新的生物型布鲁氏菌，虽然目前这种生物型布鲁氏菌还没有得到正式命名，但已经被普遍认可。

我国已分离到15个生物型，即羊种布鲁氏菌3个型，牛布鲁氏菌8个型，猪布鲁氏菌的1型和3型，绵羊附睾种布鲁氏菌和犬布鲁氏菌各1个型。据张士义等（1999年）报道，我国从1990年以来从人和动物分离的220株菌中，羊布鲁氏菌占79.10%，牛布鲁氏菌占12.27%，猪布鲁氏菌占0.45%，犬布鲁氏菌占2.21%，未定种占5.51%。

布鲁氏菌是一组球状、球杆状或卵圆形细菌。羊种菌大小为

0.3 ~ 0.6μm，其他各种菌为（0.6 ~ 1.5）μm ×（0.5 ~ 0.7）μm球杆菌或短杆菌，初次分离时多呈球状和卵圆形，传代培养后渐呈短小杆状。革兰氏染色阴性，不呈两极浓染。在一般涂片中常呈单个排列，极少数呈两个相连或呈短链条状。无鞭毛，不能产生芽孢，有毒力的菌株可带菲薄的荚膜。不同种与生物型菌株之间，形态及染色特性等方面无明显差别。

布鲁氏菌对外界的理化因素有一定的抵抗力。在合适条件下，本菌在环境中能存活很长时间，在自然条件下与其他不产生芽孢的细菌相比，有较高的抗灭活能力。

布鲁氏菌菌液通过加热容易被杀死，巴氏消毒法也能够杀死本菌，而浓的布鲁氏菌液，中等程度的加热不能灭活，必须反复加热或者煮沸才能将其杀死。布鲁氏菌对于正常消毒剂量的射线是敏感的，干燥的本菌可以存活很久，特别是在含有蛋白质的培养基中。许多消毒剂都易将其杀死。10g/L 的酚溶液在 37℃时，15 秒可完全将其杀死，周围环境温度为 15℃时甲醛溶液是常用消毒剂中最有效的，1mL/L 浓度的二甲苯能有效地消灭液体肥料中的布鲁氏菌，在液体肥料中加 20kg/m^3 的氰氨化钙是有效的，用此法消毒至少要作用 2 周。对人体或动物体的消毒可用酚的代用品，也可用酒精、异丙醇、碘伏或稀释的次氯酸盐溶液。布鲁氏菌对四环素最敏感，其次是链霉素和土霉素，而对杆菌肽、多黏菌素 B、多黏菌素 M 和林可霉素，有很强的抵抗力。

二、流行病学

1. 传染来源

多种动物和禽类对布鲁氏菌均有不同程度的易感性，该病的传染源主要是发病及带菌的羊、牛、猪，其次是犬。感染动物首先在同种动物间传播，造成带菌或发病，随后波及人类。患病动物的分泌物、排泄物、流产胎儿及分泌物、乳汁等含有大量病菌，如试验性羊布鲁氏菌病流产后乳含菌量高达 3×10^4 个/mL 以上，带菌时间可达1.5～2年。各种布鲁氏菌在各种动物间有转移现象，如羊布鲁氏菌可能转移到牛、猪，反之亦可。羊、牛、猪等动物及其产品与人类接触密切，从而增加了人类感染的机会。

2. 传播途径

布鲁氏菌的侵入感染可经呼吸、消化、生殖系统黏膜，以及损伤甚至完整皮肤等多种途径，通过接触或食入感染动物的分泌物、体液、尸体及污染的肉、奶以及苍蝇携带、吸血昆虫叮咬和交媾等建立感染。人类感染布鲁氏菌后，一般不发生人与人的水平传播。

3. 易感动物

各种布鲁氏菌对相应动物具有最强的致病性，而对其他种类动物的致病性较弱或缺乏致病性，但目前已知有60多种驯养动物、野生动物是布鲁氏菌的宿主，其中，羊布鲁氏菌对绵羊、山羊、牛、鹿和人的致病性较强，牛布鲁氏菌对牛、水牛、牦牛以及马和人的致病力较强，猪布鲁氏菌对猪、野兔、人等的致病力较强。3种布鲁氏菌对人均能感染，但以羊布鲁氏菌感染后得病较重，猪型次之，牛型最轻。实验动物中以豚鼠和小白鼠最易感染。骆驼、单蹄兽和肉食兽较少发病，但不能忽视他们（包括野生偶蹄兽及啮齿类动物）可能成为带菌者。母畜较公畜易感，幼畜对本病具有抵抗力，随着年龄增长，这种抵抗力逐渐减弱，性成熟后对本病最为易感。

4. 流行特征

老疫区很少广泛流行或大批流产，但新疫区该病会突然发生急性病例，并使病原菌的毒力增强，造成在羊群或牛群中暴发流行。本病一年四季均可发生，但以产仔季节为多，发病率牧区明显高于农区。流行区在发病高峰季节（春末夏初）可呈点状暴发。人患布病与职业有密切关系，畜牧兽医人员、屠宰工人、皮毛工等明显高于一般人群。牧区存在自然疫源地，但其流行强度受布鲁氏菌种、型及气候、牧场管理等情况的影响。

5. 发生与分布

动物机体的生理状况与布鲁氏菌致病性之间具有密切的关系，幼龄动物由于生殖系统尚未发育健全，故虽可带菌却不发病；老龄动物的易感性也较低；成年动物特别是青年动物处于妊娠期时对该菌的易感性最高。在一般情况下，初产动物最为易感，流产率也最高，随着产仔胎次的增加，易感性逐渐降低。

三、对动物与人的致病性

（一）对动物及其他动物的致病性

1. 牛布鲁氏菌病

潜伏期长短不一，通常依赖于病原菌毒力、感染剂量及感染时母牛的妊娠阶段而定，一般为 14 ~ 120 天。患牛多为隐性感染。怀孕母牛的流产多发生于怀孕后 6 ~ 8 个月，流产后常伴有胎衣滞留和子宫内膜炎。通常只发生 1 次流产，第 2 胎多正常。有的病牛发生关节炎、淋巴结炎和滑液囊炎。公牛发生睾丸炎和附睾炎。睾丸肿大，触之疼痛。

2. 羊布鲁氏菌病

临床表现主要是流产，但通常感染羊呈隐性经过，只在大批流产时可见到症状。自然条件下，流产多发生在妊娠后期，约在怀孕的第 4 个月。流产前 2 ~ 3 天，体温升高、精神不振、食欲减退、有的长卧不起，由阴道排出黏液或带血样分泌物。流产的胎儿多死亡，成活者则极度衰弱而发育不良。产后母羊的阴道持续排出黏液或脓液，出现慢性子宫炎的表现，致使病羊不孕。有的病羊发生慢性关节炎及黏液囊炎，病羊跛行，常因采食不足、饥饿而死。经过 1 次流产后，病羊能够自愈，但自愈过程较缓慢。公羊除发生关节炎外，有时发生睾丸炎、附睾炎，睾丸肿大，触诊局部发热，有痛感。

3. 犬布鲁氏菌病

妊娠母犬常在妊娠后期发生流产，也可在妊娠早期发生，流产后长期自阴道排出分泌物，流产胎儿大多为死胎，也有活胎但往往在数小时或数天内死亡，感染胎儿有肺炎和肝炎变化，全身淋巴结肿大。公犬常发生附睾炎、睾丸炎、睾丸萎缩、前列腺炎和阴囊皮炎等。但大多数病犬缺乏明显的临床症状，尤其是青年犬和未妊娠犬。

（二）对人的致病性

人类可感染布鲁氏菌，患病牛、羊、猪、犬是主要传染源。传染途径是食入、吸入或皮肤和黏膜的伤口，动物流产和分娩之际是感染机会最多的时期。

临床表现复杂多变、症状各异，轻重不一，呈多器官病变或局限某一局部。急性型病人通常先出现全身不适、疲乏无力、食欲降低、头痛肌痛、烦躁或抑郁等症状，或先以寒战高热、多汗及游走性关节痛为主要表现。慢性型患者表现为长期低热或无热、疲乏无力、头痛、反应迟钝、精神抑郁，局限某一部位的神经痛或关节痛，重者关节强直、变形，多数出现睾丸炎、附睾炎、卵巢炎、子宫内膜炎等症状；有时也可发现支气管炎或支气管肺炎的表现。病人肝、脾、淋巴结肿大。病后复发率可达6%～10%，且多在3个月以内发生。

四、诊断

（一）临床诊断要点

布鲁氏菌病的诊断主要是依据流行病学、临床症状和实验室检查。发现可疑患病动物时，应首先观察有无布鲁氏菌病的特征，如流产、胎盘滞留、关节炎或睾丸炎，了解传染源与患病动物接触史，然后从不同病期人、畜的血、尿、骨髓、脑脊液、关节液、乳清、内脏、胎盘和流产胎儿等材料中，通过实验室的细菌学、生物学或血清学检测进行确诊。其中，最常用的样品是血液、奶和流产胎儿。

（二）实验室诊断要点

1. 病原学诊断

病原学检查通常取流产胎儿、胎盘、阴道分泌物或乳汁等作为病料，直接镜检或同时接种于含10%马血清的马丁琼脂斜面，如病料有污染可以用选择性培养基。

生物学实验用胎儿组织、胎盘组织乳剂，阴道洗液、或全乳等作接种材料，皮下接种豚鼠1～3mL，接种后3～5周剖杀，取淋巴结或脾脏进行细菌培养和鉴定。

2. 血清学诊断

血清学试验既可作出迅速诊断，又可帮助分析患病动物机体的病情动态。布鲁氏菌病诊断常用的免疫学方法包括缓冲布鲁氏菌抗原凝集试验、补体结合试验、间接ELISA和布鲁氏菌皮肤变态反应等。由于布鲁氏菌进入动物机体后可不断刺激机体，先后产生凝集性抗体、调理素、补体结合抗体和沉淀抗体等，因此，检查血清抗体对分析和诊断病情具有重要意义。

3. 分子生物学诊断

对于布鲁氏菌的分子生物学诊断方法，常用的有DNA同源性研究、DNA限制性内切酶图谱分析、核酸探针检测、PCR扩增以及适时荧光PCR分析的方法。

五、防控措施

1. 定期开展监测工作

及时发现、了解和掌握疫情动态，及早处理病畜，防止病情蔓延。种畜每年进行两次血清学检测，其他动物每年至少进行一次抽检。奶牛场可做乳汁环状试验，当呈现阳性时，再对全场牛进行血清学检查。加强交易市场和屠宰场的家畜检疫监测，追踪阳性家畜来源，确诊患该病的家畜应当销毁。

2. 实行计划免疫制度

实施强制免疫，保护易感动物。疫苗接种是控制该病的有效措施，疫区应当全面开展免疫，将其纳入免疫标志管理，切实提高免疫密度。牛、羊可用 S2 或 M5 布鲁氏菌病疫苗免疫接种，猪采用 S2 布鲁氏菌病疫苗免疫接种。

3. 做好消毒工作，切断传播途径

布鲁氏菌对消毒药抵抗力不强，0.1% 的升汞、1% 的来苏尔、2% 的碳酸、2% 的福尔马林、2% 的苛性钠（火碱）、0.1% 的新洁尔灭等可杀死此菌。平时，对饲养环境、栏舍、饲养用具等要定期进行消毒。发生疫情时要加强消毒工作，及时对被污染的环境、畜舍、用具、运输工具等进行彻底消毒，病畜、流产胎儿、胎衣、病畜分泌物、垫料等要销毁处理。

4. 不从疫区购买动物，不购买无检疫合格证的动物

必须引进种畜时，要经布鲁氏菌病检疫，证明无病才能引进。新引进的种畜要隔离饲养 1 个月以上，经严格检疫 2 次，确认健康才能混群，以防止该病传入。

5. 加强布鲁氏菌病检疫，严格产地检疫制度，加大动物防疫监督力度

动物及其产品须经当地动物防疫监督机构检疫合格，并出具检疫合格证明，方可出售。如发现有较多母猪流产，应紧急采血检疫、确诊，以清除隐患。动物防疫监督机构要加强动物及其产品的生产、加工、流通等环节的监督检查。发现病畜一律扑杀，并进行无害化处理。

6. 建立健全动物疫情报告网络，严格执行疫情报告制度

了解疫情、掌握疫情是控制、扑灭动物疫病的首要条件，是

动物疫病控制、扑灭工作必须首先解决的问题。疫情情报的收集、反馈、整理、传送要通过报告网络来完成，特别是基层将起到非常重要的作用。当前，我国基层疫情报告网络不健全，专业队伍力量非常薄弱，这是迫切需要解决的问题。

7. 加强技术培训，提高防疫专业队伍的科技水平

大力推广新技术、新产品，加快科研成果转化，提高防疫科学技术含量。

第六节　链球菌病

链球菌病是由多种不同群的致病性链球菌引起的一种人兽共患传染病。其特征是急性病例常为败血症和脑膜炎，慢性病例则为关节炎、心内膜炎及组织化脓性炎等。本病呈世界性分布，发病率和死亡率均较高，给养猪业造成很大的威胁。近年来，我国广大农牧区及许多养猪场出现了来势猛、传播快、病程短、死亡率高的败血型链球菌病，个别地区甚至出现了从业人员的发病死亡，不仅给养猪业造成了重大的经济损失，而且直接影响到了人民的身体健康。

该病自 20 世纪 50 年代初期被证实以来，荷兰、英国、美国等世界许多国家已先后有所报道。该病严重影响各国养猪业的发展，尤其是对高密度的养猪场危害更大，为高集约化程度猪群的三大主要传染病之一，受到越来越多的重视。猪链球菌病在我国 20 世纪 50—60 年代就有发生，70 年代发病增加，80 年代之后发病更趋严重，在许多地方呈大群暴发及地方流行。除西藏等少数地区尚未发现本病外，大多数省、市、自治区均有不同程度的发生和流行。该病发病率较高，死亡快，给养猪业造成的损失比猪瘟更为严重，并能引起从业人员感染致死。虽然各地已经开始使用链球菌病疫苗预防，使此病的流行得到了一定程度的控制，

但由于疫苗抗原的菌群单一或与流行的菌群不相符，结果常造成免疫失败，在一些猪场商品疫苗使用效果不佳，用苗后仍然呈小范围流行或较高比例的散发，因而也造成比较大的损失。

一、病原

1883 年，Fehleisen 分离出链状细菌，根据溶血现象把链球菌分为 α、β 、γ 链球菌，α－溶血链球菌多为条件致病菌，β－溶血链球菌致病力强，γ－溶血链球菌一般不致病。兰氏分群，根据抗原结构分群，共有 20 个群（从 A－V），数百个血清型。感染人类主要是 A 群、B 群和肺炎链球菌。感染猪的链球菌主要是多种不同群的链球菌（D，L，R，S，T，U 和 V 群等）。根据菌体荚膜抗原特性的不同，可以分成 35 个血清型（1 型～34 型及 1/2 型）及相当数量难以定型的菌株。

链球菌能够对包括猪在内的大多数动物致病。国外多为 D 群的某些血清型特别是 2 型引起猪的败血型和脑炎型链球菌病，而在国内以 C 群的兽疫链球菌为主，D 群较少，E 群则引起慢性链球菌的关节炎和淋巴结炎（脓肿）。一般猪场都有 2～3 个致病菌混合感染，1 头猪可以同时感染 2～3 个菌群。现在国内由 D 群 2 型链球菌引起的猪发病和从业人员死亡已有报道。

猪链球菌菌落小，灰白透明，稍黏，菌体直径 1～2 μm，多单个或双个存在，呈卵圆形，在液体培养基中才呈长链，链越长致病性越强。大多数链球菌在幼龄培养物中可见到荚膜，不形成芽孢，多数无鞭毛。本菌为革兰氏阳性，需氧或兼性厌氧菌，α 或 β 溶血，一般起先为 α 溶血，延时培养变为 β 溶血，或者菌落周围不见溶血，刮去菌落可见 α 或 β 溶血。猪链球菌 2 型在绵羊血平板呈 α 溶血，马血平板为 β 溶血。链球菌在不利的环境中存在的时间是极其短暂的，但猪链球菌荚膜 2 型在水中 60℃可以存活 10 分钟，50℃为 2 小时，0℃时灰尘中细菌可存活

30 天，在粪便中可以存活 90 天，在腐尸中存活 42 天（4℃），这样就为鸟、野鼠、小白鼠或犬的间接传播提供了重要的传染来源。在污染猪舍的清洗过程中，常用的消毒药和清洁剂在 1 分钟内即可杀死猪链球菌 2 型。污物和有机质中的存在会影响化学消毒药对细菌的杀灭作用，所以，采用在猪舍内先清洗后消毒的策略是非常重要的。

二、流行病学

1. 传染来源

病猪和病死猪是主要的传染源，亚临床健康的带菌猪可排出病菌成为传染源，对青年猪的感染起重要的作用。

2. 传播途径

其传播方式主要通过口或呼吸道传播，也可垂直传播（有些新生仔猪可在分娩时感染）。猪链球菌定植在猪的上呼吸道（尤其是鼻腔和扁桃体）、生殖道和消化道，4 周龄至 6 月龄的猪扁桃体带菌率为 32% ~50%。

3. 易感动物

链球菌种类多，属条件性致病菌，在自然界和猪群中广泛分布，常存在于健康的哺乳动物和人体内。猪、野猪、马属动物、牛、羊、狗、猫、鸟类、兔、水貂和鱼等对猪链球菌均有易感性。对猪则不分年龄、品种和性别均易感，但大多数在 3 ~ 12 周龄的仔猪暴发流行，尤其在断奶及混群时易出现发病高峰。

4. 流行特征

猪链球菌病的流行无明显的季节性，一年四季均可发生，但 7 ~ 10 月易出现大面积流行。国外的文献报道表明，猪链球菌感染人没有明显的季节性，同时该病的暴发具有地域性。从外地引入带菌猪，混群、免疫接种、高温高湿、气候变化、圈舍卫生条件差等应激因子使动物的抵抗力降低时，均可诱发猪链球菌病。

昆虫媒介在疾病的传播中起重要作用，通过在猪场间的飞行传播病原菌。在猪链球菌众多血清型中，2 型是猪的最主要病原，致病性最强。从表征健康的猪体扁桃体内分离的所有猪链球菌中，2 型多达 50.6%，同时，其对人的致病性也最强。

感染人并引起重症的主要是猪链球菌 2 型，分子流行病学研究表明，高致病性猪链球菌 2 型含有溶菌酶释放蛋白，胞外蛋白因子，溶血素等毒力因子，其致病性与这些毒力蛋白的合成及其相互作用有关，也可能与该细菌中存在致病性的毒力岛有关。首例人感染猪链球菌由丹麦 1968 年报道，之后报道该病例的数量在世界范围内有所增加，包括北美洲、南美洲、欧洲、大洋洲和亚洲等地区。除中国外，其他亚洲国家如日本、韩国、泰国和新加坡等先后报道了猪链球菌感染人的病例。在中国，严重的猪链球菌感染导致人员死亡的事件分别是 1999 年夏季江苏省部分地区和 2005 年 6 月下旬四川省的部分地区猪链球菌暴发流行，并导致人感染致死，从病例分离出来的大部分为猪链球菌 2 型。

猪链球菌病通过破损皮肤如伤口或擦伤传染给人，也可通过呼吸道传染给人，鼻咽部的损伤可能也是传播途径。脾切除的病人，糖尿病人，酒精中毒者以及恶性肿瘤患者更易感。脾切除的病人在处理未加工的猪肉时应格外注意预防，不能在猪场或屠宰厂工作。大部分易感人群是与生猪肉或猪密切接触者，如饲养员、屠宰厂工人以及从事猪肉销售加工的人群等。根据文献报道，在荷兰估计每年屠宰场的工人和饲养员患猪链球菌脑膜炎的比率大约为 3/100 000，是不在屠宰场工作的人患猪链球菌脑膜炎的 1 500倍，屠夫患猪链球菌脑膜炎的比率为 1.2/100 000。在德国，有研究表明，屠夫、屠宰场工人和肉品加工工人是猪链球菌在鼻咽部定居的高危人群。在新西兰，1980 年以后的研究显示 9% 的奶牛场主，10% 的肉品检验员以及 21% 的猪场主对猪链球菌 2 型血清反应为阳性，表明一些人有亚临床感染。目前，在人与人之间能否传播，尚未见相关报道。

三、对动物和人的致病性

（一）对动物的致病性

1. 最急性型

无任何前驱症状，突然发病后于次日早晨死亡，或倒地不起，口鼻流白沫。触摸时惊叫，全身皮肤蓝紫色，体温42℃以上，多在12～18小时死亡。在新发病区，尤其是集约化猪场常发生此型。

2. 急性败血症型

常为暴发性流行，突然发生，全身症状明显，精神沉郁，体温升高（41～43℃），呈稽留热、震颤、废食、便秘、发绀、常有浆液性或黏性鼻漏。眼结膜潮红，流泪，上下眼睑色暗，外观呈“黑眼圈”状。全身皮肤发红，耳、颈、腹下、两大腿后侧、肢端等处皮肤常呈弥漫性紫红色“刮痧样”斑块或出血性红斑，指压不褪色。个别病猪出现多发性关节炎、跛行、爬行或不能站立。有的病猪出现共济失调，空嚼或昏睡等神经症状。患病后期或重症猪呼吸困难，有泡沫性带血鼻漏，常在1～3天死亡，或因窒息于短时间内死亡，致死率达80%～90%。此种病型多发生于新发病区的暴发期，以20～50kg体重猪发生最多，是猪链球菌病中发病所占比例最高的一种类型。

3. 脑膜脑炎型

多见于断奶仔猪，常因断乳、去势、转群和气候骤变等诱发。发病比例一般不超过5%。病初体温升高（40.5～42.5℃），不食、便秘、有浆性或黏性鼻漏。病猪很快表现出神经症状，如共济失调、转圈、盲目行走或头抵物不动、空嚼、磨牙，继而后肢麻痹，前肢爬行或倒地侧卧不能站立，四肢作游泳状，口吐白沫或昏迷不醒，时有抽搐尖叫。个别病猪出现多发性关节炎，关节肿大。最急性者几小时或 1～2 天死亡。经治疗后存活者常遗留有不同程度的脑神经后遗症。

4. 亚急性和慢性型

与急性型或脑膜炎型同时发生或由此两型转化而来，主要表现为关节炎、心内膜炎、化脓性淋巴结炎、脓肿、子宫炎（流产）、包皮炎、乳房炎、咽喉炎及皮炎等，呈散发性或地方流行性。其特点是病程长，症状比较缓和。此病型在不同地区、不同猪场及不同发病年份发病比例差异很大，一般为 2%～5% 发生关节炎及心内膜炎时，病猪体温时高时低，精神、食欲时好时坏，消瘦、衰弱或突然恶化而死亡。关节炎型病猪一肢或多肢关节肿大，后肢以蹄尖着地，膝关节、跗关节强直，行走似“踩高跷”样。腕关节、跗关节肿胀，在外侧及上、下方均可见鸡蛋大小的肿块，按压柔软。病程长者肿胀变小、变硬。化脓性淋巴结炎，以颌下淋巴结化脓炎症为最常见，咽、耳下、颈部等淋巴结有时也受侵害。受害的淋巴结发炎肿胀、硬固、热痛，由于局部的压迫和疼痛，可影响采食、咀嚼、吞咽甚至使呼吸发生障碍。当化脓成熟、破溃时，全身症状也显著好转，长出肉芽组织，结疤愈合，病程 3～5 周，一般不引起死亡。

（二）对人的致病性

人体感染猪链球菌后，因细菌侵入部位不同而有不同的临床表现。多数病例发病初期均出现高热、全身不适、眩晕。临床上主要分为 4 型。

1. 普通型

发病较急，临床表现为畏寒、发热、头痛、头昏、全身不适、乏力、腹痛、腹泻，无休克、昏迷。外周血白细胞计数升高，中性粒细胞比例升高。

2. 休克型

发病急骤，高热、寒战、头痛、头昏、全身不适、乏力，部分病人出现恶心、呕吐、腹痛、腹泻，皮肤出血点、淤点、淤斑，血压下降，脉压缩小。

3. 脑膜炎型

发病急，发热、畏寒、全身不适、乏力、头痛、头昏、恶心、呕吐（可能为喷射性呕吐），重者可出现昏迷；皮肤没有出血点、淤点、淤斑，无休克表现；脑膜刺激征阳性，脑脊液呈化脓性改变。

4. 混合型

患者在中毒性休克综合征基础上，出现化脓性脑膜炎表现。

四、诊断要点

1. 现场诊断

根据临床上发高烧、关节肿、跛行、耳鼻发绀、呼吸急促、神经症状等，结合死亡后血液呈酱油色、凝固不良、心内外膜出血、脾肿大有黑色梗死病灶，胃底黏膜出血溃疡等病变，可初步诊断为猪链球菌病。

2. 实验室诊断

涂片镜检：取猪的淋巴结、肝、肺、腹腔液作涂片，用美兰、瑞士或革兰氏染色法作镜检，可见单个、成对或3～4个菌体排列成短链的球状菌，但以成对排列较多。在关节炎型病例也可见到同样的细菌。

分离培养：无菌取病死猪脾脏、肝脏和心血混合研磨制成悬液，以画线法接种于血液琼脂平板培养基上。经37℃24小时恒温培养，可在培养基表面长出细小（直径0.5～1.0mm）、灰色半透明圆形光滑湿润边缘整齐的菌落，菌落周围有透明溶血环，直径2.8～3.5mm。

动物接种：血清肉汤纯培养物，回归仔猪（20～30kg）均能复制出与自然病例相一致的临床症状，并能回收到接种菌。静脉接种山羊，体温升高至43℃，以急性败血症死亡。经静脉、肌肉、皮下接种家兔，病兔体温升高至41.5～42℃，多呈败血症死亡，最快可在12小时内死亡，也可见典型神经症状者。

3. 鉴别诊断

由于本病临床症状和剖检变化较复杂，易与猪瘟、仔猪副伤寒、猪丹毒、李氏杆菌病相混淆，并与其他败血性传染病、出现脑膜炎症状的传染病和内科病有不同程度的相似性，应注意区别，并注意是否存在混合感染现象，确诊需进行实验室诊断。

五、预防

1. 一般性预防措施

链球菌是条件性致病菌，加强生猪饲养管理，合理搭配饲料，加强环境卫生管理，定期消毒并交替使用消毒药，是预防猪链球菌病的重要措施。在圈舍地面设计上，最好采用压光水泥地面，同时，压上防滑沟，防止地面粗糙磨伤蹄底。阉割、断脐、剪齿、断尾、打耳号、注射等要严格消毒，防止感染。当发生外伤时，要及时按外科方法进行处理，防止从伤口感染该菌而引发本病。断奶仔猪和新购入猪群的饲养密度要适中，体重大小应相近，防止咬斗损伤皮肤及尾部。猪舍内去除尖锐物品，以防外伤发生。拥挤，通风不良，大幅温度变化，2周龄以上差异的仔猪流动混合饲养，都是易感猪群发生猪链球菌病的重要因素。猪场实行多点式饲养，全进全出的管理方法有助于减少疾病的发生，将大舍隔成小房间，有助于降低温差变化和猪群间的流动。

加强饲养管理，搞好猪舍内外的环境卫生，猪舍要保持清洁干燥，通风良好；猪舍每周应坚持用百毒杀或菌毒敌等高效消毒剂进行喷雾消毒。猪场严禁饲养猫、犬和其他动物，彻底消灭鼠类和吸血昆虫，控制传递媒介传播病原体，可有效地防止本病的发生与流行。

加强市场肉食品及运输猪的检疫、检验工作，杜绝传染源。

预防接种是预防本病的重要措施，要根据当地的流行和发病情况，除接种猪瘟、伪狂犬病等疫苗外，同时，进行猪链球菌疫苗的免疫接种。

药物预防方法：仔猪断奶后，在日粮中添加复方敌菌净或强力霉素或阿莫西林，连续饲喂，可有效预防本病的发生。对尚未免疫或免疫接种后尚未产生免疫力的受威胁猪群，饲料中按加入磺胺－5－甲氧嘧啶粉或复方新诺明粉，并配合等量的碳酸氢钠粉，连续应用2～3周，可有效地控制此病的发生。

科学饲养管理，保证猪只充分的营养，提高猪群健康水平，减少疾病的发生和应激反应，使猪体保持健康强壮，有正常的免疫应答水平，以抵御疾病的侵袭。建立健全免疫监测制度，加强抗体水平监测。定期对抗体监测，以便根据抗体监测结果，及时进行适时免疫和采取其他的相应措施，防止疫病的发生。

2. 发生本病时的预防措施

严格疫情监测和报告制度，提高疫情预警预报和早期应急反应能力。制定和修订各种技术方案，指导防治工作科学、规范的开展，规范监测及临床判定标准；充分发挥专业机构和人员的作用，及时发现和处理疫情，赢得工作主动。

依靠科技、依靠法制，坚决防止病源传播。一是依照《中华人民共和国传染病防治法》《中华人民共和国动物防疫法》和《国家突发重大动物疫情应急预案》和《国家突发公共卫生事件应急预案》有关规定，及时启动应急机制。二是狠抓关键环节防控措施，切断疫源，阻断病源传播，防止疫情扩散蔓延。

加大动物疫情的防控工作。一是对病死猪的同群畜使用高敏抗生素药物进行预防；二是指导疫区内农户在饲料中添加预防药物，提高牲畜抵抗力；三是对疫点疫区的圈舍、牲畜交易场所、定点屠宰场点等定期消毒，改善卫生条件；四是对高风险区易感猪群实施紧急免疫，提高猪群免疫水平。切实加强猪链球菌病防控知识的宣传。广泛宣传猪链球菌传播途径、临床症状、预防办法等科普知识，努力做到将防控要求落实到每一农户，将防控知识传授到每一位农民，提高农民科学养猪和防病的意识。

发病后立即全场封锁，隔离猪群。因患此病的病死猪大量带菌散菌，尽量不要剖杀病死猪而应集中焚烧、深埋或无害化处理，粪便堆积发酵处理。病愈猪可长期带菌排菌，应严格隔离饲养或淘汰。发生此病后应在彻底大清除的基础上，彻底对全场环境、猪舍、通道、用具及排泄物消毒，每天1次，直到控制疫情为止。消毒药可用1∶300菌毒敌、1∶1 000百毒杀以及各种含氯制剂或过氧乙酸、氢氧化钠等。

六、治疗

凡对革兰氏阳性菌有效的药物均可用于本病的治疗。最小抑菌浓度的测定表明，大多数分离株对青霉素中度敏感，但对阿莫西林、氨苄西林敏感率在90%左右，建议青霉素只用于敏感的菌株所致疾病的治疗。据报道，猪链球菌分离株对四环素、林可霉素、红霉素、卡那霉素、新霉素和链霉素，均具有高度的抵抗力。

发生败血型链球菌病的架子猪用替硝唑葡萄糖注射液缓慢滴注，每天1次，治疗效果显著，治愈率可达95%以上。也可使用阿莫西林20mg/kg肌注，每日3次，或用长效治菌磺30mg/kg肌注，2天1次，治疗效果确实。天然阿莫西林比青霉素在猪病治疗上有显著优势，其生物利用率与青霉素相似，但是机体组织清除率比青霉素低，因此，能够得到较高血浆浓度。

及时发现链球性脑膜炎早期症状后，立即用抗生素经非肠道途径治疗，是目前提高仔猪成活率的最好方法。早期隔离断奶的仔猪发生脑膜炎链球菌病，在早期注射地塞米松将收到良好的效果。普鲁卡因青霉素拌入饲料，可明显减少猪群中链球菌性脑膜炎的发生率。

关节炎型病猪需对症治疗，使用青、链霉素、安乃近、地塞米松和维生素肌注，有助于机体的康复。

由于该病除慢性关节炎、脓疱症外，败血型和脑炎型病猪多数体温升高而呈稽留热，而且发病急，若仅用青霉素和链霉素作肌肉注射往往很难奏效。由于急性发热，持续高烧，单纯用退热药也不行，必须用磺胺类药物作静脉注射，同时，用碳酸氢钠注射液作静脉注射，以中和因高烧引起的酸中毒。

第七节　大肠杆菌病

大肠杆菌病是由特殊血清型大肠埃希氏菌引起的一种人兽共患传染病的总称。人和动物，尤其是婴儿和幼畜（禽）均可导致局部或全身感染，临床症状常表现为严重腹泻、感染部位炎症和败血症等。大肠杆菌于 1885 年由 Escherich 发现后，一直被当做正常肠道菌群，认为是非致病性菌，直到 1894 年大肠杆菌病才被首次报道。随着大型集约化养殖业的发展，该病在各国流行日趋严重，对畜牧业和动物养殖造成严重的损失。从 1982 年美国首次报道人大肠杆菌病爆发以来，该病愈演愈烈，严重危害着人类健康。目前，大肠杆菌病作为一种人兽共患病，在公共卫生事业中日益受到重视。

一、病原

大肠埃希菌又称大肠杆菌，属肠杆菌科埃希菌属成员，为革兰阴性菌。其主要有菌体（O）抗原、表面（K）抗原、鞭毛（H）抗原，它们是本菌血清型鉴定的物质基础。目前，已确定 173 种 O 抗原，80 种 K 抗原和 56 种 H 抗原。其中，K 抗原又可分为 L、A、B 三型。

大肠杆菌为革兰氏阴性直杆菌。长 2 ~ 3μm，宽 0.4 ~ 0.7μm。不形成芽孢；无可见荚膜，但有微荚膜；大多数周生鞭毛，也有菌株无鞭毛或鞭毛缺失；有 1 根或 2 根菌毛。两端钝圆，散在或成对。本菌为兼性厌氧菌，在普通培养基上生长良好，最适生长环境：37℃，pH 值 7.2 ~ 7.4。在营养琼脂上生长 24 小时后，形成圆形凸起、光滑、湿润、半透明、灰白色菌落，直径 2 ~ 3mm，麦康凯培养基上形成红色菌落，周围有沉淀线环绕；在伊红美蓝琼脂上，菌落为黑色带金属光泽；SS 琼脂上一般不生长或生长较差，生长者呈红色。一些致病菌株在绵羊血平板上呈 β 溶血。

大肠杆菌无特殊的抵抗能力，对理化因素敏感。不耐热，60 ~ 70℃，30 分钟内可杀死大多数菌株。可耐受冷冻并可以在低温条件下长期存活。对常用消毒剂抵抗力不强，一般在较短时间内即可被灭活。

部分大肠杆菌可产生外毒素，如 ETEC 可产生不耐热外毒素（LT）和耐热外毒素（ST）。LT 具有抗原性，分子量大，60℃经 10 分钟可破坏。ST 无抗原性，分子量小，需 60℃以上温度和较长时间才能破坏。

大肠杆菌对氯霉素、土霉素、磺胺甲基嘧啶、磺胺咪等抗生素或磺胺类敏感。但近年来由于抗生素的滥用而导致部分菌株出现耐药性。据报道，20 世纪 50 年代致病性大肠杆菌几乎没有耐药性，60 年代对四环素、链霉素出现耐药性，70 年代后对氨苄西林、氯霉素、阿莫西林、庆大霉素等均出现了不同程度的耐药性，多重耐药菌株增多，且表现出较宽的耐药谱。

二、流行病学

1. 传染来源

大肠杆菌大量的存在于人和动物的肠道内，正常情况下大多数为不致病的共栖菌。而在特定条件下，如正常菌群移位侵入肠外组织器官或病原性大肠杆菌感染机体，会导致大肠杆菌病的发生。对于病原性大肠杆菌，病畜（禽）和带菌者以及被病原性大肠杆菌污染的水源、饲料、器具、母畜乳头以及粪便均为重要传染源。

2. 传播途径

病畜（禽）和带菌者通过粪便排出病菌，污染水源、饲料以及母畜皮肤和乳头，常使幼畜经消化道或呼吸道感染，牛可经过子宫内或脐带感染，鸡可经呼吸道或经种蛋裂隙感染，动物主要是通过饮水、食物、饲养器具等直接或间接感染，人主要是通过手或污染的水源、食品等经消化道感染。

3. 易感动物

病原性大肠杆菌的许多血清型可引起各种畜禽发病。其中，O_8、O_{38}、O_{147}等多见于猪，O_8、O_{78}、O_{101}等多见于牛羊，O_4、O_5、O_{75}等多见于马，O_1、O_2、O_{36}、O_{78}等多见于鸡，O_{10}、O_{85}、O_{119}等多见于兔。一般致仔猪发病的血清型往往带有K_{88}抗原，而使犊牛和羔羊致病的多带有K_{99}抗原。

幼龄动物易发本病。仔猪出生一周内易发仔猪黄痢，10～30天易发仔猪白痢，断乳前后易发仔猪水肿病；羊6天至6周易发；马出生后2～3天多发；鸡常发于3～6周龄；兔主要侵害20日龄及断奶前后的仔兔和幼兔；人在各年龄均有发病，但以婴幼儿和老年人多发。

4. 流行特征

本病一年四季均可发生，但以冬春季节或者寒冷、多雨、潮湿季节多发。卫生条件差，通风不良等是主要诱因。部分原发性疾病如传染性法氏囊病、新城疫等也可导致本病继发性感染。在动物，多呈散发，主要是由于机体免疫机制未健全或低下时，直接或间接接触到病原性大肠杆菌而感染。仔猪黄痢病死率很高，甚至可达100%；仔猪白痢发病率一般在30%～80%；水肿病多呈地方流行性，发病率在10%～35%；牛羊发病多呈地方流行性或散发。雏鸡发病率可达30%～60%，病死率几达100%。人类本病的发生多呈散在发生，偶在食用致病性大肠杆菌污染的食品时，呈爆发或流行趋势。

5. 发生与分布

Escherich于1885年首次发现大肠杆菌并将其看做正常菌群。1894年大肠杆菌病被报道，随着大型集约化养殖业的发展，该病在世界范围内流行日趋严重，对畜牧业造成严重的经济损失。

1982年美国俄勒冈州发生人感染O_{157}：H_7，导致出血性肠炎的爆发，其后，相继在加拿大、英国、日本也报道了大肠杆菌病爆发和散发病例，在我国1988年也曾报道过大肠杆菌感染引起的肠道感染。1996—1997年在苏格兰O_{157}：H_7污染的猪肉导致496人发病，19人死亡；美国疾病防控中心1995—1996年先后报道了5次大肠杆菌感染人的事件；1996年夏，在日本大肠杆菌污染白萝卜造成9 000多例儿童发病，12例死亡，是目前危害最严重的一次大肠杆菌病爆发。

三、对动物和人的致病性

（一）对动物的致病性

1. 新生动物大肠杆菌腹泻

大肠杆菌在新生幼畜腹泻中的比例，猪为35%，牛为26%，羊为17%。动物大肠杆菌病在许多方面酷似于人的霍乱，如主要死亡原因是由于腹泻造成脱水和电介质丧失；细菌滞留于小肠肠腔。腹泻时体内水分的移动与流量增加是通过完整无损的小肠上皮，分泌液的增加是由大肠杆菌产生的肠毒素引起的。新生仔猪大肠杆菌病发病很快，出生时健康，约在生后12小时突然发病，在一窝中常有少数小猪可能在腹泻发生前已经死亡或处于濒死状态，另一些极度严重腹泻，不爱活动。有病的小猪继续吮奶直到死亡。虽然偶见整窝死去，但通常少量可以存活，并完全康复。

2. 大肠杆菌毒血症

大肠杆菌毒血症与吸收内毒素有关，新生牛犊、羔羊和小猪发生较少，常见在断奶期小猪。新生动物的大肠杆菌毒血症，也经常称为肠毒血症或内毒素血症。

3. 全身性大肠杆菌病

常发生于小牛、小羊和禽类，大肠杆菌的菌血性菌株通过消化道或呼吸道黏膜进入血流引起全身性感染，造成大肠杆菌败血症，或局灶性感染，如牛羊的脑膜炎和关节炎，禽的气囊炎和心包炎。小猪全身性大肠杆菌病较为少见。

1 周龄内的幼犬易患，以发生败血症、腹泻、赤痢样症候群及毒血症等为特征。新生犬在出生后 48 ~ 72 小时，在摄入初乳或在获得足够的初乳前，如接触到致病性大肠杆菌，病菌便可穿越肠道上皮屏障而受到侵袭。大于 2 周龄的幼犬，对大肠杆菌已有较强的抵抗力。病犬表现为精神低沉，体质衰弱，食欲缺乏，体温升高，明显症状是腹泻，排黄绿色、绿色或黄白色粪便，黏稠度不均匀，带腥臭味，并常混合有未消化的气泡和凝乳块，严重的可排血便，肛门周围及尾部常被粪便污染。后期，病犬常出现脱水症状，可视后肢无力，走路摇晃，黏膜发绀，皮肤缺乏弹力。幼龄犬常发生菌血症和内毒素血症，死前出现神经症状，体温在常温以下，全身虚弱及毛细血管充盈不良，最后因脱水，休克而死，病死率较高。剖检尸体的肉眼变化为体腔浆膜和整个胃肠道的黏膜面有出血性病变。

（二）对人的致病性

各年龄均有发病，但以婴幼儿和老年多发，严重者可导致死亡。潜伏期为2～7天，多突然发病，水样腹泻，不含黏液和脓血，伴有腹痛、恶心、呕吐、咳嗽、里急后重、咽痛、周身乏力等症状。成人发病症状较轻，数日后可出现血腥腹泻、低热或不发热。病程一般2～9天可愈，少数病情严重者，可呈霍乱样腹泻而导致虚脱或菌痢型肠炎。部分血清型感染，在小孩可导致溶血性尿毒综合征，血小板减少，有紫癜，造成肾脏不可恢复性伤害。

四、诊断要点

根据流行病学、临床症状和病理变化可作出初步诊断。确诊需要进行细菌学检查。

1. 细菌培养

菌检取材部位，败血型取血液、内脏组织，肠毒血症取小肠前部黏膜，肠型取发炎的肠黏膜。分离菌体，结合鉴别培养基培养观察菌落形态。接种在伊红美蓝琼脂上，大多数菌落呈现特征的黑色，有金属光泽；接种在麦康凯琼脂培养基上，大肠杆菌能迅速生长，菌落红润光滑，同时，有抑制其他多种细菌生长的作用；接种在肉汤培养基内，液体变混。

2. 染色镜检

涂片染色镜检，革兰氏染色阴性，菌体呈短杆状，无芽孢、无夹膜。作悬滴玻片镜检，菌体周边有鞭毛，有活动能力。

3. 生化试验

挑取上述菌落样进行生化试验，大肠杆菌能发酵葡萄糖、麦芽糖，产酸产气；对乳糖发酵缓慢；能产生吲哚，不产生硫化氢，不分解尿素，不液化明胶，不能在枸橼酸盐培养基上生长。

4. 致病性试验

由于致病性和非致病性大肠杆菌在形态、染色、培养特性以及生化实验上没有区别，大肠杆菌的致病性评价没有统一的标准，要区分是致病性还是非致病性大肠杆菌，需要作本动物致病性实验，根据鸡的死亡数和病变程度综合确定分离株的致病性。

5. 血清型检测

对特定血清型可分别使用相应抗血清做凝集实验及血凝抑制试验；也可测定特异性产物的存在，如产毒大肠杆菌可用兔肠结扎试验检测 LT，用乳鼠灌胃法检测 ST。同时，注意和衣原体、巴氏杆菌或链球菌等病原体鉴别诊断。

五、防治措施

大肠杆菌病是一种环境性疾病，该病的防治需要从加强引种管理、饲养管理、搞好环境卫生、防止水源污染、做好饲养器具及粪便的清洁卫生及消毒等多方面着手，并做好疫苗预防、药物控制等措施才可以收到较好的防治效果。

大肠杆菌易产生抗药性，如随意加大剂量或低剂量长时间使用，投药途径不当、不注意轮换用药，可造成大肠杆菌耐药严重，导致药效下降甚至无效。因此，给药前最好做药物敏感性试验。在不具备做药敏试验的情况下，最好选用高敏感药物进行全群治疗，药物要交替使用，尽量避免耐药的产生。

对病犬可用抗生素治疗，氯霉素有较好的疗效，磺胺类药物也有很好的疗效，如磺胺嘧啶（SD），也可使用大蒜内服，或制成大蒜酊后内服。此外，适当配合输液，维护心脏功能，清肠制酵，保护胃肠黏膜等对症治疗。

人发生大肠杆菌病时，应及早控制饮食，减轻肠道负荷，一般可以迅速痊愈。婴幼儿多因腹泻而严重失水，应及时补充水和电解质。一般不用抗生素治疗。但对于 EIEC 所致急性菌痢型肠炎，可通过药敏试验选用敏感抗生素或磺胺类药物。同时，采取相应措施对症治疗，一般不会危及生命安全。

第八节 沙门氏菌病

沙门氏菌病又称副伤寒，是由沙门氏菌属细菌引起的人兽共患性疾病的总称。感染本菌会导致畜禽败血症和肠炎，怀孕母畜常发生流产；在人类，常导致伤寒、副伤寒、败血症、胃肠炎、感染性腹泻和食物中毒。本病遍发于世界各地，制约着畜禽养殖业和动物饲养的发展，并威胁着人类健康。

一、病原

沙门氏菌属属于肠杆菌科。可分为肠道沙门氏菌和邦戈尔沙门氏菌 2 个种。肠道沙门氏菌又分为 6 个亚种：肠道亚种、萨拉姆亚种、亚利桑那亚种、双相亚利桑那亚种、豪顿亚种和因迪卡亚种。目前，根据不同的菌体（O）抗原、荚膜（Vi）抗原和鞭毛（H）抗原可分为 2 523种血清型。其中，已知 O 抗原 58 种、H 抗原 63 种。只有不到 10 种罕见的血清型属于邦戈尔沙门氏菌，其余均属于肠道沙门氏菌。引起犬、猫发病的主要有鼠伤寒沙门氏菌、肠炎沙门氏菌、亚利桑那沙门氏菌和猪霍乱沙门氏菌。目前，国内发现血清型 292 种，危害人畜健康的仅 30 余种。与人类疾病有关的血清型主要集中于 A ~ E 群，包括伤寒沙门氏菌、副伤寒沙门氏菌、鼠伤寒沙门氏菌、猪霍乱沙门氏菌、肠炎沙门氏菌、鸭沙门氏菌等，其中，以鼠伤寒沙门氏菌、肠炎沙门氏菌及猪霍乱沙门氏菌最为常见。

本属细菌为兼性厌氧的革兰阴性菌，呈直杆状，长 2.0 ~ 5.0μm，宽 0.7 ~ 1.5μm，除雏沙门氏菌和鸡沙门氏菌外均周身鞭毛，可运动，且绝大多数具有 I 型菌毛。不形成芽孢。最适生长温度为 37℃，最适 pH 值为 0.68 ~ 0.78。对营养要求不高，在普通琼脂平板上形成中等大小、无色半透明的 S 型菌落。不发酵乳糖或蔗糖，大多数产生 H_2S。

沙门氏菌对外界的抵抗力较强，对干燥、腐败等因素有一定的抵抗力，7～45℃都能繁殖，冷冻或冻干后仍存活，在冻土中可以过冬，在猪粪中可存活1～8个月，在粪便氧化池中可存活47天，在垫草上可存活2～5个月，在10%～19%食盐腌肉中能存活75天以上。在适合的有机物中可生存数周、数月甚至数年；但对消毒剂的抵抗力不强，用3%来苏儿、福尔马林等能将其杀死。

二、流行病学

1. 传染来源和传播途径

致病性沙门氏菌在自然界分布较广，易在动物、人和环境间传播。病畜和带菌者是主要的传染源，饲养员、污染的饲料、饮水、饲养器具笼具、门诊医疗器械等均可成为传播媒介。该菌主要是经消化道传播，偶发生呼吸道感染，交配、人工授精也可发生本病传播。人类感染本病主要是食用了沙门氏菌感染的肉、蛋奶及其制品而致。圈养犬和猫往往因采食未彻底煮熟灭菌的肉品而感染，散养犬和猫在自由觅食时，吃到腐肉或粪便而感染。

2. 易感动物

沙门氏菌属的许多类型对人和畜禽均有致病性，且各年龄均可感染，但婴儿和幼年畜禽较成年易感。在人，本病可发生于任何年龄，但以1岁以下的婴儿及老人居多。对于犬和猫，因品种、营养状况、饲养环境等条件不同其易感日龄相差较大，但均以幼龄猫、犬易感。

3. 流行特征

本病一年四季均可发生，多发于夏秋季节。一般呈散发性或地方流行，有些动物可表现为流行。这和饲养管理和诱发因素有很大关系，环境污秽、潮湿、饲料和饮水不卫生、机体抵抗力低下等均可诱发本病。在发达的交通运输条件下，由沙门氏菌污染的饮水或食物，也可能会造成本病的爆发。

4. 发生与分布

1880 年，Eberth 首先发现伤寒沙门氏菌，1885 年，Salmon 与 Smith 又分离出猪霍乱沙门氏菌，以后取名 Salmon 氏之名为本菌属属名。本病在全世界分布，但具体分布受卫生条件、经济水平、国家政策等影响。近年来，随着沙门氏菌病的不断发生，其已经成为危害人类健康的重要疾病之一。据报道，日、美等发达国家发生的食物中毒事件中 40% ~80% 是由禽沙门氏菌引起的，其中主要病原菌为肠炎沙门氏菌。有人称，美国每年由于食物源性沙门氏菌感染引起的经济损失重大，可达 24 亿美元。我国每年有超过 20 万人次感染沙门氏菌，多年来，沙门氏菌中毒一直居我国微生物性食物中毒的首位。这主要是由于人们食用了被沙门氏菌污染的肉、蛋而发生食物源性疾病，而感染的人和动物的排泄物可能会污染环境和水源，造成病原的再次污染。

三、对动物和人的致病性

1. 对动物的致病性

沙门氏菌的临床表现与感染细菌数量、动物免疫状态以及是否并发感染等有关。临床上可人为地分为胃肠炎、菌血症和内毒素血症、局部脏器感染以及无症状的持续感染等几种类型。

多数胃肠炎型病例在感染后 3 ~5 天发病，往往以幼年及老年较为严重。开始表现为发热、食欲下降，尔后出现呕吐、腹痛和剧烈腹泻等。腹泻开始时粪便稀薄如水，继之转为黏液性，严重者肠道出血而使粪便带有血迹，猫常见流涎、体温升高等症状。几天内可见明显的消瘦、严重脱水，表现为黏膜苍白、虚弱。

大多数严重感染的病例形成菌血症和内毒素血症，这种类型一般为胃肠炎过程前期症状，有时表现不明显，但幼犬、幼猫及免疫力较低的动物症状明显。患病动物表现极度沉郁，虚弱，出现休克和中枢神经系统症状，甚至死亡。有神经症状者，表现为机体应激性增强，后肢瘫痪，失明，抽搐。细菌侵害肺脏时可出现肺炎症状，咳嗽、呼吸困难和鼻腔出血。出现菌血症后细菌可能转移侵害其他脏器而引起与该脏器病理有关的症状。病原也可定居于某些受损部位存活多年，一旦应激因素作用或机体抵抗力下降，即可出现明显的临床症状。子宫内发生感染的犬和猫，还可以引起流产、死产和产弱子。

患病犬和猫仅有少部分（<10%）在急性期死亡，大部分3~4周后恢复，少部分继续出现慢性或间歇性腹泻。康复和临床健康动物往往可携带沙门氏菌6周以上。

病理性变化主表现为黏膜苍白、脱水，并伴有大面积的黏液性或出血性肠炎。肠黏膜有卡他性炎症甚至坏死脱落。肠系膜及周围淋巴结肿大出血。在很多组织器官会出现密布的出血点和坏死灶。肺脏常出现水肿和硬化。常导致纤维素性或纤维性化脓性肺炎、坏死性肝炎、化脓性脑膜炎以及出血性溃疡性胃肠炎。

2. 对人的致病性

人患本病是食入了被沙门氏菌污染的饮水、食物而致。病原体主要为鼠伤寒杆菌、肠炎沙门氏菌及猪霍乱沙门氏菌等。一般潜伏期8~12小时，主要症状与感染沙门氏菌的类型和数量而异。严重者常表现为体温升高（38.5~39.5℃）、头痛、恶心、呕吐、腹痛、腹泻。腹泻次数不定，呈黄绿色水样粪便，偶带有黏液或血液。更严重者可导致死亡。

四、诊断要点

根据临床症状和流行病学，可作出初步诊断。怀疑为沙门氏菌感染时，可做如下检查。

1. 细菌分离与鉴定

在疾病急性期从分泌物、血、尿、脑脊液以及骨髓中发现沙门氏菌即可确定为全身感染。剖检时，应从肝、脾、肺、肠系膜淋巴结和肠道取病料，接种于普通培养基或麦康凯培养基上。当和其他病菌混合感染时，沙门氏菌的生长常被抑制，因此，结果为阴性时并不能排除沙门氏菌感染。应进一步接种选择性培养基，如四硫黄盐酸增菌液、亚硒酸盐增菌液等，24 小时后再于选择性培养基如 SS 琼脂、麦康凯培养基上传代。获得纯培养后进一步鉴定。目前，国际上食品中沙门氏菌的检验和我国国家标准食品卫生沙门氏菌的检验（GB/T 4789. 4—2003），均是以细菌代谢特征和抗原表位为基础，利用生化反应和血清型进行鉴定的。

2. 血清学检查

发病人、畜，结合临床症状初诊后可通过血凝实验进行血清学判断。但对于亚临床感染和带菌动物，此方法特异性较低。

3. 粪便细胞学检查

较严重的沙门氏菌感染，会导致肠炎，引起肠黏膜的大面积损伤，粪便中会出现大量的白细胞。因此，可以通过检测粪便中白细胞的多少来判断肠道病变情况。如临床症状明显，而粪便中缺乏白细胞，则基本可排除沙门氏菌性肠炎。

五、防治措施

1. 预防

目前，还不能有效的预防沙门氏菌的发生。感染并不一定会导致疾病的发生，动物接触细菌后又经过一段时间的应激作用才会发病。控制疾病的发生依赖于使动物对病菌的接触为最低量，并使动物的抵抗力达最高水平。动物最容易在应激时以及接触了大量的沙门氏菌时发病。尽量减少与沙门氏菌暴发有关的应激因素，需时时注意各方面管理、饲养中的细小环节，包括适当的动物饲养密度、干燥以及何时通风等。

对常发本病的动物群，可在饲料中添加抗生素（常用的有：土霉素、新霉素、强力霉素），但应注意地区抗药菌株的出现，发现对某种药物产生抗药性时，应改用另一种抗生素。

2. 治疗

不管是败血性还是肠炎型沙门氏菌病，对其治疗旨在控制其临床症状到最低程度，防止此病及细菌感染的传播，并防止其在动物群中再发。对动物的治疗，应在隔离消毒、改善饲养管理的基础上极早进行。其疗效除决定于所用药物对细菌的作用强度外，还与用药时间、剂量和疗程长短有密切关系。同时，要注意有一较长的疗程。在为坏死性肠炎需相当长时间才能修复，若中途停药，往往会引起复发而死亡。常用药物有：胺卡霉素、庆大霉素、新霉素、卡那霉素、痢特灵、磺胺类和喹诺酮类药物。

在临诊上，已治愈的动物多数为带菌者，应继续隔离，慢性病动物愈后多生长不良，不如及早淘汰。健康动物可饲喂土霉素等饲料添加剂，一可防病；二可促进猪的生长发育。

病犬、猫患本病时，一经发现，首先隔离，然后对症治疗。脱水严重的采用支持疗法，经非消化道补充等渗盐水，呕吐不严重者可经口灌服；心脏功能衰竭者，可肌肉注射强心药剂，常用0.5%的强尔心1~2mL；有肠道出血症者，可内服安络血；清肠止酵，保护肠黏膜，可用0.1%的高锰酸钾或活性炭与硝酸铋混悬液做深部灌肠。同时，使用抗菌药物，如氯霉素、恩若沙星、磺胺类等。

对于人感染沙门氏菌后的治疗一般为口服氯霉素、樟脑酊、氢化可的松、头孢曲松和喹诺酮类药物，并辅以支持疗法。如脱水严重的可静脉注射葡萄糖生理盐水。也有人报道用中药方剂“五朵金花”治疗，方便、有效。本病的多数患者可于数天内康复。

第九节　葡萄球菌病

葡萄球菌病通常称为葡萄球菌感染，是由葡萄球菌引起的人和动物多种疾病的总称。葡萄球菌常引起皮肤的化脓性炎症，也常引起菌血症、败血病和各内脏器官的严重感染，葡萄球菌肠毒素也可导致食物中毒。葡萄球菌广泛存在于自然界，人和动物也是该菌寄居的主要场所。因此，该菌极易使人和动物形成带菌状态，致使该菌有广泛传播的机会。特别是近年来，由于耐药性葡萄球菌不断增加，世界各地本病均有增长趋势，引起许多重要器官的疾病，常可危及人和动物的生命，因此，本病日益受到医学界和兽医学界的重视。

一、病原

葡萄球菌病的病原主要是金黄色葡萄球菌，近年来，发现表皮葡萄球菌也可引起慢性葡萄球菌病和食物中毒。金黄色葡萄球菌为条件致病菌，是重要的人兽共患病病原，是引起化脓性疾病的重要致病菌，并且是毒力最强的化脓菌。常寄居于皮肤和黏膜上，当机体抵抗力下降或皮肤黏膜破损，金黄色葡萄球菌便可乘虚而入，常引起两类疾病。一类是化脓性疾病，例如，动物的创伤感染、脓肿、蜂窝织炎、乳腺炎、关节炎、败血症和脓毒败血症等；另一类是毒素性疾病，被葡萄球菌污染的食物或饲料引起人或动物的中毒性呕吐、肠炎及人的毒素休克综合征等。

葡萄球菌属于微球菌科，古典分类法是以菌落的颜色为依据的，如金黄色葡萄球菌、柠檬色葡萄球菌、白色葡萄球菌。但菌落的颜色是易变的，目前，根据葡萄球菌细胞壁组成、血浆凝固酶、分解甘露醇及酶的产生等不同，将葡萄球菌属分阿尔莱特葡萄球菌、金黄色葡萄球菌、耳葡萄球菌、头状葡萄球菌等共28个种，其中，金黄色葡萄球菌又分为2个亚种：厌氧亚种和金黄色亚种。在《伯杰氏鉴定细菌学手册》（第九版）中，包括亚种在内，已超过了30个种。

金黄色葡萄球菌革兰氏染色阳性，白细胞吞噬以及老龄培养物的菌体一部分呈革兰氏阴性。菌体大小一致，与非致病性葡萄球菌相比略小一些。菌体排列整齐，在浓汁或液体培养基中生长常呈单个、双球或短链状，在固体培养基上，可呈典型葡萄串状。无鞭毛，无芽孢，一般不产生荚膜。

葡萄球菌对糖类的发酵反应不规则，常因菌株和培养条件而异。多数菌株可发酵葡萄糖，部分菌株可分解乳糖、甘露醇，产酸产气。致病菌株多能分解甘露醇，还能还原硝酸盐，不产生靛基质。

在无芽孢的细菌中，葡萄球菌的抵抗力较强。在干燥的浓汁或血液中可存活2～3个月，80℃ 30分钟才能杀死，3%～5%石碳酸3～15分钟即可致死，70%乙醇在数分钟内杀死本菌。对碱性染料敏感，浓度为1∶100 000～1∶300 000的龙胆紫可抑制其生长繁殖，故临床上应用1%～3%龙胆紫溶液治疗葡萄球菌引起的化脓灶，效果良好。1∶20 000洗必泰、消毒净和新洁尔灭，1∶10 000度米芬可在5分钟内杀死本菌。

葡萄球菌对磺胺类、青霉素、金霉素、土霉素、红霉素、新霉素等抗生素敏感，但易产生耐药性。葡萄球菌是耐药性最强的病原菌之一，该属细菌具备几乎所有目前已知的耐药机制，可对除万古霉素和去甲万古霉素以外的所有药物，产生耐药。

二、流行病学

1. 传染来源

病人、病畜（禽）和带菌者为传染源。人和动物带菌情况相当普遍，有人统计，人群中20%～25%从未带菌，约50%为间歇带菌，25%～30%则为持续带菌。I型糖尿病病人、静脉应用毒品者、透析和手术病人以及继发性免疫缺陷综合征（艾滋病，AIDS）病人葡萄球菌的带菌率较高。医院工作人员的带菌率可高达50%～90%。动物带菌情况更为普遍。

2. 传播途径

入侵途径主要为有损伤的皮肤和黏膜，也可通过呼吸道和消化道感染发病。例如，摄食含有肠毒素的食物、饲料或吸人染菌尘埃。皮肤感染者的敷料、衣被、使用器材等均可为金葡菌所污染，当整理病人的床铺和更换敷料或动物垫料时均可造成细菌飞扬，污染周围空气和尘埃以及人员的手、鼻、咽、眼等暴露部位，染菌者直接接触易感者的皮肤，为传播金葡菌感染的重要途径。婴儿感染多数由于母亲带菌导致。动物的传播方式是动物与动物的直接接触，或因鼻分泌物污染自身的皮肤而发生自身感染；甚至可经汗腺、毛囊进入机体组织，引起毛囊炎、疖、痈、蜂窝织炎、脓肿以及坏死性皮炎等；经消化道感染可引起食物中毒和胃肠炎；经呼吸道感染可引起气管炎、肺炎。也常成为其他传染病的混合感染或继发感染的病原。

3. 易感动物

金黄色葡萄球菌感染可发生于各种温血动物，也是医学临床非常重要的常见传染病。带菌者多为有创口的动物、外科病人、严重烧伤病人、新生儿、老年人、流感和麻疹伴肺部病变者、免疫缺陷者、粒细胞减少者、恶性肿瘤患者、糖尿病病人等继发葡萄球菌感染机会增多的群体。带有外伤的动物、手术后的动物、体质状况不佳的动物对本病易感。

4. 流行特征

不分季节、不分年龄均可发生，多为散发，而且受各种诱发因素影响明显，如外伤、烧伤、混合感染、环境卫生差等。据医学临床统计，近10年来，社区和医院内的葡萄球菌感染都呈增多趋势，这种趋势与介入性诊疗器械应用的增加趋势平行。美国疾病控制中心统计，1990—1992年金黄色葡萄球菌是医院内肺炎和伤口感染的首位病原菌，医院内血液感染的病原菌中，凝固酶阴性葡萄球菌和金黄色葡萄球菌占据前两位。

5. 发生与分布

一般认为葡萄球菌是条件致病菌，不仅在自然界中分布广泛，动物和人携带葡萄球菌的情况也很普遍。有人检查了人体的不同部位，其结果是鼻腔内葡萄球菌最多，带菌率为40%～44%，皮肤带菌率为8%～22%。鼻腔带菌可分为暂时性、间歇性、持续性和散播性带菌四种情况。暂时性带菌者可以反映出环境中占优势的流行菌株，间歇性带菌者乃是明显的带菌状态和“L型变异态”之间的宿主，持续性带菌者约占整个人群的20%～40%，是葡萄球菌主要贮存宿主，其中，一部分能够散播大量葡萄球菌，即为散播性带菌者。上述带菌状态常随着环境的变化和抗生素的应用及污染而不断改变。

三、对动物与人的致病性

1. 对动物的致病性

葡萄球菌病能发生于各种温血动物，包括牛、马、羊、猪、犬、猫、兔、野生动物及禽类等，也是人类较常见的传染病。任何地区、时间、品种都可发生。在动物中，以鸡和兔的葡萄球菌病较多见，常呈流行性发生；牛羊的金葡萄乳房炎也不少；猪和犬以继发性的渗出性皮炎为主；马主要经创伤感染。多发生在皮肤、皮下组织、阴囊、乳房等处。以局灶性溃疡和化脓为特征。本病的发生多与创伤有关，凡能造成皮肤黏膜损伤的因素，都可成为本病发生的诱因，当机体抵抗力下降或皮肤黏膜破损，金黄色葡萄球菌便可乘虚而入，常引起两类疾病。一类是化脓性疾病，例如，动物的创伤感染、脓肿、蜂窝织炎、乳腺炎、关节炎、败血症和脓毒败血症等；另一类是毒素性疾病，被葡萄球菌污染的食物或饲料引起人或动物的中毒性呕吐、肠炎及人的毒素休克综合征等。

2. 对人的致病性

人葡萄球菌病可引起许多组织各种化脓性疾病，从轻症的局部感染到致死性的全身疾病。小脓疱、麦粒肿、甲沟炎和疖等，大多是仅限于局部炎症反应的浅表脓肿。如果感染不能局限化，则会继续发展为严重的痈、窦腔血栓、脓毒症或败血症。黍占膜表面的葡萄球菌感染包括膀胱炎、小肠结肠炎和肺炎。近年来，人的金葡萄肺炎也有增多趋势，大多数由耐药菌株所引起。乳房、子宫内膜和胎盘组织对葡萄球菌十分敏感，可发生乳腺炎、乳房脓肿或产褥期败血症。具有严重后果的其他深部损害则有葡萄球菌性心内膜炎、胃髓炎和脑膜炎。此外，葡萄球菌在食物中繁殖可产生肠毒素，人摄入后可引起食物中毒。

四、诊断

（一）临床诊断要点

葡萄球菌病能发生于各种温血动物，包括牛、马、羊、猪、犬、猫、兔、野生动物及禽类等，也是人类较常见的传染病。当机体抵抗力下降或皮肤黏膜破损，金黄色葡萄球菌便可乘虚而入，常引起两类疾病。一类是化脓性疾病，例如，动物的创伤感染、脓肿、蜂窝织炎、乳腺炎、关节炎、败血症和脓毒败血症等；另一类是毒素性疾病，被葡萄球菌污染的食物或饲料引起人或动物的中毒性呕吐、肠炎及人的毒素休克综合征等。本病的发生多与创伤有关，凡能造成皮肤黏膜损伤的因素，都可成为本病发生的诱因。

(二) 实验室诊断要点

根据临床症状和流行病学资料可作出本病的初步诊断。但最后确诊或为了选择最敏感的药物，还需进行实验室检查。

1. 临床标本采集与处理

依据感染的性质和种类确定采集的标本，用于微生物学检验的标本有脓汁、痰液、各类拭子、渗出液、穿刺液、胸水、腹水、静脉血、呕吐物等。

2. 细菌学检验

(1) 细菌镜检及培养。采取化脓灶的脓汁或败血症病例的血液、肝、脾等涂片，革兰氏染色后镜检，依据细菌的形态、排列和染色特性可作出诊断，必要时进行细菌分离培养。对无污染的病料（如血液等）可接种于血琼脂平板，对已污染的病料，应同时接种于7.5%氯化钠甘露醇琼脂平板，37℃培养48小时后，在室温下培养48小时，挑取金黄色、溶血或甘露醇阳性菌落，革兰氏染色，镜检。

(2) 生化反应。国内外均有葡萄球菌生化反应试剂盒，参照病原学内容进行鉴定。致病性金黄色葡萄球菌的主要特点是产生金黄色素，有溶血性，发酵甘露醇，产生血浆凝固酶，皮肤坏死和动物致死试验阳性等。

(3) 酶的测定

血浆凝固酶试验：是鉴定金黄色葡萄球菌的重要试验。

触酶（过氧化氢酶）试验：取菌溶于玻片上，滴3%过氧化氢1~2滴，1分钟产生大量气泡为阳性。

耐热核酸酶试验：多种细菌能产生分解核酸的酶，金葡菌产生的核酸酶能耐受煮沸而不被破坏，表葡菌和腐生葡菌产生的DNA酶不耐热。可用商品试剂盒测试。

溶葡萄球菌素敏感试验：溶葡萄球菌素系溶血性葡萄球菌产生的能溶解多种葡萄球菌的一种细胞外物，将被检细菌接种在含有 50mg/mL 溶葡萄球菌素培养基上，观察有无细菌生长，生长者为不敏感。

（4）MRSA 的检测。有纸片扩散法、微量肉汤稀释法、琼脂筛选法等。琼脂筛选法，MH 琼脂加入 NaCl 使其浓度为 4%，6μg/mL 苯唑西林，用 10^4 ~ 10^7 CFU/ml 细菌悬液接种于培养基，35℃孵育 24 小时，只要有一个菌落生长即可判定为 MRSA。

（5）动物接种试验。对发病动物进行诊断时，如禽类，可用分离的葡萄球菌培养物经肌肉（胸肌）接种于 40 ~ 50 日龄健康鸡，经 20 小时可见注射部位出现炎性肿胀，破溃后流出大量渗出液。24 小时后开始死亡。症状和病变与自然病例相似。

全自动血培养系统在国内已有应用。其特点是由计算机控制，对血培养实施连续、无损伤监测，检测方法灵敏，培养基营养丰富，缩短血培养检出时间，能及时对细菌进行直接涂片染色、分离鉴定和药敏试验。但全自动血培养系统尚未完善，加之价格昂贵，尚难以广泛应用。

（三）血清学检查

由于抗菌药物的广泛应用，培养结果常呈阴性，因此，用血清学方法检查葡萄球菌的抗体或抗原，对诊断严重感染的病畜或病人，有一定的参考意义。检查项目包括金黄色葡萄球菌抗体检查、金黄色葡萄球菌抗原检查。

（四）分子生物学检测方法

目前，常用的方法有：质粒图谱分型、限制性酶切分型、核糖体分型、聚合酶链反应分型、脉冲凝胶电泳分型（PFGE）及随机扩增多态性 DNA 分型（RAPD）。后两者的可分型性、重复性和分辨力均较好，更为常用。

五、防制措施

（一）防控原则

由于葡萄球菌广泛地存在于自然界，宿主范围很广，人和动物的带菌率很高，另外，无论人还是动物，葡萄球菌感染后产生的免疫力均不持久，不能防止再感染，因此，要根除这样一种条件性致病菌和它引起的疾病是不可能的。为控制本病的发生首先要减少敏感宿主对具有毒力和耐抗生素菌株的接触；还要严格控制有传播病菌危险的病人和病畜。其次，要注意消毒，对手术伤、外伤、脐带、擦伤等按常规操作，被葡萄球菌污染的手和物品要彻底消毒，呈流行性发生时，对周围环境也应采取消毒措施。对动物，主要应加强饲养管理，防止因环境因素的影响而使抗病力降低；防止皮肤外伤，圈舍、笼具和运动场地应经常打扫，注意清除锋利尖锐的物品，防止划破皮肤。如发现皮肤有损伤，应及时给予处置，防止感染。

（二）防治措施

对患者或病畜治疗首先应从分离的菌株进行药敏试验，找出敏感药物再进行治疗。如果为甲氧西林敏感菌株，可选用苯唑西林、氯哩西林、头孢哇琳、头孢噻吩等；若分离菌对甲氧西林耐药，首选万古霉素或去甲万古霉素，并根据药敏结果可加用磷霉素、SMZ－TMP、利福平等，替考拉宁亦可采用。对皮肤或皮下组织的脓创、脓肿、皮肤坏死等可进行外科治疗。对食物中毒的患者，早期可用高锰酸钾液洗胃，严重病例可用抗生素治疗，并进行补液和防休克疗法。

对带菌者的处理也应是防控本病的重要环节。金葡菌的带菌状态一般不易清除，对带菌者的处理可考虑以下措施：①鼻腔有金葡菌者，如果本人不发生皮肤感染，可不作任何处理，但不要接触易感病人，检查病人前后必须洗手；②鼻腔带菌者如果反复出现皮肤感染，除不接触易感病人外，尚需进行局部用药或自身菌苗注射；③病人手术前发现为金葡菌带菌者，应于术前进行局部用药 7 日；④外科医师如果为鼻腔带菌者，为病人施行手术前应进行局部抗菌药物治疗；⑤新生儿室工作人员如有带菌，除进行局部用药外，应暂时调换工作。

第十节　土拉菌病

土拉菌病又称兔热病、野兔热，是由土拉菌（土拉弗氏菌，土拉弗朗西斯菌）引起的多宿主、多媒介、多传播途径的自然疫源性疾病，也是一种急性、感染性人兽共患疾病，流行于多种野生动物中，发生在北半球多数国家，流行于北纬 30°～71°地区，呈世界性的分布。其致病菌是土拉弗朗西斯菌。1912 年，McCoy 从美国土拉县的黄鼠中分离出一株新菌种，根据该地地名命名为土拉菌。1919 年，美国首都华盛顿的一名公共卫生官员 E. Francis 被派到犹他州调查鹿蝇热病，做了大量研究工作，鉴于 E. Francis 的贡献，该菌重命名为土拉弗朗西斯菌。

一、病原

土拉弗氏菌属于盐酸菌科弗朗西斯氏菌属成员，为革兰氏阴性球杆菌。土拉菌包含 A 型、B 型、Novicida 与 Mediasiatica4 个亚种，人类的土拉菌病多数由 A 型和 B 型土拉菌引起。本菌具有 3 种抗原：①多糖抗原，可使恢复期患者发生速发型变态反应；②细胞壁及胞膜抗原，有免疫性和内毒素作用；③蛋白抗原可产生迟发型变态反应。致病物质主要是荚膜和内毒素。

土拉弗氏菌大小为（0.2～0.7）nm × 0.2nm，细胞单生，人工培养后极其多形态，罕见荚膜（有报道称在动物组织内有荚膜），无芽孢，无动力。菌体呈小球形，动物组织涂片，菌体呈球杆状。从脏器或菌落制备的涂片做革兰氏染色，可以看到大量的黏液连成一片呈薄细网状复红色，菌体为玫瑰色，此点为本菌形态学的重要特征。需氧，最适温度为35～37℃。在普通培养基上不易生长，常用卵黄培养基或胱氨酸血琼脂培养基，孵育24～48小时形成灰白色细小、光滑，略带黏性的菌落，胱氨酸血琼脂培养基血褪色后菌落可呈绿色。在葡萄糖、麦芽糖、果糖和糊精中产生弱酸，不产气；在蔗糖中不产酸；在石蕊牛奶中呈弱生长，可产弱酸，能产生 H_2S，氧化酶试验阴性。

本菌对热敏感，56℃ 10分钟即可死亡，在20～25℃水中可存活1～2个月，而且毒力不发生改变。对低温具有特殊的耐受力，在0℃以下的水中可存活9个月，在4℃水中或湿土中可存活4个月，用脱脂牛奶冷冻干燥和在真空中4℃贮存可存活多年。细菌对链霉素、氯霉素和四环素等抗生素均敏感。对一般化学消毒剂抵抗力较弱。但在土，肉和毛皮中可存活数十天，在干粪里可生活25～30天，在尸体里可存活100余天，在－14℃于甘油里保存的感染组织中，可生活数年之久。但58℃10分钟及1%三甲酚2分钟，即可将其杀死。

二、流行病学

1. 传染来源

自然界百余种野生动物、家畜、鸟、鱼及两栖动物均曾分离出土拉菌，但主要传染源是野兔、田鼠，传播媒介是蜱、蚊和虻等吸血昆虫。羊羔和1～2岁幼羊感染后也可作为传染源。人有因接触皮毛动物致病的报道，人传染人未见报道。可通过悬空微尘或接触传播，间或也可通过生活用水传播。散发病例与饮水污染和各种实验室暴露有关。肺型土拉菌病的暴发，特别是在发病率低的地区，应立即考虑到生物恐怖袭击的可能性。

2. 传播途径

可经患病野生动物、吸血昆虫或遭受污染的水、食物及空气传播。在一定地理条件下，病原体、宿主和传播媒介形成一个复杂的共生群落，并常年固定某一地区，构成自然疫源地。在疫源地内，传播土拉菌的主要方式是吸血昆虫，尤其是蜱类作为传播媒介，它不但能将病原体从患病的动物传播给健康动物，而且可以起到长期保存病原体的作用。此外，尚可经染疫动物分泌物所污染的水、饲料和穴巢等造成动物间传播流行。

在自然界循环过程中，人不起作用，人类土拉菌病的传播途径如下。

（1）直接接触感染。直接接触死动物，尤其是剥皮或处理动物尸体，以及接触死动物排泄物和污染物（水、食物等），通过皮肤和黏膜、眼结膜侵入机体而感染发病。

（2）消化道感染。通常是吃了污染的食物和饮用污染的水而感染，如果一次性感染的菌量过大，则病情会比较重。

（3）呼吸道感染。由于病死动物排泄物污染粮食、稻草等，在处理或使用过程中产生气溶胶经呼吸道感染。

（4）虫媒叮咬感染。带菌的吸血昆虫（蜱、蚊和虻）通过叮咬刺破表皮，将细菌注入人体，或者在皮肤表面压碎昆虫或昆虫飞进眼睛而直接接触感染。

3. 易感动物

储存宿主主要是家兔和野兔（A 型）以及啮齿动物（B 型）。A 型主要经蜱和吸血昆虫传播，而被啮齿动物污染的地表水是 B 型的重要传染来源。在家畜中，绵羊、猪、黄牛、水牛、马和骆驼均易感。家禽也可能作为本菌的储存宿主。在有本病存在的地区，绵羊比较容易被感染，主要经蜱和其他吸血昆虫叮咬传播。犬极少有感染的报道，但猫对土拉热菌病易感，经吸血昆虫叮咬、捕食兔或啮齿动物而被感染，甚至被已感染猫咬伤等途径均可感染。

人因接触野生动物或病畜而感染。易感人群不同年龄、性别和职业的人群均易感。猎民、屠宰、肉类皮毛加工、鹿鼠饲养、实验室工作人员及农牧民因接触机会较多，感染及发病率较高。本病隐性感染较多，病后可有持久免疫力，再感染者偶见。

4. 流行特征

本病一年四季均可流行，近年来其发病只在晚春和夏季出现季节性增高，此时正是节肢叮咬最为常见的时候。本病出现季节性发病高峰往往与媒介昆虫的活动有关，但秋冬季也可发生水源感染。

5. 发生与分布

本病的自然疫源地主要分布在北纬30°以北地区。美洲有加拿大、墨西哥和美国，欧洲有法国、比利时、荷兰、芬兰、波兰、捷克、罗马尼亚、匈牙利、前南斯拉夫、俄罗斯的前苏联所属地区等，亚洲有日本、土耳其、中国等。土拉菌病最早发现于美国加利福尼亚州土拉县。据统计，美国每年约有200人感染土拉菌病，多数染病者来自美国南部和西部各州。

我国自1957年首次在内蒙古通辽地区从黄鼠体内首次分出土拉菌后，在黑龙江、青海、西藏、新疆等省区又从人、野兔、硬蜱中相继分离出该菌。该病其他许多流行病学特征如其他宿主动物及媒介动物感染情况、疫源地变化情况等，目前仍不清楚。

三、对动物与人的致病性

（一）对动物的致病性

土拉菌通过黏膜或昆虫叮咬侵入临近组织后引起炎症病变反应，在巨噬细胞内寄生并扩散到全身淋巴和组织器官，引起淋巴结坏死和肝脏、脾脏脓肿。猫在临床上表现为发热、精神沉郁、厌食、黄疸，最终死亡。

（二）对人的致病性

此病不传染，症状是发烧、咳嗽、恶心、肌痛以及淋巴结肿大。此病严重时可能致命。发病急剧，突然出现畏寒、发热，体温可达 38～39℃，全身倦怠，肌肉痉挛，食欲缺乏，盗汗。大多数病人有局部症状，病程一般 2～3 周。临床上根据感染方式和局部病变分为 6 种类型：腺型、溃疡－腺型、眼－腺型、咽腺型、胃肠型、肺型。除上述各型外，还有一部分病人没有局部反应，主要症状是高烧，持续的剧烈头痛，肌肉痛，有时出现谵妄、神志不清，这种具有全身症状的病人称伤寒型或中毒型，可能是由于大量毒力强的菌种进入人体而引起的。

四、诊断

（一）临床诊断要点

临床上以体温升高、淋巴结肿大、脾和其他内脏坏死为特征。土拉菌通过黏膜或昆虫叮咬侵入临近组织后引起炎症病变反应，在巨噬细胞内寄生并扩散到全身淋巴和组织器官，引起淋巴结坏死和肝脏、脾脏脓肿。绝大多数土拉菌病预后良好，用抗生素治疗后很少有死亡发生。欧亚变种感染的病死率在 0.5% 以下，美洲变种感染的死亡率为 5%，伤寒型与肺型可达 30%。患病后一般可获得持久免疫。

（二）实验室诊断要点

1. 血象

白细胞多数在正常范围，少数病例可升达（12～15）$\times 10^9$/L，血沉增速。

2. 细菌培养

以痰、脓液、血、支气管洗出液等标本接种于含有半胱氨酸、卵黄等特殊培养基上，可分离出致病菌。但血培养的阳性率一般较低。

3. 动物接种

将上述标本接种于小白鼠或豚鼠皮下或腹腔，动物一般于1周内死亡，解剖可发现肝、脾中有肉芽肿病变，从脾中可分离出病原菌。

4. 血清学试验

凝集试验应用普遍，凝集抗体一般于病后10~14天出现，可持续多年，效价≥1∶160提示近期感染，急性期和恢复期双份血清的抗体滴度升高4倍有诊断意义；反向间接血球凝集试验，具有早期快速诊断特点；免疫荧光抗体法，特异性及灵敏度较好，亦可用于早期快诊。

5. 皮肤试验

用稀释的死菌悬液或经提纯抗原制备的土拉菌素，接种0.1mL于前壁皮内，观察12~24小时，呈现红肿即为阳性反应。主要用于流行病学调查，亦可做临床诊断的参考。

五、防治措施

1. 卫生措施

本病是一种多宿主、多媒介、多传播途径的自然疫源性疾病。因而其自然疫源地的卫生措施应包括灭鼠、灭虫，搞好环境卫生；做好水源和食品的防鼠工作；做好动物间土拉菌病的监测、预防与控制工作。加强对狩猎活动的防疫监督，对受到污染的环境和物体实施卫生防疫措施；防止对水源、肉类、毛皮制作和加工过程的污染；避免蜱、蚊、虻等吸血节肢动物和啮齿类动物叮咬。

2. 个人防护

户外活动应多穿防护衣物，尽量减少裸露部位；防止蚊虫、牛虻等虫媒叮咬；不喝生水，不吃没有煮熟的动物肉类等。

3. 菌苗接种

菌苗接种是防止人间土拉菌病流行的主要手段。

4. 疫区居民

应避免被蜱、蚊或蚋叮咬，在蜱多地区工作时宜穿紧身衣，两袖束紧，裤脚塞入长靴内。剥野兔皮时应戴手套，兔肉必须充分煮熟。妥善保藏饮食，防止为鼠排泄物所污染，饮水须煮沸。应结合疫区具体情况开垦荒地、改进农业管理，以改变环境，从而减少啮齿类动物和媒介节肢动物的繁殖。病人宜予隔离，对病人排泄物、脓液等进行常规消毒。

5. 实验室工作者

须防止染菌器皿、培养物等沾污皮肤或黏膜。

6. 抗生素使用

抗菌药物广泛应用后，本病病死率已由30%降至1%以上。首选链霉素，链霉素过敏者可采用四环素类药物，亦可用于复发再治疗。合并脑膜炎者可选用氯霉素，庆大霉素、丁胺卡那霉素、妥布霉素必要时亦可采用。多种抗菌药物联合应用似无必要。如不经治疗可致4～8周的长期发热，恢复期缓慢延长，病死率各型不同，可达5%～30%。经特效治疗后已很少死亡，病死率不足1%，预后一般良好。

第十一节　耶氏菌病

耶尔森氏菌病是由耶尔森菌属中的有关致病菌引起的几种人兽共患病的总称。耶尔森菌属现有11个种，分别为鼠疫耶尔森菌、伪结核耶尔森菌、小肠结肠炎耶尔森菌、鲁氏耶尔森菌、弗氏耶尔森菌、克氏耶尔森菌、中间耶尔森菌、罗氏耶尔森菌、莫氏耶尔森菌、贝氏耶尔森菌和阿氏耶尔森菌。其中，与人致病关系较为密切有鼠疫耶尔森菌、伪结核耶尔森菌和小肠结肠炎耶尔森菌，分别引起鼠疫、伪结核病和小肠结肠炎耶尔森菌。目前，世界上有近50个国家和地区报道了本病。我国于思庶（1976）首次做了报道，并于1980年首次分离出该菌。人主要是食用了污染的蔬菜、饮水后通过消化道感染该病，由动物直接感染的可能性也有。人临床表现多样，有腹泻、末端回肠炎、肠系膜淋巴结炎、关节炎和败血症等。预防本病应该加强肉品卫生检疫，避免进食可疑污染的食物和水，不与病人或感染动物接触，注意个人卫生及安全防护。

一、病原

耶尔森菌属在分类学上属于肠杆菌科。1980年以前，鼠疫耶尔森菌和伪结核森菌曾属于巴氏杆菌属。1980年，耶尔森菌属被正式归入肠杆菌科。可寄生于所有恒温动物，引起出血性败血症。1981年，根据DNA以及生化和形态特征的相关资料，与小肠结肠炎耶尔森氏菌极为密切3个同源群被作为耶尔森氏菌的新种命名，它们是弗氏耶尔森氏菌、中间型耶尔森氏菌和克氏耶尔森氏菌。

菌体通常为1μm左右，小卵形杆菌。菌体两端易被碱性染料着染。可形成不活动性芽孢，好氧性或兼厌氧性。对碳水化合物的发酵能力很弱，同时并不产生气体。本菌为革兰氏阴性杆菌或球杆菌，大小为（1～3.5）μm×（0.5～1.3）μm，多单个散在，有时排列成短链或成堆。本菌不形成芽孢，无荚膜，有周鞭毛；但其鞭毛在30℃以下培养条件形成，温度较高时即丧失，因此，表现为30℃以下有动力，而35℃以上则无动力。

耶尔森氏菌为兼性厌氧菌，生长温度为－1～48℃。由于该菌可在4℃下进行冷增菌，因此，保存在4～5℃冰箱中的食品具有污染的危险。该菌要求较高的水活度，最低水活度为0.95，pH值接近中性，较低的耐盐性。对加热、消毒剂敏感。控制耶尔森氏菌的关键因素包括适当的蒸煮或巴氏灭菌，适宜的食品处理以防止二次污染。进行水处理、合理使用消毒剂等控制措施。

二、流行病学

1. 传染来源

小肠结肠炎耶尔森氏菌分布很广，可存在于生的蔬菜、乳和乳制品、肉类、豆制品、沙拉、牡蛎、哈和虾。也存在于环境中，如湖泊、河流、土壤和植被。已从家畜、狗、猫、山羊、灰鼠、水貂和灵长类动物的粪便中分离出该菌。在港湾周围，许多鸟类包括水禽和海鸥可能是带菌者。猪的带菌率较高，日本报告检出率为4%，加拿大为3.6%，丹麦为10%～17%。在猪中，该菌最易在扁桃腺中发现。

2. 传播途径

本病的传播途径尚未完全明确，可能主要经消化道感染。本菌分布很广，如食物、水和土壤等。带菌的动物或节肢动物可能是本病的传播媒介。病人、健康带菌者以及患病和带菌的家畜携带的病原体，主要是通过污染的饮水和食品经消化道传播。人群普遍易感，15岁以下儿童多发。

3. 易感动物

（1）易感人群。人群对小肠结肠炎耶尔森菌普遍易感，发病年龄很广，从5周到85岁均可感染。1～4岁儿童发病率最高。男女发病率为男性54.9%，女性占45.1%，几乎均等，但亦随疾病的临床表现而异，胃肠炎病例以男性较多，而结节性红斑似乎在成年妇女较男子更为常见。

（2）易感动物。已报告分离到本菌的动物有：猪、牛、马、羊、骆驼、犬、猫、家兔、野兔、豚鼠、猴、鼠类、貂、浣熊、海狸、鸽、牡蛎、鱼等。我国已有40多种动物感染各种血清型耶尔森菌，包括家畜、家禽、啮齿动物、爬行动物、水生动物和动物园观赏动物。

4. 流行特征

本病发生率存在季节性，发病率在夏季比较高。但近几年有明显的秋、冬、春升高现象。欧洲多发生于11月至翌年2月。本病通常为本地感染，很少见有发生在旅游者之中，致病的O血清群存在明显的区域差异。

5. 发生与分布

确定耶尔森氏菌作为一种食源性疾病的有关特性了解较多，其在世界范围内已爆发多起，食品和饮水受到污染，往往是爆发胃肠炎的重要原因。我国已从人和猪牛禽等动物体中分离出10余个血清型。

三、对动物与人的致病性

（一）对动物的致病性

本病多为隐性感染，无明显临床症状。曾观察到猪、犬、猫、羊、猴等感染后出现腹泻临床症状。

（二）对人的致病性

人感染后主要表现为发热、恶心、呕吐、腹痛、腹泻。

四、诊断

（一）动物耶氏菌病的临床诊断要点

仔猪患病，每天腹泻10～15次，呈灰白色或灰绿色糊状稀便，常混有黏液，红色或暗红色血液和肠黏膜脱落物。粪便外表常包裹着一层灰白色发亮的薄膜，一般体温不高。猫患病主要表现厌食、呕吐、腹泻、消瘦、黄疸、痉挛等症状。兔发病表现严重腹泻、呼吸困难、运动失调。牛羊多表现腹泻、流产。

（二）人类耶氏菌病的临床诊断要点

小肠结肠炎耶尔森氏菌是20世纪30年代引起注意的急性胃

肠炎型食物中毒的病原菌，为人兽共患病。潜伏期摄食后3~7天，也有报导11天才发病。病程一般为1~3天，但有些病例持续5~14天或更长。主要症状表现为发热、腹痛、腹泻、呕吐、关节炎、败血症等。耶尔森氏菌病典型症状常为胃肠炎症状、发热、亦可引起阑尾炎。有的引起反应性关节炎，另一个并发症是败血症，即血液系统感染，尽管较少见，但死亡率较高。本菌对易染人群为婴幼儿，常引起发热、腹痛和带血的腹泻。人饮用或食用了被污染的水和食物，经消化道感染，主要表现发热、恶心、呕吐、腹痛、腹泻、颈部淋巴结肿大。常伴有脓肿和脓血症。

（三）实验室诊断要点

（1）末梢血白细胞计数及中性粒细胞可增多，血沉常加快，大便镜检可见白细胞和红细胞。

（2）从病变部位留取标本如大便、血、尿、痰、脑脊液、肠系膜淋巴结等均可分离出耶尔森菌。

（3）血清学检查。① 恢复期血清凝集试验较急性期效价呈4倍以上增长或滴度1∶160以上有诊断意义。② 血清抗耶尔森菌外膜蛋白IgA，IgG检测较凝集试验特异性更强。

（4）其他可用免疫荧光法检测活检标本中的耶尔森菌抗原，以常规PCR方法检测临床及食物标本中小肠结肠炎耶尔森菌和假结核耶尔森菌以及PCR－探针相结合方法、Nested－PCR方法检测小肠结肠炎耶尔森菌。

五、防治措施

（一）动物的防治措施

防治本病主要依靠一般性的防治措施，做好环境卫生和消毒，切断传播途径，灭鼠、灭蚤；加强卫生监督，定期消毒、灭鼠，避免饲料、饮水的污染。应用链霉素、氟哌酸或磺胺类药物治疗可减少死亡。发病时要做好隔离、淘汰和消毒工作。

（二）人类的防治措施

严格控制传染源，隔离可疑病人或病人，严格执行检疫制度；本病轻者不用治疗即可自愈，重症者除给予一般支持疗法外，还需要使用抗菌治疗，有局部化脓病灶者，应行引流术。本病恢复期的特点是自主神经功能紊乱，在对症治疗的同时，心理疗法也可获得良好疗效。预防本病应避免进食可疑污染的食物和水，不与并病人或感染动物尤其是家畜接触，养成良好的个人卫生习惯。防止病人与健康人之间的交叉感染。灭鼠、苍蝇和蟑螂，切断传播机会。提高人群免疫力（预防接种鼠疫无毒活疫苗）和个人防护。

第三章　寄生虫性人兽共患病

第一节　棘球蚴病

棘球蚴病又名包虫病，是由寄生于犬、狼、狐狸等动物小肠的棘球绦虫的中绦期幼虫—棘球蚴感染中间宿主而引起的一种严重的人兽共患寄生虫病。该病呈世界性分布，我国是人畜棘球蚴病高发国家之一，主要由细粒棘球绦虫引起，自1905年我国青岛首次报道人体棘球蚴病以来，现已在23省、自治区和直辖市发现原发的人和动物棘球蚴病，其中，新疆、青海、甘肃、四川、宁夏回族自治区（以下称宁夏）、内蒙古和西藏等省区呈严重的地方性流行，为我国棘球蚴病高发区。棘球蚴病被世界动物卫生组织列为B类动物疾病，农业部则将其列为多种动物共患的二类动物疫病，卫生部将其作为规划防治的五大寄生虫病之一。

一、病原

1. 分类地位

棘球绦虫在分类上隶属于扁形动物门、绦虫纲、圆叶目、带科、棘球属。

目前，世界上公认的棘球绦虫有4种：细粒棘球绦虫、多房棘球绦虫、少节棘球绦虫、福氏棘球绦虫。后两种绦虫主要分布于南美洲，我国只有前2种，又以细粒棘球绦虫为多见。

2. 形态学基本特征

（1）成虫。为小型绦虫，寄生于犬小肠前段。长 2 ~ 7mm，由头节和 3 ~ 4 个节片组成。头节上盘顶突上有 36 ~ 40 个小钩。成节内含有一套雌雄同体的生殖器官，有睾丸 35 ~ 55 个，生殖孔位于节片侧缘的后半部。孕节的长度远大于宽度，约占虫体长度的一半，子宫侧枝 12 ~ 15 对，内充满虫卵，有 500 ~ 800 个或更多。虫卵大小为（32 ~ 36）μm ×（25 ~ 30）μm。细粒棘球绦虫雌雄同体，自体受精，进行有性生殖。

（2）幼虫。细粒棘球绦虫的幼虫称为细粒棘球蚴，其形状常因寄生时间、寄生部位和宿主不同而有变化，一般近似球形，直径为 5 ~ 10cm。细粒棘球蚴为单房性囊，囊壁分两层，外层为乳白色的角质层，内为胚层，又称生发层，前者是由后者分泌而成。胚层向囊腔芽生出成群的细胞，这些细胞空腔化后形成一个小囊，并长出一个小蒂与胚层相连；在囊内壁上生成数量不等的原头蚴，此小囊称为育囊或生发囊。育囊可生长在胚层上或者脱落下来漂浮在囊腔的囊液中。母囊内还可生成与母囊结构相同的子囊，子囊内也可生长出孙囊，与母囊一样也可以生长出育囊和原头蚴。有的棘球蚴还能向外衍生子囊。游离于囊液中的育囊、原头蚴统称为棘球砂。原头蚴上有小钩和吸盘及微细的石灰颗粒，具有感染性。但有的胚层不能长出原头蚴，称为不育囊。不育囊可长得很大。不育囊的出现随中间宿主的种类不同而有差别，据报道猪有 20%，绵羊有 8%，而牛多为不育囊，这表明绵羊是细粒棘球绦虫最适宜的中间宿主。

（3）虫卵。细粒棘球绦虫虫卵为圆形或椭圆形，直径为 30 ~ 40μm，内为六钩蚴，虫卵结构从外层开始有四层膜，被膜、卵壳、胚膜和六钩蚴膜。虫卵对低温和消毒剂有较强的抵抗力，但在高温和干燥环境中能很快死亡。

3. 生活史

棘球绦虫生活史需要经过终末宿主和中间宿主才能完成。细粒棘球绦虫寄生于犬、狼、狐狸等终末宿主的小肠，虫卵和孕节随粪便排出体外，羊、牛、马、骆驼、牦牛以及人等中间宿主吃了虫卵污染的水或食物而感染，虫卵内的六钩蚴在消化道孵出，钻入肠壁，随血流或淋巴散布体内各处，以肝、肺最常见，约经6～12个月的生长可成为具有感染性棘球蚴。少数六钩蚴经肝入肺，再经肺进入体循环而达到较远的器官，如脑、骨、眼、生殖器官等。

犬等终末宿主吞食了含有棘球蚴的中间宿主脏器即得到感染，经40～50天发育为细粒棘球绦虫。成虫在犬等体内的寿命为5～6个月。

二、流行病学

1. 传染源

本病的主要传染源是犬，狼和狐狸是野生动物的传染源。

2. 传播途径

犬是细粒棘球绦虫的主要终末宿主，犬吃了含有细粒棘球绦虫幼虫的哺乳动物脏器后，细粒棘球绦虫的幼虫—细粒棘球蚴在狗的小肠中发育为成虫，并产生成熟虫卵。成熟虫卵随粪便排出体外并污染牧草、水源等环境，同时，也因犬的舔肛动作污染犬的皮毛，如果中间宿主羊、牛、马、骆驼、牦牛等吃了污染的牧草，或人接触了有虫卵污染的狗的皮毛，虫卵就会进入羊或人体内并在肠道内孵化成细粒棘球绦虫的幼虫—细粒棘球蚴，幼虫穿过血管随血液循环移行、寄生于肝肺等脏器内并形成包囊，导致机能障碍，导致包虫病。其中，以绵羊感染率最高，分布面最广。造成绵羊感染率最高的原因，除羊本身是细粒棘球绦虫最适宜的中间宿主外，还由于放牧的羊群与犬有密切关系，牧区放羊常有放牧犬跟随护卫，绵羊在牧场吃到被犬粪污染的牧草而发病，而当杀羊时，又常将不宜食用的内脏（内常含棘球蚴）就地喂犬，由此造成了该病在犬与绵羊间的循环感染。

3. 易感动物

绵羊、山羊、牛、猪、骆驼和鹿等多种家畜或野生动物都是较敏感的中间宿主，其中，绵羊最为易感，人也是敏感的中间宿主。寄生于动物内脏器官和全身脏器中，尤其多寄生于肝和肺。犬和犬科的多种动物都是其终末宿主，寄生于小肠。

4. 流行特征

细粒棘球蚴呈世界性分布，广泛流行于亚洲、南欧、拉丁美洲、大洋洲及冰岛等畜牧业发达的国家和地区。我国有23个省区市有报道，新疆、青海、西藏、宁夏、内蒙古及西藏和四川西部等省区流行严重，其中，以新疆最为严重。绵羊感染率最高，受威胁最大。其他动物，如山羊、牛、马、骆驼、野生反刍兽亦可感染。犬、狼、狐狸是散布虫卵的主要来源，尤其是牧区的牧羊犬。

在西北5省流行区中，人群患病率在0.6%～4.5%，个别地区达到12.2%，其中，牧民患病率最高。最易感染者是学龄前儿童，15岁以下占32.1%。据新疆、青海、西藏、宁夏等省区调查，绵羊感染率为5.36%～62.4%，家犬感染率在7%～71%，因此，我国已成为世界上人兽包虫病发病最严重的国家之一，其中，西部地区的包虫病在我国的危害最严重。

三、对动物与人的致病性

棘球蚴对人和动物的致病作用为机械性压迫、毒素作用及过敏反应等。症状的轻重取决于棘球蚴的大小、寄生的部位及数量。棘球蚴多寄生于动物的肝脏和肺脏，机械性压迫可使寄生部位周围组织发生萎缩和功能障碍，代谢产物被吸收后，使周围组织发生炎症和全身过敏反应，严重者会致死。

1. 对动物的致病性

绵羊对细粒棘球蚴敏感，死亡率较高，病重时表现被毛逆立、脱毛、咳嗽、倒地不起。牛严重感染时常见消瘦、衰弱、呼吸困难或轻度咳嗽，剧烈运动时症状加重，产奶量下降。各种动物都会因囊泡破裂导致严重的过敏反应，突然死亡。剖检可见肝肺等器官有粟粒至足球大小，甚至更大的棘球蚴寄生。成虫对犬等致病作用不明显，一般无明显临床症状。

2. 对人的致病性

人棘球蚴：对人的危害尤为明显，多房棘球蚴比细粒棘球蚴危害更大。人体棘球蚴病以慢性消耗为主，往往使患者丧失劳动能力，仅新疆县级医院有记载的年棘球蚴病手术病例为 1 000 ~ 2 000例。因此，棘球的危害表现为疾苦和贫困的恶性循环。

四、诊断要点

1. 动物棘球蚴病的临床诊断要点

根据流行病学资料和临床症状，参照动物棘球蚴病诊断国家标准和农业行业标准进行间接血球凝集试验（IHA）或酶联免疫吸附试验（ELISA）诊断。对动物尸体剖检时，在肝、肺等处发现棘球蚴可以确诊。此外，可借助 X 射线和超声波诊断本病。犬棘球绦虫病通过粪便检查，检出孕节及虫卵即可做出诊断。

2. 人棘球蚴病的临床诊断要点

应先了解该病的流行病学史，如是否在流行区居住、工作、旅游或狩猎史等或与犬、羊、牛等家养动物或狐、狼等野生动物及其皮毛接触史；在非流行区有从事流行区家畜运输、屠宰和产品皮毛加工等接触史。根据病人的临床表现如囊形包虫病和泡形包虫病症状进行初步判断，结合 X 射线、B 超、CT 或 MRI 等影像学方法进行诊断。间接血球凝集试验（IHA）、酶联免疫吸附试验（ELISA）和 PVC 薄膜快速 ELISA 等方法，对人的棘球蚴病有较高的检出率。

五、防制措施

（一）策略和措施

1. 策略

采取以控制传染源为主，结合健康教育、牲畜屠宰管理和病人治疗等的综合性防治策略。

2. 措施

在包虫病流行区采取下列措施。

（1）传染源管理和驱虫。在流行区对所有的犬进行登记管理，减少和消除无主犬。在半农半牧区以村为单位，在纯牧区以牧业组或草场为单位，设置驱虫督导员督促犬驱虫工作，广泛动员疫区群众参与和配合犬驱虫工作；在存在动物疫源地的区域，采集狼、狐等动物的粪便，了解其感染和分布情况，对存在感染的区域，在其经常出没的区域投放驱虫药物，以降低或消除其感染。

（2）中间宿主的管理。家畜动物屠宰的管理，加强对动物的检疫和含病灶内脏的处理，避免犬食入生的动物脏器；在泡型包虫病流行区，查明主要中间宿主，开展中间宿主监测工作，对密度较大、感染率较高的区域，结合草原鼠害防治采取灭鼠措施。

（3）病人的查治。在包虫病流行区具备 B 超检查能力的各级医疗部门开设包虫病免费门诊，并管理和治疗发现的病人；在人群患病率高和泡型包虫病流行区，通过派出查病工作队的方式，进行包虫病的普查。

（二）监测

对其他区域采取以下措施。

(1) 以屠宰牲畜检疫为主，对屠宰的牲畜进行检疫登记，对发现牲畜内脏存在棘球蚴病灶的区域，进行犬感染情况的调查及人群检查。

(2) 对确认的疫点，采取防治措施。

(三) 防治

1. 治疗

在早期诊断的基础上尽早用药，能够取得较好的效果。对绵羊棘球蚴病可用丙硫咪唑治疗，吡喹酮也有较好的疗效，且无副作用。对人的棘球蚴病主要通过外科手术摘除，也可用吡喹酮和丙硫咪唑等进行治疗。

2. 预防

对犬应定期驱虫，可用吡喹酮每千克体重 5mg/kg、甲苯达唑每千克体重 8mg/kg 或氢溴酸槟榔碱每千克体重 2mg/kg，一次口服，以根除感染源。驱虫后的犬粪，要进行无害化处理，杀灭其中的虫卵。

六、对公共卫生的危害和影响

棘球蚴病是一种严重危害人类健康和畜牧业健康发展的人兽共患病，已成为全球性的公共卫生问题，造成巨大的经济损失，在我国该病被列入重点防治的寄生虫病之一。

第二节　隐孢子虫病

隐孢子虫病是人类、家畜、伴侣动物、野生动物、鸟类、爬行动物和鱼类感染一种或多种隐孢子虫而引起的一种疾病。Tyzzer 于 1907 年最早在小鼠体内发现并命名为隐孢子虫，虽然其病原隐孢子虫发现较早，但直到 1976 年才有人类隐孢子虫感染的报道。由于免疫缺陷患者特别易感，并常可导致感染机体死亡，因而随着艾滋病导致机体免疫缺陷的发现，对隐孢子虫感染研究起了推动作用。我国于1987年发现人隐孢子虫病例。

当前，隐孢子虫研究已成为全球寄生虫学领域研究的热点，并被列为艾滋病患者的常见检查项目之一和世界最常见的6种腹泻病之一，美国疾病控制预防中心把它作为一种新的高传染性疾病来防治。在我国也被列为影响水质的两大重要原虫（隐孢子虫和贾第鞭毛虫）之一和需重点防范的寄生虫病。隐孢子虫也能引起人（特别是免疫功能低下者）的严重腹泻。本病具有重要公共卫生意义。同时，也可给畜牧生产造成巨大的经济损失。

一、病原

1. 分类地位

现在隐包子虫种的分类地位已经明确，为原生生物界、顶端复合体门、孢子虫纲、球虫亚纲、真球虫目、艾美球虫亚目、隐包子虫科、隐包子虫属 。根据形态学划分，隐孢子虫至少有6种：寄生于哺乳动物的小鼠隐孢子虫和小隐孢子虫，鸟类的贝利隐孢子虫和火鸡隐孢子虫，爬虫类的蛇隐孢子虫以及鱼类的鱼隐孢子虫。此外，保留雷利隐孢子虫作为豚鼠宿主来源隐孢子虫的一个独立种名。人和哺乳动物的感染几乎均由小隐孢子虫所引起。隐孢子虫种间分类很复杂，其原因是在种间尚缺乏统一的分类标准。隐孢子虫常用的分类方法主要有传统分类法和分子分类法。传统分类法主要是以卵囊的形态特征、动物交叉传播试验以及宿主的特异性为分类依据：而分子分类法则是根据隐孢子虫基因片段的特征或核苷酸序列的差异来确定虫种和基因型。

2. 形态学基本特征

隐孢子虫各发育阶段的形态构造和艾美耳球虫亚目的其他球虫相似，在发育过程中先后经历卵囊、子孢子、裂殖体、裂殖子和配子体、配子等几种形式。在粪便中只能见到排出的厚壁型卵囊。卵囊呈圆形或椭圆形，在宿主体内孢子化，内含4个裸露子孢子和1个大残体。成熟卵囊有厚壁和薄壁两种类型。厚壁卵囊排出体外后可感染其他动物。薄壁卵囊在体内脱囊从而造成宿主自体循环感染。不同种类卵囊形态和大小不同，它们是分类的基本依据。

3. 生活史

隐孢子虫发育史与球虫类似。生活史包括脱囊、裂殖生殖、配子生殖、受精、卵囊形成和孢子生殖。生活史各阶段虫体均在细胞膜内而在细胞质外的带虫空泡内。孢子化卵囊是唯一的外生性阶段，在坚韧的两层卵囊壁内含4个子孢子，随粪便排出体外。卵囊被适宜的宿主摄入之后，子孢子脱囊并侵入胃肠道或呼吸道上皮细胞。脱囊的子孢子前端黏附在上皮细胞腔面，向里钻入直到被微绒毛包围，虫体最终寄生于细胞内而在细胞质外。子孢子分化成球形的滋养体，经过核分裂，进入无性繁殖，即裂殖生殖。贝氏隐孢子虫有3种类型的裂殖体，小球隐孢子虫有两种类型裂殖体。小球隐孢子虫I型裂殖体分化成6个或8个裂殖子，裂殖子结构上与子孢子相似。理论上每一个成熟的裂殖子离开母体感染另一个宿主细胞发育成为另一个I型或II型裂殖体，成熟的II型裂殖体产生4个裂殖子。仅II型裂殖体的裂殖子感染新的宿主细胞之后启动有性繁殖，裂殖子分化为小配子体（Male）或大配子体（Female）。小配子体发育为多核体，最终形成16个小配子，小配子相当于精细胞。大配子仍为一个核，相当于卵细胞。大小配子结合形成卵囊，卵囊在原位孢子化形成含4个子孢子的孢子化卵囊。胃肠道中的卵囊随粪便排出，而呼吸道中卵囊随呼吸道或鼻腔分泌物排出体外。有两种类型的卵囊，薄壁卵囊在体内破裂释放子孢子，导致宿主自身感染；厚壁卵囊排出体外感染其他宿主。

二、流行病学

1. 传染源

患病动物或向外界排卵囊的动物是传染来源，初始感染是随食物、水或与感染病人、动物或污染的地表密切接触而摄入卵囊。

2. 传播途径

现在研究表明，其传播途径较广，可通过饮食、接触、飞沫等途径传播。小隐孢子虫囊合子随粪便排出即具有感染性，主要通过密切接触经粪口途径传播。接触感染的动物亦可引起传播。隐孢子虫病易于经水传播。摄食污染的食物亦可引起感染，但由于食物中隐孢子虫的检查存在困难，因此，有些不易获得直接证据。有人报道从艾滋病患者的呼吸道分泌物和痰液中检出囊合子，因而推测可经呼吸道传播。医院无症状感染者易被忽略，成为传染来源。医护人员不认真洗手、未彻底消毒的便器和胃肠插管，都是重要的传播因素。

3. 易感动物

隐孢子虫宿主范围很广，可寄生于150多种哺乳类、30多种鸟类、淡水鱼类和海鱼、57种爬行动物。人，尤其是幼龄儿童和免疫抑制病人常常感染隐孢子虫。家畜中常见宿主包括奶牛、黄牛、水牛、猪、绵羊、山羊、马以及动物犬、猫，禽类宿主包括鸡、鸭、鹅、火鸡、鹌鹑、鸽子、珍珠鸡，野生动物和野生禽类均有较多的感染报道。

4. 流行特征

隐孢子虫病呈全球分布，我国绝大多数省区均已报道人和畜禽隐孢子虫感染。该病的发生在许多国家有明显的季节性，季节性可能与降雨、气候、温度、湿度和幼龄动物的生产有关。有报道显示艾滋病患者感染隐孢子虫病有两个季节高峰，一个在3～

5月，另一个在9～10月。目前，人隐孢子虫病已在欧洲、南美洲、北美洲、亚洲、非洲和大洋洲60多个国家有报道。隐孢子虫是艾滋病病人最常见的一种机会性肠道病原体。

三、对动物与人的致病性

据推测隐孢子虫损伤肠道并引起临床症状是因为虫体通过改变寄居的宿主细胞活动或从肠管吸收营养物质。内生发育阶段虫体寄生使微绒毛在数量减少和体积变小以及成熟的肠细胞因脱落而进一步减少，则双糖酶活性降低，从而使乳糖和其他糖进入大肠降解。这些糖促进细菌过度生长，形成挥发性脂肪酸，改变渗透压，或在肠腔中积累不吸收的高渗营养物质从而引起腹泻。

1. 对动物的致病性

家畜隐孢子虫病中以犊牛、羔羊和仔猪的发病较为严重。该病主要是由微小隐孢子虫引起，潜伏期为3～7天。主要临诊症状为精神沉郁、厌食、腹泻、粪便带有大量的纤维素，有时含有血液。患畜生长发育停滞，极度消瘦，有时体温升高或不升高，并发生死亡。犬、猫犬、猫实验感染后，分别经2～14天和2～25天的潜伏期，均可排出隐孢子虫卵囊，但都不出现临床症状。

2. 对人的致病性

人的隐孢子虫感染的临床表现从温和的，自限性腹泻到爆发性的、霍乱样的肠炎合并肠外感染，无症状的感染也有发生，但其发生率尚不清楚。隐孢子虫是一种专性细胞内生长的寄生原虫，主要寄生于小肠上皮细胞的刷状缘细胞内形成的纳虫空泡。也可寄生在其他组织如呼吸道、胆囊和胆管、胰腺等处的上皮细胞。隐孢子虫病病变主要见于小肠。虫体寄生处可见黏膜表面出现凹陷，绒毛萎缩变短或融合甚至脱落。上皮细胞变低平，出现老化和脱落速度加快现象。绒毛上皮层及固有层均可见单核细胞及多核炎性细胞浸润。透射电镜可见虫体寄生部位微绒毛萎缩低平，上皮细胞胞浆内可见空泡，内质网和高尔基体有退化现象。在免疫功能低下的患者，病变可延及结肠、胃、食道以及肠道以外的器官。感染延及胆囊时，可引起急性和坏死性胆囊炎，胆囊壁增厚变硬，黏膜面变平并可出现溃疡，镜下可见胆囊壁坏死并伴有多核细胞浸润。在肺隐孢子虫病患者的肺组织活检标本中，可见到活动性支气管炎及局灶性间质性肺炎等病变。

四、诊断要点

隐孢子虫病的诊断主要依靠流行病学、临床表现、病理学、血清学反应、组织学检查和虫体检查。由于脊椎动物不同纲之间的临床表现和病理变化具有很大差异，故仅根据上述检查有时难以确诊，而通过隐孢子虫内生性发育阶段的活体或死后剖检材料以及隐孢子虫外生性发育阶段的粪便材料进行显微镜检查发现虫体，才是最有利的诊断证据。

在免疫学诊断方面，国外有人应用单克隆荧光抗体直接法检测卵囊，认为其较敏感、特异。在荧光镜下，卵囊发出黄绿色荧光。而以抗卵囊单克隆抗体为第一抗体的间接免疫荧光法检测卵囊，其效果最为敏感和特异。

实验室检查卵囊的方法有浓集法和染色法两大类，浓集法中效果最好的是蔗糖漂浮法和福尔马林醋酸乙酯沉淀法；染色法中应用较多的有金胺酚染色法、改良抗酸染色法、沙黄美蓝染色法等。改进的方法可使所染卵囊与非特异性颗粒着色明显不同，卵囊着色为玫瑰红色，其他非特异性颗粒则染成蓝黑色，因此，可视为检查隐孢子虫卵囊的理想方法。

近年来兴起的 DNA 分析技术和 PCR 技术，不但为病原体含量过低的样本（如水样本、阴性感染者的粪样本和肠组织活检样本等）检测提供了强有力的工具，也为隐孢子虫及其卵囊的分类定型提供了可靠手段，已成为当前诊断学研究的热点。

五、防制措施

(一) 治疗

尚没有可用的预防或治疗人或动物隐孢子虫病的药物。曾试用最新的一些高效抗球虫药，如杀球灵和马杜拉霉素等，防治鸡隐孢子虫病均未获得成功。因此，目前只能从加强卫生措施和提高免疫力来控制本病的发生，尚无可值得推荐的预防方案。

(二) 预防

1. 免疫预防

贝氏隐孢子虫的一次肠道和呼吸道感染即能引起鸡的免疫应答，并足以使宿主从已感染的黏膜上清除虫体，而且对肠道或呼吸道同种卵囊的再攻击产生免疫力。当给 8 ~ 14 日龄肉鸡经口或经气管接种卵囊后，可致 14 ~ 16 日龄时黏膜的严重感染，不久之后机体可迅速地清除虫体，因此，称为隐孢子虫病为自限性感染疾病。当鸡体清除初次感染时，能检测出高滴度的对贝氏隐孢子虫的特异性循环抗体，并显示有针对贝氏隐孢子虫抗原的迟发型超敏反应。对于能否利用隐孢子虫抗原制作疫苗问题，还是值得进一步的探讨。

2. 综合性预防措施

(1) 对人的预防。隐孢子虫感染是因为摄入卵囊，因此，有效控制措施必须针对减少或预防卵囊的传播。隐孢子虫卵囊对很多环境因素和绝大多数消毒剂和防腐剂有显著的抵抗力，绝大多数常规的水处理方法不能有效除去或杀死卵囊，严重免疫抑制病人应避免与湖水、溪水接触，避免饮用此类水，避免与青年动物接触。在医院、实验室和日托中心等场所，应尽量减少与感染源接触机会。

国外已有多例水源性污染隐孢子虫导致人群爆发感染，因此，执行严格的消毒程序有效处理饮水以及娱乐用水的污染，是

防止群发性感染的最有效措施。

（2）对动物的预防。动物隐孢子虫感染较为普遍，卵囊能够在恶劣环境中散播并长时间存活，而且没有有效的消毒措施。因此，控制动物群的感染，目前，最好的策略是迁移动物到清洁环境中。粪便无害化处理仍然是最有效的控制手段。隐孢子虫卵囊对绝大多数市售消毒剂不敏感，氯和相关化合物可以极大地降低卵囊脱囊或感染的能力，但由于需要相当高的浓度和较长的作用时间，限制了实际应用。水溶性或气体状态的氨和过氧化氢极为有效地减少或消除卵囊感染性，可能有应用前景。臭氧似乎是最为有效的化学消毒剂之一，可能对水中卵囊有很好的应用前景。65℃以上的温度可杀灭隐孢子虫卵囊，使用蒸汽是目前较为有效和较安全的消毒方法。

六、对公共卫生的危害和影响

世界上已有许多国家和地区发现了隐孢子虫病。在欧洲的腹泻患者中，隐孢子虫的检出率为1%～2%；北美洲为0.6%～4.3%；亚洲、澳大利亚、非洲和中南美洲为3%～4%，最高可达10.2%。隐孢子虫的发病率与当地的空肠弯杆菌、沙门氏菌、志贺氏菌、致病性大肠杆菌和蓝氏贾地鞭毛虫相近。在寄生虫性腹泻中占首位或第二位。隐孢子虫病人的病例多发生于与病人或病牛接触后的人群，或幼儿园和托儿所等集体单位。隐孢子虫也是一种重要的水传病原，至目前为止，世界各地已报道的水传暴发病例已超过百例，最严重的一次暴发当属1993年美国威斯康星州密尔奥基市因饮水水源污染造成40万人感染。近百人死亡，这是美国有史以来最大的一次水传疾病暴发。隐孢子虫有可能被用作生物武器或恐怖活动中的破坏手段。我国已发现人和畜禽、野生动物的多种隐孢子虫以及腹泻和呼吸道隐孢子虫病病例，尚未报道水传暴发病例。目前，我国新出台的生活饮用水卫生标准

（GB 5749—2005 代替 GB 5749—1985）中，已将隐孢子虫检测列入检验项目之中。

第三节　弓形虫病

弓形虫病是由刚第弓形虫引起的一种人兽共患寄生虫病。该病呈世界性分布，各种家畜，包括猪、牛、犬、猫和实验动物小白鼠、天竺鼠、家兔等，以及人类，都能感染弓形虫。弓形虫病可使孕畜流产死胎，急性弓形虫病可造成家畜的死亡。弓形虫感染孕妇后可引起流产，胎儿畸形或产出弱智儿。弓形虫感染成人后，可侵害神经系统、呼吸系统、心脏、淋巴内皮系统等多种器官或系统，并造成损伤，严重时会造成死亡。该病严重危害人类健康及造成畜牧业生产的重大经济损失，具有重要的公共卫生意义。

一、病原

1. 分类地位

弓形虫在生物学上属于：动物界、原生动物门、顶复亚门、孢子虫纲、真球虫目、肉孢子虫科、弓形虫属、刚地种。为细胞内寄生性原虫。目前，大多数学者认为发现于世界各地人和各种动物的弓形虫只有 1 个种，即刚地弓形虫。根据地域、宿主、毒力、生活史及其发育时间的不同，可将其分为强毒株和弱毒株两群；根据从动物体和人体内分离出的弓形虫基因型频率的差异，将弓形虫分为 3 种基因型：I 型常与人体先天性弓形虫病有关，为强毒株；II 型主要引起慢性感染，也是艾滋病患者感染的主要虫株，为强毒株；III 型主要感染动物，是弱毒株。

2. 形态学基本特征与培养特性

根据其不同发育阶段有 5 种不同的形态，即滋养体、包囊、裂殖体；配子体和卵囊，不同发育阶段呈现不同的形态，终末宿主猫体内为裂殖体、配子体和卵囊，中间宿主犬和其他动物体内为速殖子和缓殖子。

滋养体又称速殖子，呈弓形或梭形，大小为（4~8）μm×（2~4）μm，多数在细胞内，亦有游离于组织液。经姬氏或瑞氏染液染色后，在普遍显微镜下可见胞质呈淡蓝色，有少量颗粒；胞核呈深蓝色，位于钝圆一端。速殖子主要存在于急性病例的中，常可见到游离于细胞外的单个虫体，在有核细胞如单核细胞、淋巴细胞内可正在进行内双牙增殖的虫体，有时还可见到在细胞胞质内，许多滋养体簇集形成假包囊。

包囊呈圆形或椭圆形，有很厚的囊壁，直径8~100μm，其中可含数十个到数千个缓殖子。包囊可见于多种组织，主要存在于慢性病例的脑、骨骼肌、心肌和视网膜等组织，以脑组织最多。

卵囊只见于终末宿主猫科动物。卵囊刚随猫粪排出时呈圆形或椭圆形，未孢子化，具两层光滑透明囊壁，大小（11~14）μm×（7~11）μm，孢子化后，每个卵囊内形成2个孢子囊，大小3~7μm。每个孢子囊内有4个子孢子，大小（2×6）μm~8μm，互相交错挤在一起，呈新月形，一端较尖，一端较钝，核居中或靠近钝端。

裂殖体是弓形虫的子孢子或缓殖子进入猫小肠上皮细胞内增殖形成的含有多个虫体（裂殖子）的集合体，呈圆形，直径为12~15μm。裂殖体破裂，内部裂殖子释放出来，游离的裂殖体大小为（7~10）μm×（2.5~3.5）μm，前端尖，后端钝圆，核呈卵圆形，常位于后端。裂殖子侵入宿主细胞后，不形成裂殖体，而是发育成为大（雌）配子体和小（雄）配子体，后期分裂形成许多大、小配子结合形成合子，由合子形成卵囊。

3. 理化特性

弓形虫在不同的发育阶段对外界理化环境以及消毒剂的抵抗力各不相同，以游离滋养体为最脆弱，包囊较弱，卵囊最强。生理盐水中的滋养体在不同温度下的存活：37℃36 天，4℃32 天，54℃10 天，－20℃1.5 小时。在牛奶和奶制品中，1～2 天，但加热到50℃或54℃，经10～15 分钟可杀死；在 pH 值4.5～9.0下48～96 小时，pH 值3.7 下2.5 小时，pH 值1.1～3.1 下20 分钟；对消毒剂（室温），1%石炭酸溶液5 分钟，3%～5%石炭酸溶液1 分钟，1%来苏儿溶液1 分钟，1%盐酸溶液1 分钟，75%酒精10 分钟杀死，另外，在日光直射、紫外线或超声波作用下迅速死亡。包囊在不同温度下的存活时间为4℃下68 天，56℃下10～15 分钟，对消毒剂如乙醇、过氧乙酸敏感。一般来说，弓形虫病流行没有严格的季节性，但以夏秋发病居多。

二、流行病学

1. 传染来源

传染源主要是患病动物和带虫动物的血液、肉、内脏、唾液、痰、粪、尿、乳汁、腹腔液、眼分泌物、淋巴结等可能含有弓形虫，猫是本病最重要的传染源，受感染的猫一天可排出1 000万个卵囊，排囊可持续10～20 天，其间排出卵囊高峰期为5～8 天，这些卵囊在外界短期发育便具有感染各种动物（包括猫）的能力。其次被其污染的土壤、牧草、饲料、饮水等也是重要的传染来源。据调查，食用未熟的或生食肉类以及被含有卵囊污染的饲料、饮水、食物或食具均成为人兽感染的重要来源。

2. 传播途径

带菌动物，如猫排出粪便，粪便中含有卵囊，发育成熟后含2 个孢子囊，卵囊被猫舔食后，在其肠中囊内子孢子逸出，侵入回肠末端黏膜上皮细胞进行裂体增殖，细胞破裂后裂殖子逸出，侵入附近的细胞，继续裂体增殖，部分则发育为雌雄配子体，进行配子增殖，形成卵囊，后者落入肠腔。在适宜温度（24℃）和湿度环境中，经2～4天发育成熟，抵抗力强，可存活1年以上，如被中间宿主吞入，则进入小肠后子孢子穿过肠壁，随血液或淋巴循环播散全身各组织细胞内以纵二分裂法进行增殖。在细胞内可形成多个虫体的集合体，称假包囊内的个体即滋体或速殖子，为急性期病例的常见形态。宿主细胞破裂后，滋养体散出再侵犯其他组织细胞，如此反复增殖，可致宿主死亡。但更多见的情况是宿主产生免疫力，使原虫繁殖减慢，其外有囊壁形成、称包囊，囊内原虫称缓殖子。包囊在中间宿主体内可存在数月、数年，甚至终生（呈现隐性感染状态）。

3. 易感动物

（1）易感人群。兽医、屠宰工人、肉品加工销售人员、动物饲养员阳性率明显高于普通人群，被认为是弓形虫感染的高危人群。饲养动物者弓形虫感染高于未饲养动物者。

（2）易感动物。各种家畜（如犬、猫、鼠、兔、猪、牛、羊）和野生动物及禽类，均可自然发病。弓形虫生活史的完成需双宿主：猫科动物为终末宿主也可为中间宿主，犬和人及其他动物为中间宿主。在终末宿主（猫与猫科动物）体内，弓形虫5种形式都存在；在中间宿主（包括禽类、哺乳类动物和人）体内则仅有无性生殖而无有性生殖。

4. 流行特征

该病为动物源性疾病，分布于全世界五大洲的各地区。猫科动物是弓形虫的唯一终宿主（同时，也是中间宿主），人和某些脊椎动物为其中间宿主。弓形虫病既可胎内传染（即胎儿通过胎盘而感染），又可从外界感染。普遍的感染途径是动物或人食入了感染性卵囊污染的饲草、饮水、食物等，弓形虫卵囊中的子孢子主要通过淋巴、血液循环带到全身各处，侵入各种类型的细胞内进行繁殖，在感染的急性阶段，尚可在腹腔渗出液中找到游离的滋养体，当感染进入慢性阶段时，可在细胞内形成包囊，存活数年之久。人主要是经胎盘传染胎儿，但也有可能通过输血发生传染。国内感染动物以猫的检出率最高，其次为猪、羊、犬。许多学者认为经肠道感染可能是犬天然弓形虫病的主要感染途径。近年来，随着研究的深入，人们发现，弓形虫病的流行表现出许多新的特点，危害远远超出了人们的估计。这些新特点主要表现在：与动物其他病原混合感染，危害加重；鸡群与其他鸟类感染普遍，是重要传染源；野生动物感染严重，具有自然疫源性；海洋和水生动物感染，水体被污染；经水和肉品传播，引起人类群体感染；隐性感染对人群危害严重。

5. 发生与分布

据统计，目前，全球人群弓形虫感染率在25%～50%，有十几亿人受感染，我国人群弓形虫感染率在0.09%～34%，并呈现逐年上升趋势。在动物中，猪的感染率3.32%～66.39%，牛的感染率2.41%～67.46%，羊的感染率27.5%～33.33%，犬的感染率0.66%～40%，猫的感染率14.06%～78%，表明我国动物弓形虫感染普遍存在，也均呈逐年上升趋势。

三、对动物和人的致病性

（一）对动物的致病性

动物感染弓形虫后的临床表现为：生长缓慢，饲料利用率下降，生产性能低下。长期带虫，严重时死亡，造成繁殖动物生产异常，流产、死胎、非正常生产等，造成严重经济损失。

发病动物主要表现精神委顿，食欲降低，饮欲增加，体温升高呈稽留热，维持在40～42℃。眼、鼻有分泌物，呼吸增数，咳嗽，流眼泪，流鼻液。继而呼吸困难，喘息。后期发生贫血，尿呈深黄色，甚至出现血尿、腹泻，严重的呈出血性下痢。有的后期出现神经症状，抽搐、运动共济失调，甚至麻痹。最后体温下降，衰竭死亡。妊娠母畜发生早产或流产，产死胎、弱胎。大多数动物呈隐性感染，本身症状不明显，但可向体外排出弓形虫包囊。急性病例全身性病变：全身淋巴结肿大、出血，有的出现坏死灶为主要特征，胸水、腹水、肝脏肿大，表面有灰白色坏死灶。肾、脾肿大。肺肿大，间质水肿，表面有局灶性灰白色坏死灶。有的脑、脊髓组织内有灰白色坏死灶。胃肠勃膜肿胀，有溃疡灶。急性病例主要见于幼年犬。慢性病例：可见各内脏器官水肿，并有散在坏死灶。

（二）对人的致病性

人感染弓形虫后通常呈隐性感染状态，不表现明显的临床症状，但可引起免疫力低下，继发感染，严重时造成死亡。弓形虫通常可引起人染色体畸变，导致先天畸形或先天缺陷，引起神经系统病变如脑膜炎、脑瘫及癫痫等；引起智力发育障碍；弓形虫肝炎，出现肝脾肿大、肝硬化腹水、黄疸等；导致生育障碍，出现流产、死胎等以及导致人的进行性消瘦。通常免疫功能正常的人群感染后多呈无症状带虫状态，但孕妇感染可导致胎儿畸形、不孕不育、流产、早产及死胎、胎儿先天性发育异常，智力障碍等，弓形虫对患肿瘤等免疫缺陷人群的影响也极其严重，患免疫缺陷人群的感染率明显高与其他人群，而且弓形虫感染是造成这些人群病情恶化或死亡的重要因素之一，据报道，有6%～10%的艾滋病患者并发弓形虫病，而艾滋病病人所患脑炎中有50%是由弓形虫所引起。在某些职业人群中，如肉联厂工人、屠宰工人、食品从业人员等弓形虫阳性率也较高可达10.34%。另外，有猫犬接触史的孕妇弓形虫感染率明显高于无猫犬接触史孕妇，表明弓形虫的感染也和人群与动物接触过密有关。

四、诊断要点

1. 病原检查

传统的弓形虫病是以直接镜检、滋养体分离法、卵囊分离法和包囊分离等病原学的检查方法，此方法在过去近一个世纪弓形虫病诊断和预防中，曾起重要的作用。但随着弓形虫病发病率的下降、抗弓形虫病药的广泛使用以及临床上的症状的复杂性，传统的病原学的检查方法费时、费力，亦由其特异性和敏感性的原因，常常导致诊断的错误，已越来越不能适应当前弓形虫病诊断及防治的需要。

2. 免疫学诊断

染色试验（DT）：活滋养体在致活因子的参与下，与样本中的特异性的抗体相互作用，使虫体表膜破坏而不被美兰所染。镜检时50%虫体不着色者为阳性。不足之处是DT实验需要活虫体，保存和制备困难，故较少应用。

间接免疫荧光试验（IFT）：将纯化的弓形虫速殖子固定在载玻片上后，加入待测血清，再加荧光素标记的二抗，在荧光显微镜下观察。如速殖子显荧光，则提示血清呈阳性。该方法易与类风湿因子等发生交叉反应，特异性较差，又需要荧光显微镜，现也少用。

间接血凝试验（IHA）：该实验建立在抗原抗体特异性结合形成抗原－抗体复合物的基础之上，具有微量、快速、敏感等优点，但最大的缺陷是可以和血吸虫病患者血清产生交叉反应，特异性不高，且不同批次的试剂难以标准化。

酶联免疫吸附试验（ELISA）：利用酶的催化作用和底物放大的反应原理，提高了特异性抗原抗体免疫反应敏感性，是目前用得最多的方法。

3. 分子生物学方法

核酸分子杂交技术（DNA 探针技术）：核酸分子杂交技术是用一定的示踪物对特定基因序列的核酸片段进行标记，通过与待测样本中互补片段的特异性结合来进行诊断。由于核酸分子杂交的高度特异性和检测方法的高度灵敏性，使得该技术成为分子生物学领域内应用最广泛的基本技术之一。20 世纪 80 年代末，DNA 探针检测弓形虫病的方法应用较多。

聚合酶链反应（PCR）：20 世纪 90 年代后，DNA 探针检测弓形虫病的方法逐渐被 PCR 方法所替代，因为，PCR 方法比 DNA 探针方法更简便、更敏感、更特异。

基因芯片技术：又称 DNA 芯片、DNA 微阵列等，是 20 世纪 90 年代由基因探针技术发展而来的一项新技术。它是指用微阵列技术将大量 DNA 片段通过机器或原位合成以一定的顺序或排列方式使其附着在如玻璃、硅等固相表面制成的高密度 DNA 微点阵。用荧光物质标记的探针，借助碱基互补原理与 DNA 芯片杂交，可进行大量的基因表达及检测等方面的研究。基因芯片技术大大提高了基因探针的检测效率。

五、预防措施

1. 预防

对于易传播弓形虫的各种动物，要求保持其圈舍清洁干燥，定期用 1% 来苏儿、3% 烧碱、20% 石灰水等进行消毒；定期监测血清抗体，发现血清学抗体阳性的及时隔离、治疗或淘汰；圈舍内严禁养猫，严防猫进入畜舍，杜绝其排泄物污染畜舍、饲料、饮水；消灭畜舍内的老鼠、昆虫、鸟类；家畜流产的胎儿及其排泄物，以及死于本病的可疑病尸应严格处理等，饲料中也可添加磺胺六甲氧嘧啶等进行预防。

对于人而言要培养良好的卫生习惯，饭前便后洗手，去除不良习惯，不吃半生不熟的食品，不喝生乳，不和动物过分亲密的接触等，对预防人弓形虫病感染有重要作用。弓形虫病防制最终措施是研制出安全、可靠、免疫力强的疫苗。

2. 治疗

经过人们长期的探索研究，发现一些药物对弓形虫病有一定疗效，但并不理想，尚无特效的治疗药物。弓形虫病的治疗目前仍以化学药物为主，治疗应遵循“用药早、疗程足”的原则嘧啶与磺胺类药物联合应用是已知疗法中最有效的，但对控制弓形虫脑病不满意。近年发现口服克林霉素和乙胺嘧啶治疗弓形虫脑炎，可作为不能耐受磺胺类药物的替代药物。乙酰螺旋霉素、林可霉素、克林霉素等不良反应小，无胚胎毒性作用，可用于孕妇弓形虫病的治疗，但乙酰螺旋霉素对弓形虫脑炎的预防和治疗无效；克林霉素对眼的弓形虫病疗效优于乙酰螺旋霉素；左旋咪哇可治疗弓形虫引起的组织损伤和超敏反应，对孕妇弓形虫病有显著疗效，且不良反应小。

第四节　利什曼病

利什曼病是由利什曼原虫属的各种原虫寄生于人和动物的细胞内而引起的疾病。寄生于皮肤的巨噬细胞内引起皮肤病变，称为皮肤利什曼病，除可导致皮肤病变外，还可引起黏膜病变，称为皮肤黏膜利什曼病。寄生于内脏巨噬细胞内，引起内脏病变，称为内脏利什曼或黑热病。利什曼病广泛分布于亚、非、拉、美等洲的热带和亚热带地区，是严重威胁人类健康和生命的人兽共患寄生虫病。近 20 年来，世界各地不断发生利什曼病爆发或流行。

动物犬的利什曼病有多种类型，常见的有内脏型和皮肤型两种，不同种或亚种的利什曼原虫感染后所致利什曼病的临床表现各不相同。内脏利什曼原虫病病原体主要有杜氏利什曼原虫、婴儿利什曼原虫和恰氏利什曼原虫。本病的传播依靠适宜的保虫宿主、媒介和敏感宿主。保虫宿主主要为患者与病犬，皖北和豫东以北平原地区以患者为主，西北高原山区以病犬为主；传播媒介是中华白蛉和罗蛉，传播途径是通过白蛉或罗蛉叮咬传播，偶可经破损皮肤和黏膜、胎盘或输血传播；人群普遍易感，病后有持久免疫力。健康人也可具有不同程度的自然免疫性。

一、病原

1. 分类地位

利什曼原虫的分类地位属于肉鞭毛虫门、鞭毛虫亚门、动鞭毛虫纲、动基体目、锥虫亚目的锥虫科、利什曼属。利什曼原虫种类很多，其共同特点是生活史中有前鞭毛体及无鞭毛体两个时期，前鞭毛体寄生于白蛉消化道内，无鞭毛体寄生于人和哺乳动物的巨噬细胞内，白蛉是利什曼原虫病的传播媒介。

2. 形态学基本特征

杜氏利什曼原虫、热带利什曼原虫、硕大利什曼原虫、巴西利什曼原虫及墨西哥利什曼原虫在形态上难以区分。利什曼原虫在其生活史中呈现两种不同的形态。无鞭毛体见于人和哺乳动物体内及组织培养中，通常称利杜体，寄生于单核巨噬细胞内，呈椭圆形或圆形，大小为（2.9～5.7）μm×（1.8～4.0）μm，平均为4.4×2.8μm，直径为2.4～5.2μm。用姬氏染液或瑞氏染液染色，胞质呈淡蓝色，核1个，呈红色圆形团块，动基体1个，细小杆状，紫红色，近动基体处有一个红色粒状的基体，由基体发出鞭毛根，胞质内有时出现空泡。

前鞭毛体旧称鞭毛体或细滴型，生长在白蛉的胃内或22～26℃的培养基内。虫体较无鞭毛体大，鞭毛自虫体前端伸出体外。前鞭毛体的形状与长度随发育情况而异，在培养基内前鞭毛体可分为早期前鞭毛体、短粗前鞭毛体、梭形前鞭毛体、成熟前鞭毛体及衰残前鞭毛体五种类型。成熟的前鞭毛体窄而长，呈纺锤形，长 11.5～15.9μm。前部较宽，后部瘦细。前端有一根游离的鞭毛，长度约等于体长。姬氏或瑞氏染色，胞质为淡蓝色，基体有一红色颗粒，位于虫体前端，并由此发出一根鞭毛，染为红色。

3. 生活史

利什曼原虫的生长和延续需依靠两种宿主来完成，其生活史相应地分为寄生于宿主哺乳动物和寄生于白蛉两个发育阶段，具有双形态的生活史。

（1）在白蛉体内的发育繁殖。雌性白蛉叮咬黑热病患者或受感染动物时，含无鞭毛体的巨噬细胞可随血液进入蛉胃，巨噬细胞被消化，无鞭毛体逸出，24 小时无鞭毛体发育为早期前鞭毛体。此时虫体呈卵圆形，鞭毛开始伸出体外。48 小时发育为短粗或梭形前鞭毛体，体形从卵圆形逐渐变为宽梭形或长度超过宽度 3 倍的梭形，长 10～15μm，宽 1.5～3.5μm，此时，鞭毛由短变长。第四天发育、繁殖旺盛，数量骤增，活动力增强，在数量剧增的同时虫体逐渐移向白蛉前胃，并继续向消化道前部移动，进入食道和咽，第七天前鞭毛体大量集中于白蛉口腔，并进入喙部。咽喉、口腔及喙里的前鞭毛体都已发育成熟而具有感染力。当白蛉叮咬健康人或动物时，前鞭毛体即随白蛉分泌液进入机体。前鞭毛体于 22～26℃下在体外可在许多培养基中繁殖。

（2）在哺乳动物体内的发育繁殖。带虫白蛉叮咬哺乳动物时，口腔和喙里的前鞭毛体随白蛉的唾液进入皮肤内，一部分前鞭毛体可被多核白细胞吞噬消灭，一部分可被巨噬细胞吞噬，在巨噬细胞内的前鞭毛体失去游离的鞭毛，虫体变圆，转变为无鞭毛体，并以二分裂进行增殖，虫体不断增多，巨噬细胞可因虫体太多而破裂，散出的无鞭毛体又可被其他的巨噬细胞吞噬，继续繁殖下去。无鞭毛体被巨噬细胞带到全身各处，在内脏特别是脾、肝、骨髓、淋巴结等处，无鞭毛体繁殖旺盛，可大量破坏巨噬细胞，并刺激巨噬细胞大量增生，如此反复，引起内脏的严重病变。当患者被白蛉叮咬时，无鞭毛体又可进入蛉胃，重复它在白蛉体内的生活过程。

二、流行病学

1. 传染源

根据传染源的不同，利什曼病在流行病学上可分为3种不同的类型，即人源型、人犬共患型和野生动物源型，分别以印度、地中海盆地和中亚细亚荒漠的利什曼病为典型代表。我国幅员辽阔，利什曼病流行范围广，包括平原、山丘和荒漠等不同类型的地区，上述3种传染源均存在，但总体上病犬和患者为主要的传染源。

2. 传播途径

该病主要通过媒介白蛉传播，偶有通过口腔黏膜、破损皮肤、输血或经胎盘传播的报道。近年来利什曼原虫与HIV合并感染已成为全球关注的问题。2000年，WHO报道在33个国家发现利什曼原虫与HIV共感染的病例约1 440例，多数病倒分布在欧洲西南部。全球已确定为利什曼病传播媒介的蛉种有20种。在东半球主要是白蛉属蛉种，西半球为卢蛉属蛉种。在我国媒介生物以中华白蛉最为重要，亚历山大白蛉、中华长管白蛉与吴氏硕大白蛉等也是重要的媒介。

3. 易感人群

一般来说，人群对该病普遍易感。人对利什曼原虫的易感性随年龄增长而降低。婴幼儿及新进入疫区的成年人易受感染，且临床表现较疫区居民重。病愈患者皮肤试验阳性，对再感染有免疫力，且持续时间较长。外伤、炎症反应及HIV感染者对该病高度易感，临床多呈现重型。利什曼病经特效药物治愈后，可获终身免疫，一般不会再次感染。在以患者为主要传染源的流行区，少数患者在锑剂治疗后临床症状及体征均消失，但皮肤内长期带虫，呈带虫免疫状态。

4. 流行特征

内脏利什曼病是一种地方性传染病，在热带和亚热带媒介蛉孳生分布区流行极广，波及亚、欧、非、拉美等洲的100多个国家和地区。是我国目前利什曼病的高发区。该病潜伏期长，故发病的季节性不明显。儿童和青少年发病多见，男女之比为1.5：1，但在年龄分布上有显著差异。我国平原地区患者大多是年龄较大的儿童和青壮年，婴儿感染少见，成人患者常见。在山地杜氏利什曼原虫具有易感性的动物都是啮齿类动物，主要是鼠科的地鼠亚科和鼠亚科，松鼠科的松鼠亚科以及鼢鼠科的鼢鼠属。利什曼原虫病的流行病学在每一地区均有各自的特点。

三、对动物与人的致病性

1. 对人的致病性

一般来说，人群对该病普遍易感。人对利什曼原虫的易感性随年龄增长而降低。婴幼儿及新进入疫区的成年人易受感染，且临床表现较疫区居民重。病愈患者皮肤试验阳性，对再感染有免疫力，且持续时间较长。外伤、炎症反应及HIV感染者对该病高度易感，临床多呈现重型。利什曼病经特效药物治愈后，可获终身免疫，一般不会再次感染。在以患者为主要传染源的流行区，少数患者在锑剂治疗后临床症状及体征均消失，但皮肤内长期带虫，呈带虫免疫状态。杜氏利什曼原虫侵入人体后，一般都引起以内脏为主的全身感染，但由于免疫反应的不同，也可局部或偏重于皮肤或淋巴结内，称之为皮肤型或淋巴结型黑热病。

2. 对动物的致病性

犬内脏利什曼原虫病可分为 3 种类型：第一种属于良性感染，病犬无症状，可能自愈；第二种属中度感染，病犬消瘦，后腿无力，皮肤上出现脱毛和溃疡等症状；第三种为急性感染，病程很短，于数星期内死亡。野生动物感染利什曼原虫几乎总是良性的和不明显的，很少或没有病理反应。啮齿类动物和有袋动物感染的症状为皮肤出现损伤，特别发生在尾根部，其次是耳朵和足，损伤部位肿胀，可能出现溃疡或形成小结节，皮肤的某些部位脱色，在此部位可查出无鞭毛体，墨西哥利什曼原虫属此亚种。另一种情况皮肤很少出现损伤，原虫能在血液和内脏发育，如巴西利什曼原虫。还有皮肤明显正常，虫体分散在真皮里，如墨西哥利什曼原虫亚马逊亚种。

犬利什曼原虫的病理变化与人的利什曼病相似，主要是网状内皮细胞增生，除神经系统外，各种器官均可见，且内含数量不等的无鞭毛体和细胞碎片。主要病理变化：皮肤真皮和毛囊、皮脂腺周围网状内皮细胞大量增生并含有原虫。热带利什曼原虫引起的皮肤变化则不同，巨噬细胞比较稠密且不限于毛囊周围，伴有浆细胞、淋巴细胞及炎性细胞浸润。除皮肤外，结膜尤其睑结膜和球结膜交界处常可以见到虫体。在病犬的结膜内可见巨噬细胞浸润和原虫感染；在口腔、鼻、咽喉和声带黏膜内以及心、肺、肾、膀胱、胃肠等器官内也可发现原虫。脾肿大，骨髓病变明显，网状内皮细胞大量增生并可见大量吞噬原虫。原虫在肝内主要寄生于库普弗细胞。此外，病犬的睾丸内可见网状内皮细胞、浆细胞和淋巴细胞浸润。

四、诊断要点

利什曼病的诊断包括：病原学检查、免疫学诊断及分子生物学诊断等。病原学检查可进行骨髓穿刺，淋巴结活检，脾脏穿刺，涂片染色后镜检。免疫学诊断方法包括：直接凝集试验、间接免疫荧光抗体技术、酶联免疫吸附试验（ELISA）、QBC 法（Quantitative Bufly Coat）等。分子生物学方法包括：Westem blot（WB）、PCR 法、PCR－ELISA、巢式 PCR（nested PCR）等。

五、防制措施

（一）治疗

为避免疾病的蔓延传播，建议扑灭被确诊的黑热病犬只以消除后患，如在一些发达国家和地区一旦确诊便会实施安乐死。但鉴于动物犬与人类关系密切，朝夕相伴，对动物犬黑热病的治疗也有一些资料报道。对人类的治疗最常用的药物主要包括五价锑化合物、戊烷脒、两性霉素 B、别嘌呤醇等。五价锑化合物包括葡萄糖酸锑钠和甲基葡萄糖胺锑。通过选择性地抑制利什曼原虫的糖酵解及脂肪酸氧化作用，五价锑化合物有明显的临床疗效，复发较少。但其降解物三价锑毒性较大且近几年不断发现对锑剂耐药或疗效不佳的病例；戊烷脒排泄缓慢易造成中毒，治疗后复发率较高，故只用于对锑制剂治疗无效的患者；两性霉素 B 选择性地与利什曼原虫的麦角固醇前体相结合从而损伤膜的通透性，导致细胞内物质外渗，因此小剂量的两性霉素 B 对其有选择性毒性作用；别嘌呤醇与五价锑有协同作用，对利什曼原虫有明显毒性；反乌头酸为其酶的抑制剂，能抑制原虫的能量代谢，在体外与其他抗原虫药联用，能显著抑制细胞内原虫的转化与增值；甘草查尔酮 A 属甘草黄酮类化合物，具有多种生物活性，能完全抑制利什曼原虫前鞭毛体增值，有强大的细胞内杀原虫作用。无鞭毛体对其更加敏感，且药物浓度大小对宿主细胞的毒性作用都不明显。

（二）预防

1. 免疫预防

免疫预防集中在应用重组利什曼原虫抗原和合适的佐剂研制

疫苗，诱导保护性免疫反应，因此，免疫佐剂的选择十分重要。以超声波破碎巴西利什曼原虫前鞭毛体制备的可诱性抗原搭配佐剂在临床上已得到验证，对利什曼病具有良好的预防作用。

2. 综合性预防措施

鉴于白蛉是黑热病重要的传播媒介，控制白蛉便是消灭黑热病的根本措施。在白蛉觅食期间，可在白蛉活动的有限范围内，如人群居住环境和居室内滞留喷洒杀虫剂，并在身体裸露部位涂驱避剂。使用2.5%溴氰菊酯浸泡过的蚊帐或安装纱门、纱窗对家栖和近家栖白蛉预防效果明显；而犬作为黑热病的重要保虫宿主，对黑热病的传播作用不可忽视，故在犬源型黑热病流行区应以查治和捕杀病犬，消灭传染源为主。实验证明浸渍了杀虫剂溴氰菊酯的犬脖围（颈圈）能保护犬防止白蛉叮咬，最鼓舞人的结果来自伊朗一社区18个村的观察研究，应用药浸犬脖围一年后，婴儿利什曼原虫感染率：犬的减少了64%，儿童的减少43%；但同样的试验在巴西进行，并未证明能减少犬或人的利什曼病，可能那里丢失大量脖围，与使用上存在问题有关。此外，有的学者观察到白蛉的习性类同于蚊和采采蝇，可为一类宿主的气味所吸引，为此制备了气味诱捕器捕捉白蛉。对动物犬利什曼病，不仅要了解利什曼病的新动态，还要使动物爱好者了解如何饲养一条合格的犬，兽医工作者也要认识到动物犬的疾病预防保护是兽医工作的重要组成部分，而动物主人的细心呵护也必不可少。近年来，兽医工作者已经采取了一些有效的措施来控制动物犬免受寄生虫和传染病的侵害。一些研究发现患有免疫缺乏症的人有30%～40%饲养了动物犬或猫。通过对动物犬利什曼病的认知，充分认识到动物犬不但要进行狂犬病疫苗的注射，还要定期驱虫，另外，动物主人每年也要进行体检，以防不小心感染寄生虫和传染病，做到早发现、早治疗。

第五节　旋毛虫病

旋毛虫病（的病原体是旋毛形线虫，简称旋毛虫，寄生于猪、犬等多种动物及人体内。成虫和幼虫分别寄生于同一宿主的小肠和肌肉内。旋毛虫病主要因生食或半生食含有旋毛虫幼虫囊包的猪肉或其他动物肉类而感染，是重要的人兽共患寄生虫病之一，严重感染时可致人畜死亡。依据现有的流行病学调查记录，除南极洲外，旋毛虫广泛存在于驯养动物和森林栖生动物体内。本病目前在世界上已是一种较常见的人兽共患寄生虫病，不仅严重危害人体及动物健康，而且对畜牧养殖业造成巨大的经济损失。

一、病原

1. 分类地位

旋毛虫病的病原体是线虫纲、无尾感器亚纲、嘴刺目、毛形科、毛形属的旋毛形线虫。20 世纪 60 年代以前，人们一直认为毛形属仅一个种，即旋毛形线虫，亦称旋毛虫。目前，认为旋毛虫属至少存在有 7 个种和 3 个分类地位尚未确定的基因型。我国主要存在 2 个旋毛虫种，即猪的 *T. spiralis* 种及犬的 *T. nativa* 种。我国南方及中原各省人旋毛虫病主要由猪的 *T. spiralis* 种引发，而东北地区则主要由犬的 *T. nativ* 种引发。

2. 形态学基本特征

成虫：虫体白色，呈圆柱形，后部较粗占体长的一半以上，内含肠管和生殖器官，前部越向前端越细小，口孔呈缝隙状，内有一个可伸缩的口刺，无乳突。虫体前半部主要由食道组成，由口至神经环处的食道为毛细管形，随后略膨大，继又变为毛细管状，其周围无细胞围绕；食道后部的周围，由一列单层珠状食道腺细胞环绕。细胞分泌物有协助消化的作用。

旋毛虫虫体属于双管型，外管为体壁，由角皮、皮下层和肌层组成。由于虫体只有纵肌层，因而只能作螺旋状伸缩前进。内管为虫体的消化道，通过肠管开口于肛门。虫体的体壁和内脏之间的体腔壁上，无上皮细胞衬覆，故称为假体腔，腔壁上衬有一层结缔组织。

雄虫较雌虫小，为（1.4～1.6）mm×（0.04～0.05）mm，生殖器官为单管型，睾丸为管状。管壁较厚，内壁附有生殖细胞可进行分裂增殖，睾丸内充满精细胞；输精管连于睾丸，连接处无明显界线，可分为管状部与腺质部，管的外周具有肌纤维；贮精管是连于输精管末端的稍膨大部分，贮精管的末端直径缩小，含有肌纤维称为射精管。泄殖腔内有一个交配管。前端连于射精管。尾端泄殖孔外侧有一对呈爪状可活动的交配附器，又名交配叶。交合刺一根，有时伸出至泄殖孔外。雌虫较大，为（3～4）mm×0.06mm，生殖器官亦为单管型，卵巢较短，位于虫体末端，肛门后方，略呈球形，管壁内侧一边附有原犷细胞，可发育增殖，卵泡发育到适当大小时，被推入短而窄小的输卵管，此处形成卵泡的卵壳。受精管甚短连于输卵管，交配后管内含有大量精子。子宫较长，后部充满未分裂的卵细胞，前部接近阴道处，可见发育的幼虫。阴道后端壁薄较长，前端壁厚较短。阴门开口于虫体前部腹侧，位于虫体前端的近1/5处。

3. 生活史

旋毛虫成虫与幼虫寄生于同一宿主，不需在外界发育，但完成生活史则必须更换宿主，感染后宿主先为终末宿主，成虫产出幼虫后又可作为中间宿主。当含有肌肉旋毛虫的病肉被哺乳动物吞食后，在宿主胃液的消化作用下，幼虫便从包囊中逸出，并进入十二指肠和回肠，部分进入黏膜中，迅速发育成为性成熟的成虫，一个月后可交配，交配后雄虫即死亡，雌虫钻入肠黏膜下孕育受精胚胎或钻入淋巴间隙产出蚴后，回肠腔内死亡。产出的幼虫钻出肠系膜淋巴结，经胸导管进入后腔静脉，再经右心、肺循环进入体循环，随血液到达身体各部。只有到达骨骼肌（以膈肌感染率最高）的幼虫才能继续发育，刚进入肌纤维的幼虫是直的，随后迅速发育增大，逐渐蜷曲并形成包囊。

二、流行病学

1. 传染源

绝大多数哺乳动物及食肉鸟类对旋虫均易感，现已发现有150多种家畜和野生动物自然感染旋毛虫，这些动物互相残杀吞食或食入含旋毛虫活幼虫的动物尸体而互相传播，也有因食人被感染动物粪便污染的食物和水源而感染的。因此，感染动物即是本病的传染源。

2. 传播途径

人和动物经水平传播，即食用到感染性虫体是最主要的感染途径；经粪便、土壤、废水、食腐性昆虫的机械性传播也可导致感染；垂直传播，在人类、豚鼠中均有检出报道。人体感染旋毛虫病主要是因为生食或半生食含有旋毛虫的猪肉和其他动物肉类所致，其感染方式与当地居民的饮食习惯有关。犬感染旋毛虫后对人体的危害较大，严重时可致人死亡。成虫寄生在犬的肠内，幼虫（肌旋毛虫）寄生在肌肉组织中且形成包囊。摄食了生的或未煮熟的含旋毛虫包囊的肉均可造成感染；此外，切过生肉的刀、砧板均可能偶尔黏附有旋毛虫的包囊，亦可能污染食品，造成感染。

3. 易感动物

该病分布于世界各地，宿主包括人、猪、犬、鼠、猫等100余种动物，甚至鲸也可以感染旋毛虫病。猪的感染主要是由于吞食含有旋毛虫囊包的肉屑或鼠类。我国26个省、区、市已发现有猪旋毛虫病。在我国发生的因食狗肉引起的旋毛虫病暴发，发生于吉林、辽宁和北京等省市，主要因生食凉拌狗肉或涮狗肉所致。

4. 流行特征

旋毛虫病呈世界性分布，以前在欧洲及北美国家发病率较高，似后通过严格肉类检查现已明显下降，但近年来在法国、加拿大、西班牙、意大利及黎巴嫩等地仍有本病暴发。此外，巴布亚新几内亚、澳大利亚的塔斯马尼亚、南美洲的智利和阿根廷及泰国亦发现有本病发生。墨西哥半农村地区，居民的旋毛虫抗体阳性率为1%～1.9%。在智利，对300具尸体的膈肌样本进行旋毛虫镜检和消化法检查时发现旋毛虫的阳性率为1.67%。在我国周边国家，如日本、老挝、印度、朝鲜等均已发现有本病存在。

我国自1964年在西藏发现人体旋毛虫病以来，云南、广东、广西、四川、内蒙古、辽宁、吉林、黑龙江、河北、湖北等省区均已有本病的散发甚至暴发流行，在香港本病暴发也曾发生了两次。

旋毛虫病有两个传播环，即家养动物环和野生动物环，人是作为这两个传播环的旁系，在无人类感染的情况下，这两个传播环均能各自运转。我国的散发病例见于一年四季。暴发病例多发生于节假日。不论男女老幼和种族，对旋毛虫均易感，但一般男性患者较多。

旋毛虫病的散发病例见于一年四季，但人类的行为对旋毛虫病的发病季节有明显的影响，暴发病例多发生于节假日、当地居民的传统节日或婚丧庆典等宴会时。北半球人体旋毛虫病主要发生于12月至翌年2月，此时，家庭屠宰猪数量增加，而此时也是狩猎的高峰季节。

三、对动物与人的致病性

1. 对人的致病性

旋毛虫在人体的感染过程可分为下列3期。

（1）侵入期（小肠期，约1周）。脱囊幼虫钻入肠壁发育成熟，引起广泛的十二指肠炎症。黏膜充血水肿、出血甚至浅表溃疡。约半数病人感染后1周内有恶心、呕吐、腹泻（稀便或水样便，日3~6次）、便秘、腹痛（上腹部或脐部为主，呈隐痛或烧灼感）、食欲缺乏等胃肠道症状，伴有乏力、畏寒、发热等。少数病人可有胸痛、胸闷、咳嗽等呼吸道症状。

（2）幼虫移行期（2~3周）。感染后第2周，雌虫产生大量幼虫，侵入血循环，移行至横纹肌。幼虫移行时所经之处可发生血管性炎症反应，引起显著异性蛋白反应。临床上出现弛张型高热，持续2天至2月不等（平均3~6周），少数有鞍状热。部分患者有皮疹（斑丘疹、荨麻疹或猩红热样皮疹）。旋毛虫幼虫可侵犯任何横纹肌引起肌炎：肌细胞横纹肌消失、变性、在幼虫周围有淋巴细胞、大单核细胞、中性和嗜酸粒细胞，甚至上皮样细胞浸润；临床上有肌肉酸痛，局部有水肿，伴压痛与显著乏力。肌痛一般持续3~4周，部分可达2月以上。肌痛严重，为全身性，有皮疹者大多出现眼部症状，除眼肌痛外，常有眼睑、面部浮肿、球结膜充血、视物不清、复视和视网膜出血等。重度感染者肺、心肌和中枢神经系统亦被累及，相应产生灶性（或广泛性）肺出血、肺水肿、支气管肺炎甚至胸腔积液；心肌、心内膜充血、水肿、器质性炎症甚至心肌坏死、心包积液；非化脓性脑膜脑炎和颅内压增高等。血嗜酸粒细胞常显著增多。

（3）肌内包囊形成期（感染后1~2月）。随着肌内包囊形成，急性炎症消退，全身症状减轻，但肌痛可持续较久，然无转为慢性的确切依据。

2. 对动物的致病性

对动物的危害和症状猪的临床症状基本和人的相似，但抵抗力较强。人工大量感染时，初期有呕吐和腹泻，食欲减少，后期出现肌肉疼痛，声音嘶哑，呼吸和咀嚼困难，运动障碍，麻痹，发热，消瘦，水肿等。但自然感染情况下，一般缺乏临床症状，仅在肉品检验时发现阳性。其他动物多半为阴性带虫。

四、诊断要点

临床上，旋毛虫病确诊主要靠检测病原、实验室检查和DNA 检测法。常用的检测病原方法有活组织压片镜检和消化法。根据其解剖结构，旋毛虫抗原可分为四部分：虫体抗原、表面抗原、杆细胞颗粒相关抗原以及排泄/分泌抗原（ES 抗原）。国内外试用过多种免疫学检查方法，包括皮内试验、补体结合试验、凝集试验、环蚴沉淀试验、对流免疫电泳、间接荧光抗体试验（IFA）、间接血凝试验、酶联免疫吸附试验以及间接免疫酶染色试验等。其中后四者的特异性强、敏感性高，且可用于早期诊断。目前，已有许多学者把 PCR 方法应用于旋毛虫病的实验室检测。由于旋毛虫本身及其在宿主体内寄生部位的特殊性，难以在生前从被感染动物的血清、组织液中扩增到旋毛虫 DNA，故利用 PCR 基因检测技术对旋毛虫病生前检测受到限制。

五、防治措施

（一）治疗

阿苯达唑（丙硫咪唑）是目前国内治疗旋毛虫病的首选药物，其疗效明显优于甲苯达唑与噻苯达唑。噻苯达唑是较好的治疗药物，不仅有驱除肠内早期幼虫和抑制雌虫产幼虫的作用，还能杀死肌肉中的幼虫，有显著退热、镇痛、抗炎以及改善症状的作用。

（二）预防

1. 免疫预防

疫苗的研制对旋毛虫病的预防起着至关重要的作用，由于旋毛虫抗原的复杂性及体外不能进行培养和繁殖，从而严重阻碍了对旋毛虫疫苗的研制构建。新生幼虫及成虫的 cDNA 文库，筛选出新生幼虫及成虫期特异性强保护性抗原基因以构建基因重组疫苗，已成为当前的发展趋势。

2. 综合性预防措施

（1）加强健康教育进行卫生宣传和健康教育是预防本病的关键措施。教育居民不生食或半生食猪肉及其他动物肉类和制成品（如腊肠），提倡生、熟食品刀砧分开，防止生肉屑污染餐具。

（2）加强肉类检疫认真贯彻肉品卫生检查制度，加强食品卫生管理，不准未经检疫的猪肉上市和销售，感染旋毛虫的猪肉要坚决销毁，这是预防工作中的重要环节。

（3）改善养猪方法猪不要任意放养，应当圈养，管好粪便，保持猪舍清洁卫生。饲料应加热处理，以防猪吃到含有旋毛虫的肉屑。此外，洗肉水或刷锅水拌以草料喂饲牛、羊、马等草食性家畜时，亦应加热处理，否则，牛、羊、马等亦可感染旋毛虫。

（4）消灭保虫宿主结合卫生运动，消灭本病保虫宿主鼠类，野犬及其他野生动物等以减少传染源。

六、对公共卫生的危害和影响

旋毛虫病为肉品卫生检验的首检项目，同时，也是世界动物卫生组织规定的国际间进出口必须重点检疫的 B 类疫病，目前，旋毛虫病已成为世界性公共卫生重大问题。由于旋毛虫的感染宿主很多，旋毛虫病的流行范围广泛和传播途径复杂，因此使这一严重威胁人类身体健康并对畜牧业、肉食品工业和外贸出口等造成巨大经济损失的人兽共患病迄今不仅尚未得到有效控制，反而出现流行范围进一步扩大和发病率逐步升高之趋势。目前，我国是世界上旋毛虫病危害最为严重的少数几个国家之一。随着饲养动物及居民肉类消费量的增加以及感染动物种类的增加，近年来，在东北及中原地区又相继出现了大量的由于食用狗肉、羊肉和马肉而爆发的人旋毛虫病，动物疫区已扩展为26个省、市、自治区，人旋毛虫病的发病率也正在呈上升和扩散趋势。旋毛虫病作为肉类食品安全性的一个重要指标已越来越受到关注，因此，加强旋毛虫病的检测与防治研究，对于提高我国肉产品质量及安全性，尤其是提高我国肉产品的国际形象具有重要的意义。

第六节　毛细线虫病

毛细线虫病是由毛细线虫引起的一大类寄生虫性疾病。毛细线虫种类较多，不同种的毛细线虫可感染家畜、家禽、野生哺乳类、鸟类、鱼类及人类。感染人类的毛细线虫属主要有两类：即肠道毛细线虫病是由菲律宾毛细线虫引起的，肝毛细线虫病是由肝毛细线虫引起的。肝毛细线虫是鼠类和多种哺乳动物的寄生虫，偶尔感染人。此外，嗜气毛细线虫寄生于犬、猫、狐狸和人类的支气管、细支气管和鼻旁窦而引起寄主鼻气管炎、支气管炎的肺毛细线虫病。

一、病原

1. 分类地位

菲律宾毛细线虫、肝毛细线虫和嗜气毛细线虫皆属毛细科，毛细属。

2. 形态学基本特征

菲律毛细线虫的雄性成虫长2.3～3.2mm，雌性成虫长2.5～4.3mm。

肝毛细线虫雌性成虫长53～78mm，尾端呈钝锥形，雄虫长为24～37mm，尾端有1个突出的交合刺被鞘膜所包裹。食道占体长的1/2（雄虫）和1/3（雌虫）。该虫虫卵较大，卵壳厚，分两层，两层间有放射状纹。外层有明显的凹窝，两端各有透明塞状物，不凸出于膜外。

嗜气毛细线虫成雄虫长15～25mm，宽约62μm，成雌虫长18～32mm，宽约105μm。

3. 生活史

菲律宾毛细线虫的虫卵存在于人类及其他哺乳动物的粪便中，虫卵在外界环境中发育，淡水鱼摄入体内后孵出幼虫，幼虫穿过肠壁进入肠组织，当人类采食生的或半熟的鱼肉时，引起感染。成虫寄生于小肠的黏膜层，雌性成虫产卵后可在肠组织中发育成幼虫，幼虫移行可引起自身感染，如此可发展为重度感染。食鱼的鸟类是感染菲律宾毛细线虫最大的生物群，也是此虫的天然宿主。

肝毛细线虫的成虫寄生在多种动物尤其是鼠类的肝组织。成虫产卵于肝的实质内，若其他动物捕食已感染的动物时，通过消化后虫卵随粪便排出，在土壤中发育成卵囊。肝组织中的虫卵也可在动物死亡、尸体腐烂后散于体外，然后在土壤中发育。宿主由于吞食含有幼虫的虫卵所污染的食物或饮水而感染。感染后24小时内虫卵于盲肠孵化，孵出的第一期幼虫长140～190mm，宽7～11mm，在6小时内钻入肠黏膜，经肠系膜静脉、门静脉，在感染后52小时达到肝脏。于肝组织中发育成成虫。

嗜气毛细线虫的成虫寄生在多种动物的气管和支气管的上皮细胞，并于此处产卵，随咳嗽或吞咽后随粪便排出体外，卵在土壤中发育成卵囊，卵囊再次随食物或饮水进入人类或动物肠道后孵出幼虫，幼虫移行进入气管或支气管发育。

二、流行病学

1. 传染来源

感染并发病的动物、野生动物及人类。

2. 传播途径

感染及发病的动物及人类所排出的粪便多带有虫卵，采食者食用被虫卵污染的食物或饮水而感染。

3. 易感动物

菲律宾毛细线虫主要感染犬、猫、鱼、食鱼的鸟类及野生肉食动物。

肝毛细线虫寄生于鼠类和多种哺乳动物。

嗜气毛细线虫寄生于犬、猫的支气管和气管。宿主动物有狐狸、猫、犬，其他动物不易感染。

4. 流行特征

文献表明，人类、动物及其他各种易感动物的感染与发病无明显的季节性。少儿及幼龄动物发病例数多于成年者。

5. 发生与分布

肠道毛细线虫病最早发生在菲律宾和泰国，曾在菲律宾引发大流行，造成数百人死亡，随后日本、伊朗、埃及、中国台湾、韩国、中东及欧洲等国家和地区都陆续出现病例。但是感染、发病最多的仍是菲律宾和泰国，也有少数病例发生在亚洲其他国家以及中东和哥伦比亚。近年在东南亚局部地区个案有增加的趋势。

肝毛细线虫和嗜气毛细线虫在全世界均有感染发病的报道。

嗜气毛细线虫遍布全世界，犬、猫及大多种类的野生动物均有感染的报道。作为动物的犬、猫在欧洲和北美的发病率接近10%，野生哺乳动物，如狐狸等的最高发病率可达88%。人类感染、发病者少见，仅在欧洲、伊朗和摩洛哥有报道。

三、对动物与人的致病性

菲律宾毛细线虫寄生在整个肠道，偶尔也寄生在咽喉，它们可以穿透肠壁，生存于肠壁的组织内，引起寄生组织的肉芽肿和局部的炎症。

肝毛细线虫成虫寄生于肝，产卵于肝实质中，虫卵沉积，导致肉芽肿反应和脓肿样病变，肉眼可见肝表面有许多点状、珍珠样白色颗粒，或灰色小结节，其大小为0.1～0.2cm。脓肿中心由成虫、虫卵和坏死组织组成，虫体可完整或崩解，虫体和虫卵周围有嗜酸性粒細胞、浆细胞和巨噬细胞浸润。患者可出现发热、肝脾肿大、嗜酸性粒细胞显著增多、白细胞增多及高丙种球蛋白血症，低血红蛋白性贫血，严重者可表现为嗜睡、脱水等，甚至死亡。

嗜气毛细线虫引起肺毛细线虫病。临床上以呼吸系统疾病为主。

四、症状

菲律宾毛细线虫病起病较缓，仅有隐痛与肠鸣，腹部胀气显著，可有腹部压痛，2～6周发展为腹泻，初为间隙性，后为持续性，表现为严重肠功能紊乱，包括吸收不良、水和电解质大量丧失以及血浆蛋白由肠道排出等，东南亚或西太平洋地区的病例表现，流行性顽固性腹泻或吸收不良的“非弧菌霍乱”应考虑为此病。

肝毛细线虫的成虫寄生于肝脏，引进肝损伤性疼痛及非细菌性炎症。人类感染与动物感染此病症状类同。

大多数犬、猫感染嗜气毛细线虫数量少时，临床症状不明显，偶见患病动物轻微咳嗽。重度感染者可导致鼻道炎、慢性支气管炎、气管炎、咳嗽和呼吸困难等症，也可能继发呼吸道的细菌感染，引起支气管肺炎。人类感染嗜气毛细线虫可引起咳嗽、发热、支气管炎、咯血和嗜酸性细胞增多。

五、诊断

不同种毛细线虫的感染致病可根据临床症状作出初步诊断。

菲律毛细线虫的特异性诊断主要是在粪便或肠内检出虫卵、胚囊、幼虫和成虫。

肝毛细线虫病的诊断较为困难，大多数病例系在尸检时查出。对患者可通过肝组织的活检，发现成虫或虫卵是最可靠的诊断方法。肝组织活检发现病原体，且患者伴有贫血、白细胞增多、嗜酸粒细胞可高达 56% ~85%，可考虑用免疫学方法作进一步检查。在粪便中查出虫卵，多因食入含卵的动物肝脏所致的假性寄生，并非真的感染。

嗜气毛细线虫的特异性诊断基于在粪便或肺活检中查出虫卵。

六、治疗

治疗毛细线虫病，犬、猫及其他动物可用伊维菌素、芬苯达唑，人可用丙硫咪唑、甲苯达唑及左旋咪唑。

七、预防

（1）及时治疗患病及带虫的猫、犬。管好犬、猫的粪便，常清洁犬、猫被毛，保持畜舍卫生。清洁食具。

（2）应对犬、猫每季度检查 1 次，并定期驱虫。污染比较严重的场地应保持干燥，充分日晒，以杀死虫卵。

（3）人类注意饮食、饮水的清洁卫生，不吃生或半熟的肉食品。少年儿童特别是幼儿园的儿童养成常洗手的习惯，不吃清洁可疑食物，并定期驱虫。

八、公共卫生影响

尽管毛细线虫病的报道病例不多，但该虫所在的生物链仍然完整，人类及动物的感染危险仍然存在。再者，捕食野生动物是引起感染和发病的一大隐患，人类一旦感染发病，大多数引起死亡，故应予以注意。

第七节 肺吸虫病

肺吸虫病，又称并殖吸虫病，是由卫氏并殖吸虫或斯氏并殖吸虫的童虫、成虫在人及动物内脏器官（肺部为主）或皮下组织中移行、游窜、定居所引起的一种慢性疾病。该病主要是由人或犬、猫等动物吞食含有并殖吸虫囊蚴的淡水蟹或蝲蛄而感染。

一、病原

1. 分类地位

肺吸虫病的病原体是卫氏并殖吸虫和斯氏并殖吸虫，属并殖科。

2. 病原形态

肺吸虫虫体肥厚，呈暗红色，长7.5～12mm，宽4～6mm，厚3.5～5.0mm，背面隆起，腹面扁平，如半粒赤豆。体表具有小棘，口、腹吸盘大小略同，腹吸盘位于体中横线之前，两盲肠支弯曲终于虫体末端。睾丸分枝左右并列，位于卵巢及子宫之后，约在体后部1/3处。卵巢位于腹吸盘的下右侧，有5～6个分叶，形如指状，每叶可再分叶。卵黄腺为许多密集的卵黄泡所组成，在虫体的两侧。子宫开始于卵模的远端，其位置与卵巢左右相对。子宫的末端为阴道，射精管和阴道同开口于生殖窦，再经小管达腹吸盘后的生殖孔。

虫卵呈金黄色，椭圆形，形状常不太规则，大小为（80～118）μm×（48～60）μm。大多有卵盖。卵壳厚薄不均，卵内含10余个卵黄球，卵泡常位于正中央。

3. 理化特性

肺吸虫的囊蚴对外界的抵抗力较强，经盐、酒腌浸大都不死，囊蚴被浸入酱油或10%～20%的盐水或醋中，部分囊蚴可存活24小时以上。加热到70℃，3分钟100%死亡。

二、肺吸虫生活史

1. 卫氏并殖吸虫

该病原需经三类宿主的寄生才能完成发育。第一中间宿主是淡水螺类；第二中间宿主是淡水蟹和蝲蛄等甲壳类，终末宿主有人、家畜及野生的猫、犬科动物。

成虫通常寄生在人或动物的肺脏虫囊内。虫囊多开口于支气管，成熟的虫体不断产出虫卵，囊内的虫卵和内容物常因咳嗽随痰液一起咳出，如痰液被咽下则虫卵随粪便排出。虫卵在水中，如水温在25～30℃，经15～20天发育，孵出毛蚴。毛蚴在水中非常活跃，当遇到第一中间宿主淡水螺，即行侵入，并开始繁殖，3个月内发育成胞蚴，再由胞蚴发育成母雷蚴，经子雷蚴的发育和无性增殖阶段，发育成许多短尾的棕黄色尾蚴，每个尾蚴在螺内大多可变成2 000～3 000个尾蚴，开始从螺体内逸出。尾蚴在水中游动，侵入第二中间宿主—淡水蟹或蝲蛄的体内，尾蚴进入蟹或蝲蛄体内后，可在其胸肌、足肌、肝脏和鳃叶等部位形成囊蚴，如果犬、猫和人吃了含有囊蚴的生或半生的蟹或蝲蛄，囊蚴经胃到十二指肠，在胆汁和胰蛋白酶作用下，囊蚴内幼虫逸出，穿过肠壁进入腹腔，在腹腔各脏器间游走，约经2周穿过膈肌到达胸腔侵入肺脏，移行至小支气管附近，逐步形成虫囊并在囊内发育为成虫。从囊蚴经口感染至成虫产卵，需2～3个月。

2. 斯氏并殖吸虫

生活史与卫氏并殖吸虫相似。第一中间宿主为拟钉螺；第二中间宿主为多种淡水蟹。成虫主要寄生于果子狸、犬、猫、豹等哺乳动物，大多数以童虫阶段寄生于人体，偶见成虫寄生人肺脏。

三、流行病学

1. 传染来源

凡是能够排出肺吸虫虫卵的人及哺乳类动物，均为传染源。犬、猫等动物和野生肉食类动物（如虎、豹、狼、狐、豹猫、大灵猫、貉等）为其保虫宿主和重要传染源，另外，自然界还存在着大量的转续宿主（鼠类），这一类宿主吞食了含有肺吸虫囊蚴的溪蟹后，幼虫在肌肉内长期停留不发育，此类动物一旦被终末宿主吞食，其体内的滞育童虫可继续发育为成虫。因此，这些动物常被野猫等所猎食，不断重复感染以至保虫宿主体内虫数越来越多，成为重要传染源。

2. 传播途径

虫卵主要随痰咳出，以后在水内孵化成毛蚴。毛蚴侵入第一中间宿主淡水螺内经过胞蚴、雷蚴等发育阶段最后成为尾蚴。尾蚴进入第二中间宿主淡水蟹或蝲蛄的体内发育成为囊蚴。人若进食含有此种囊蚴的生的或未煮熟的淡水蟹或蝲蛄时，囊蚴随之进入消化道，经消化液作用脱囊成为童虫。童虫的活动能力很强，加上所分泌的酶的作用，可穿过肠壁到腹腔浆膜表面游行，其中，多数童虫沿肝表面向上移行，直接贯穿膈而达胸腔，进而侵入肺内并发育为成虫。少数童虫停留于腹腔内，继续发育，并穿入肝脏浅层或大网膜成为成虫。偶尔可沿纵隔内大血管根部及颈内动脉周围软组织向上移行，经破裂孔而侵入颅中凹，再经颞叶、枕叶的底部侵入脑组织。虫体侵入器官或组织后除引起该处病变外，还可继续穿行到其他部位，引起病变。一般从囊蚴进入体内到在肺内成熟产卵，需 2~3 个月。成虫在宿主体内一般可活 5~6 年。

此外，猪、野猪、兔、鸡、蛙、鼠、鸟等多种肺吸虫的转续宿主，如生吃或半熟吃这些转续宿主的肉，也可能感染。中间宿主死后，囊蚴掉入水中，生饮含有肺吸虫囊蚴的溪水也有可能感染。我国不同地区、不同民族吃蟹和蝲蛄的方法不一。东北地区吃腌蝲蛄，多以生、烤、炒煮或磨制蝲蛄豆腐及蝲蛄酱等；浙江等地，则有生吃醉蟹习惯；福建闽北山区流传吃生蟹可滋阴降火，能治关节炎和流鼻血等说法；广西部分地区居民常将捕到溪蟹敲碎与咸菜相拌后下饭。以上吃法都有可能感染肺吸虫病。

3. 易感动物

作为动物的犬、猫及多种家畜和野物动物均易感。

4. 流行特征

本病一年四季皆有发生，但以夏、秋两季发生率较高。我国南方及水网田地区发生率高于北方及高原水系较少的地区。

5. 发生与分布

肺吸虫病在全球分布广泛，在日本、朝鲜、俄罗斯、菲律宾、马来西亚、印度、泰国以及非洲、南美洲多有报道。该病在我国流行也极为普遍，卫氏并殖吸虫主要流行于浙江、台湾和东北地区，以前以农村多发，近年来，随着溪蟹长途贩运进入城区市场增多，城市居民发生肺吸虫病病例也随之增多，有的甚至呈集体暴发性的急性肺吸虫病。斯氏并殖吸虫在四川、江西、云南、福建、广东和贵州等南方省区发生较多。

四、对动物与人的致病性

肺吸虫对人及动物的致病作用，主要由虫体（童虫及成虫）引起。一是虫体在组织内移行或定居，对局部组织造成机械性损伤；二是虫体代谢产物等抗原物质会导致人体的免疫病理反应。

由于肺吸虫卵在人体内不能发育成毛蚴，不分泌可溶性抗原，仅引起异物肉芽肿反应。

五、临床表现

（一）急性肺吸虫病

卫氏并殖吸虫引起的急性肺吸虫病其临床特点为潜伏期短、发病急，且全身症状较为明显。症状主要表现为食欲缺乏、腹痛、腹泻、发热（低热多见，部分病例可见弛张热伴畏寒）、乏力、盗汗、皮疹（可反复出现荨麻疹）等，继而出现胸痛、胸闷、气短、咳嗽等症状。一般腹部症状常在感染后2~10天出现，同时，伴有全身症状，呼吸道症状在感染后10~30天出现。

（二）慢性肺吸虫病

肺吸虫病除少数病例表现为急性肺吸虫病外，多数表现为慢性过程。

由卫氏并殖吸虫引起的肺吸虫病，因肺脏是成虫的主要寄生部位，故主要表现为咳嗽、咯血、胸痛等，若虫体侵犯脑脊髓、肝脏和皮下等组织时，也可出现肺外症状。

由斯氏并殖吸虫引起的肺吸虫病，以“幼虫移行症”为主要临床症状，引起游走性皮下结节，如侵犯肝脏、心包、眼、脑脊髓等时，也可引起肺外症状。

1. 胸、肺型

（1）卫氏型肺吸虫病。此症主要表现为咳嗽、咳痰、胸痛、咯血等症状。往往同时累及胸膜，故常可引起胸膜粘连或增厚，但发生胸腔积液者较少。此型开始时多为干咳，以后出现咳痰，多为白色稠状痰液，味腥，然后转为典型的铁锈色或果酱样血痰，有时可呈烂桃样痰液，患者以晨起时咳嗽剧烈，痰量多少不等。在此类特征性血痰中常可找到卫氏并殖吸虫的虫卵及夏科－

雷登结晶与嗜酸性粒细胞。

(2) 斯氏型肺吸虫病。咳嗽、痰中带血丝，痰中不易找到虫卵。胸腔积液较多见，且量也较多，胸水中可见大量嗜酸性细胞。有少数报告斯氏并殖吸虫可进入肺脏并发育产卵，所引起的胸、肺症状和体征与卫氏并殖吸虫致病相似。

2. 脑脊髓型

以卫氏并殖吸虫致病者多见，儿童受染居多。主要侵犯大脑，间有侵犯脊髓。主要表现为颅内压增高，大脑皮层受损、脑组织破坏及脑膜炎的症状体征。

(1) 颅内压增高症。表现为头痛、恶心、呕吐、反应迟钝、视力减退等。

(2) 大脑皮层受损症。表现为癫痫、头痛、视幻觉、肢体感觉异常等。

(3) 脑组织破坏。可出现肢体瘫痪、感觉缺失、失语、偏盲、共济失调等。

(4) 脑膜炎。表现畏寒、发热、头痛、脑膜刺激征。脑脊液呈炎性变化，嗜酸性粒细胞大量增加。

(5) 蛛网膜下腔出血。以斯氏并殖吸虫致病者多见，表现剧烈头痛、呕吐。体检颈僵直，脑膜刺激征阳性。脑脊液呈血性，嗜酸性粒细胞明显升高。

(6) 脊髓型。此型较脑型少见，少数病例可兼有脑部症状。脊髓受损部位大都在第十胸椎上下，患者一般先出现知觉异常，如下肢麻木、刺激感等。

3. 皮肤型

斯氏并殖吸虫感染最为常见，发生率可达 50% ~80%，少数卫氏并殖吸虫感染亦可出现此类型临床症状。主要表现为皮下结节和包块，以游走性为特征。皮下包块出现的部位以腹部较多见，胸部、腰背部、大腿、下肢有时亦可见到。包块形状呈圆形、椭圆形或长条形，大小一般在 1～3cm。包块表面皮肤正常，肿块触之可动，单个散发多见，偶见多个成串。包块消退后可残留纤维组织，新旧包块间有时可触及条索状纤维块。皮下包块活检，可见童虫或呈虫体移行引起隧道样变化。

4. 腹、肝型

两种吸虫感染均可见到腹、肝病症，大多发生在感染早期。主要表现为腹痛、且腹痛部位不固定，多为隐痛，还可见大便带血及腹泻，有时可引起腹部器官广泛炎症、黏连，甚至引致腹膜炎症。肺吸虫侵犯肝脏，可在肝脏内形成嗜酸性脓肿，也可因虫体移行破坏血管引起肝组织出血性病变。患者除腹部症状外，常伴有乏力、发热等症状。

5. 亚临床型

没有明显临床症状体征，皮试及血清免疫学检测阳性，嗜酸性粒细胞增高，无明显脏器损害。这类患者可能为轻度感染者，也可能是感染早期或虫体已消失的感染者。

六、诊断

肺吸虫病的诊断包括病原学检查、血液检验、体液检验以及免疫学检测等。

（一）病原学检查

病原学检查包括从病人痰液、粪便、活组织或体液中检出虫卵、童虫或成虫。

1. 痰液检查

（1）直接涂片法。收集病人晨起时咳出的痰液，取带血或脓性黏稠部分直接涂于玻片上，使成直径 1～2cm，厚度适宜的痰膜，然后置显微镜下检查虫卵。此法简单易行，但一般检出率较低。

（2）消化浓集法。收集病人痰液，以 10% 氢氧化钠或 10%

氢氧化钾溶液消化，经离心沉淀后镜检虫卵。

2. 粪便检查

由于卫氏型肺吸虫病患者常将痰液咽下，虫卵进入肠腔而随粪便排出，故在粪便中也可查到虫卵。用改良加藤厚涂片法或粪便过筛水洗沉淀法等常规粪检方法均可检查虫卵。

3. 活组织检查

肺吸虫病患者的皮下包块可用外科手术切开进行活组织检查，如果是48小时内新近出现的结节或包块常可查到童虫。即使未见童虫，只要病史符合且有典型的坏死窟穴虫道，而且又能查到夏科—雷登结晶和大量的嗜酸性粒细胞时，其病理诊断也能成立。

（二）血液检查

肺吸虫患者均有不同程度的嗜酸性粒细胞增多，往往同时伴有白细胞总数增高，肺外型病人增高更为明显，嗜酸性粒细胞计数可达（4.0～5.0）$\times 10^9$/L或更高，甚至出现嗜酸性粒细胞类白血病反应。血片分类计数嗜酸性粒细胞所占比例一般为10%～50%，少数病人虽然嗜酸性粒细胞百分数不高，但绝对值仍增高。因此，血检嗜酸性粒细胞是否增高，为诊断肺吸虫病提供参考指标，具有重要临床意义。

（三）体液检查

主要包括胸腔积液、腹水、心包液及脑脊液等检验。

肺吸虫病患者常伴有胸腔积液，镜检时可见嗜酸性粒细胞和夏科—雷登结晶，有时还可找到肺吸虫卵。肺吸虫侵犯肝脏，可引起腹水，侵犯心包时可引起心包积液，在腹水与心包积液中可见大量嗜酸性粒细胞。肺吸虫侵犯颅腔，可引起脑脊液中细胞数与蛋白增高，最重要的特征是嗜酸性粒细胞快速增高。

（四）X线及CT检查

适用于胸＼肺型及脑脊髓患者诊断。

（五）免疫学检验

由于肺吸虫不同病原种类寄生于人及动物体的适应性不同和发育程度各异而致寄生部位多变，采用病原诊断往往达不到目的，因此，免疫学检查对肺吸虫病辅助诊断，成为不可缺少的手段。

1. 皮内试验

皮内注射抗原液0.1mL，注射后丘疹直径约0.5cm，15～20分钟观察丘疹是否增大和有无红晕及伪足。测量大小可取平均直径：（长径＋宽径）÷2，结果判断方法，见表3－1。

表3－1　肺吸虫抗原皮内试验结果判断

结 果	丘疹直径	红晕直径
可疑±	<1.0cm	<1.5cm或无
弱阳性＋	1.0～1.5cm	2.0～3.0cm
阳性＋＋	1.5～2.5cm（也可见伪足）	3.0～4.5cm
强阳性＋＋＋	>2.5cm（有伪足）	>4.5cm

皮内试验方法常用于现场流行病学调查，操作简便易行，有一定特异性与敏感性。

2. 酶联免疫吸附试验

此法已广泛应用于肺吸虫病实验室诊断，测定肺吸虫病患者的抗体，阳性符合率90%～100%，特别对于肺吸虫循环抗原检测效果良好，阳性率可达98%以上，具有考核疗效和诊断现症病人意义。

3. 后尾蚴膜反应

此反应的原理与用于血吸虫病诊断的尾蚴膜反应相似。方法是将蟹分离的新鲜囊蚴，置胆汁或胆酸盐液脱囊，37℃、24小时，获后尾蚴备用。活后尾蚴与被检血清直接反应，血清中的特异性抗体与后尾蚴体直接接触所形成的沉淀膜状物是后尾蚴膜阳性反应。此法敏感性和特异性较高，具有肺吸虫感染早期诊断的价值。

（六）临床综合诊断

未检获病原体，可参考以下诊断标准作综合判断。

（1）有生吃或半生吃淡水蟹或蝲蛄史。

（2）肺吸虫抗原皮试阳性者。

（3）血中嗜酸性粒细胞显著升高或 X 线检查中、下肺叶有明显病变。

（4）肺吸虫病血清学诊断方法阳性者。

（5）目前有肺吸虫病临床表现者。

具备前 3 项可视为高度可疑，具备前 4 项者可诊断为肺吸虫感染，5 项皆备者可诊断为肺吸虫病患者。

（七）鉴别诊断

由于肺吸虫是在人体移行过程中逐渐发育成童虫，除侵犯肺部外，常可引起多系统脏器损害，并产生相应的临床症状。同时，不同种的肺吸虫对人体致病性和损害部位又存在明显差别，可出现复杂多样的临床表现，再加上临床医师对其认识不足，故不仅误诊率高，而且误诊范围也很广泛，涉及多学科，多系统疾病。现将需要鉴别的常见疾病辨析如下：与肺炎、支气管炎的鉴别，与肺结核的鉴别，与结核性胸膜炎的鉴别，与肺脓肿、肺囊肿的鉴别，与病毒性肝炎、肝脓肿的鉴别，与脑膜炎、脑肿瘤及原发性癫痫的鉴别。

七、治疗

肺吸虫病治疗药物有吡喹酮、硫酸二氯酚（别丁）、阿苯达唑（丙硫咪唑）、三氯苯达唑。吡喹酮是治疗肺吸虫病首选药物，疗效高，不良反应较轻。根据国内多年治疗肺吸虫病的临床经验，吡喹酮的常用剂量和疗程推荐如下3种方案。

（1）25mg/kg体重，每天3次，2天为1个疗程，总剂量为150mg/kg体重。

（2）30mg/kg体重，每天2次，3天为1个疗程，总剂量为180mg/kg体重。

（3）25mg/kg体重，每天3次，3天为1个疗程，总剂量为225mg/kg体重。

八、预防

预防肺吸虫病和肺吸虫感染的关键措施是加强宣传教育，杜绝病从口入，防止食入生或半生的淡水蟹、蝲蛄以及野生动物的肉类。在贯彻食品卫生法的同时，杜绝吃生蟹（蝲蛄）、醉蟹、腌蟹，餐桌上的淡水蟹必须煮熟、煮透。刀、砧板等厨具用后要彻底清洗。农村居民不喝生河、溪水。池塘饲养鲶鱼和家鸭时，要有灭螺措施，以防其吞食淡水螺。

九、公共卫生影响

肺吸虫病对感染者的健康危害极大，而且遍布范围广。在我国除西藏、新疆、内蒙古、青海、宁夏未曾报道外，其余省、市、自治区均有发生。随着我国物流功能的提高，螺、蟹等大量进入城市及以前的无疫区，在食用方法不当时，造成食用者感染的机会增多。所以，国家公共卫生部门要提高防病的宣传力度，加强对餐饮行业的卫生管理，重视“病从口入”的危害。

第八节　丝虫病

丝虫病是由丝虫的成虫寄生于人或动物体淋巴系统、皮下组织或浆膜腔所引起的一种慢性寄生虫病。早期主要临床特征为急性淋巴管炎、淋巴结炎及丹毒样皮炎，晚期为淋巴管阻塞引起的不同部位的淋巴水肿、象皮肿和睾丸鞘膜积液等系列症状。

我国隋唐时代及以后的古籍中所记载的“两足胫红肿，寒热如伤寒状，从此或一月发，半月数月一发”，“囊大如斗”、“小便如米汁”以及民间流传的“流火”、“大脚风”等均为丝虫病的历史资料。说明该病在我国流行已久。本病危险性大，流行地域广，是我国重点防治的五大寄生虫病之一。

一、病原

世界上寄生于人体的丝虫有8种，我国仅有班氏吴策丝虫和马来布鲁丝虫流行。人是班氏丝虫的唯一宿主，并不感染动物。马来丝虫不但可感染人类和动物，还可感染长尾猴、叶猴、野生猫科动物和穿山甲。寄生于犬、猫及野生动物体的丝虫主要是犬恶丝虫，人类可偶被感染。

1. 分类地位

丝虫属线虫纲，尾感器亚纲、丝虫目，盖头虫科。丝虫是寄生性线虫，虫体细长如丝而得名。

2. 形态学基本特征

犬恶丝虫虫体呈黄白色细长粉丝状，雄虫长120～160mm，尾部呈螺旋状卷曲，有窄的侧翼膜，泄殖腔周围有4～6对乳突。两根交合刺不等长，左侧交合刺长而尖，右侧交合刺短而钝。雌虫长250～300mm，尾端直。口部无唇状构造，食道细长，1.25～1.5mm。阴门开口于食道后端。胎生的幼虫叫微丝蚴，寄生于血液内，体长307～332μm。

马来丝虫虫体细长，乳白色，头部略膨大，口周有乳突2圈，每圈4个。雌虫平均长56.1mm，颈部稍细，尾部略向腹面弯曲。雄虫较短小，平均长24.0mm，尾部向腹面弯曲2～3圈。

微丝蚴细长，头端钝圆，尾端尖细，外被鞘膜，大小（177～230）μm×（5～6）μm。在染色的固定标本显示体内有许多圆形细胞核，无核处依次为头端空隙、神经环、排泄孔、排泄细胞、肛孔等结构。微丝蚴尾端有2个尾核。

二、生活史

丝虫的生活史需经成虫在终宿主人类、动物体内的发育、繁殖和幼虫在中间宿主（传播媒介）两个发育体阶段。马来丝虫和犬恶丝虫均不存在贮存宿主。

1. 在蚊体内的发育

当蚊叮、吸带有微丝蚴的患者血液时，微丝蚴随血液进行蚊胃，经1～7小时，脱去鞘膜，穿过胃壁经血腔侵入胸肌，在胸肌内经2～4天，虫体活动减弱，缩短变粗，形似腊肠，称腊肠期幼虫。其后虫体继续发育，又变为细长，内部组织分化，其间蜕皮2次，发育为活跃的感染期丝状蚴。丝状蚴离开胸肌，组织继续分化，其间蜕皮2次，发育为活跃的感染期丝状蚴，尔后进入蚊血腔，其中，大多数到达蚊的下唇，当蚊再次叮咬人类或动物吸血时，幼虫自蚊下唇逸出，经吸血伤口或正常皮肤侵入人体。

在蚊体寄生阶段，幼虫仅进行发育并无增殖。微丝蚴侵入蚊体后很多在胃内即可被消灭，有的可随蚊的排泄物排出，最后能形成感染期幼虫而到达蚊下唇者为数不多。微丝蚴对蚊体也有一定影响，如机械损害，吸取蚊体营养等。患蚊血液中微丝蚴密度较高，可使已感染的蚊死亡率增高。故有人认为微丝蚴在血液中的密度须达到15条/20mL血以上时，才能使蚊受染，多于100条/20mL时，常可致蚊死亡。

微丝蚴在蚊体内发育所需的时间，与温度和湿度有关。最适合的温度为20～30℃，相对湿度为75%～90%。在此温、湿度条件下，班氏微丝蚴在易感蚊体内需 10 ~ 14 天发育成感染期丝状蚴，马来微丝蚴则需 6 ~ 6.5 天。温度高于 35℃ 或低于 10℃，则不利于丝虫幼虫在蚊体的发育。感染期丝状蚴入侵人体时，也需较高的温、湿度。

2. 在人体内的发育

感染期丝状蚴进入人体后的具体移行途径，至今尚未完全清楚。一般认为，幼虫可迅速侵入附近的淋巴管，再移行至大淋巴管及淋巴结，幼虫在此再经 2 次蜕皮发育为成虫。雌、雄成虫常互相缠绕在一起，以淋巴液为食。成虫交配后，雌虫产出微丝蚴，微丝蚴可停留在淋巴系统内，但大多随淋巴液进入血液循环。

马来丝虫多寄生于上、下肢浅部淋巴系统，以下肢为多见。此外，马来丝虫可异位寄生，如眼前房、乳房、肺、脾、心包等处，以班氏丝虫较多见。微丝蚴除可在外周血液发现外，也有在乳糜尿，乳糜胸腔积液、心包积液和骨髓内等查到的报道。

马来丝虫成虫的寿命一般为 4 ~ 10 年，个别可长达 40 年。微丝蚴的寿命一般为 2 ~ 3 个月，有人认为可活 2 年以上。在实验动物体内微丝蚴可活 9 个月以上，在体外 4℃ 下可活 6 周。

三、流行病学

1. 传染来源

血中有微丝蚴的带虫动物、病人和无症状带虫者都是丝虫病的传染源。

2. 传播途径

通过雌蚊叮咬传播。我国传播丝虫病的蚊媒有 10 多种。马来丝虫的主要媒介是中华按蚊、嗜人按蚊和东乡伊蚊。犬恶丝虫主要媒介为按蚊、伊蚊和库蚊。

3. 易感人群及动物

人群普遍易感。男女发病率无明显差异。20～40 岁的感染率与发病率最高，1 岁以下者极少。部分线虫病感染者可产生一定的免疫力，但免疫力低下，病后可重复感染。

马来吸虫对除鱼类以外的脊椎动物和人类均易感。犬恶丝虫对犬、猫及其他野生肉食动物均易感。

4. 流行特征

自然因素如温度、湿度、雨量、地理环境等既影响蚊虫的孳生、繁殖和吸血活动，也影响丝虫幼虫在蚊体内的发育。如微丝蚴在蚊体内发育的适宜湿度为 25～30℃，相对湿度为 70%～90%；气温高于 35℃或低于 10℃，微丝蚴在蚊体内即不能发育。因此，丝虫病的感染季节主要为 5～10 月。

5. 发生与分布

5～10 月为丝虫病感染季节。在温暖的南方，一年四季都可感染。马来丝虫病仅流行于亚洲。在我国山东、河南、江苏、上海、浙江、安徽、湖北、湖南、江西、福建、台湾、贵州、四川、广东及广西等省、区、市均有本病。除山东、广东、台湾仅为班氏丝虫病流行，其他省（区、市）两者兼有。新中国成立后，由于开展普查普治工作，本病感染率显著下降。

犬恶丝虫在我国分布很广。在我国北至沈阳、南至广州均有发生。广东省犬的感染率最高，可达到 50% 左右。在中西部感染率为 20%～40%，高的流行率总是与蚊子密度相关。本病虽对犬有很大的危害，但轻度感染的患犬常常是不表现症状或症状不明显，因为，该虫的生活周期长，经蚊感染的微丝蚴生长成成虫 6～7 个月，临诊症候很少在感染后 1 年就出现，发病的过程是感染逐渐蓄积的过程。

四、对动物与人的致病性

（一）对动物的致病性

犬恶丝虫寄生于犬心脏的右心室及肺动脉，引起循环障碍、呼吸困难及贫血等症状，感染犬临床常见精神倦怠，运动能力下降。感染猫主要表现咳嗽、呼吸急促和呼吸困难，重度感染可致死亡。另外，犬感染犬恶丝虫微丝蚴期间，在犬的背部、四肢皮肤上常常伴发结节性皮肤病，有时出现皮肤瘙痒。结节破溃，发生化脓性肉芽肿炎症。

马来丝虫病急性期为反复发作的淋巴管炎，淋巴结炎和发热。慢性期为淋巴水肿。

（二）对人的致病性

犬恶丝虫感染性幼虫可经由蚊的叮咬而传染给人，但人体并非适当宿主，所以危害不大，但偶尔亦会寄生于肺脏、体腔或皮下等部位形成结节肿块，病人可有胸痛、咳嗽，偶尔咯血，常规胸部X线检查时可发现肺部结节。

马来丝虫对人的致病性较复杂，通常分为急性炎性期和慢性阻塞期。急性炎性期的症状体征为急性淋巴结炎、淋巴管炎、丝虫热、精囊炎、附睾炎、睾丸炎和肺嗜酸性粒细胞浸润综合征。慢性阻塞期的症状体征有淋巴结肿大和淋巴管曲张、鞘膜积液、乳糜尿和象皮肿与淋巴水肿。

五、症状

丝虫病临床表现轻重不一，约半数感染者无症状而血中有微丝蚴存在。

犬患丝虫病早期出现慢性咳嗽，后出现心悸亢进，脉细弱并有间歇，心内有杂音。肝区触诊疼痛，肝大。胸、腹腔积液，腹围增大，呼吸困难，全身浮肿。末期贫血增进，逐渐消瘦衰弱致亡。病犬常伴发结节性皮肤病，以瘙痒和倾向破溃的多发性灶状结节为特征。人类患有丝虫病时表现为急性期和慢性期。

六、诊断

（一）临床诊断要点

（1）发病的3~5个月前有在流行季节流行区居住史。

（2）反复发作的非细菌性的肢体、阴囊、乳房淋巴系统炎症，男性的精索炎、附睾炎及睾丸炎，局部的疼痛、肿胀、湿热感及丹毒性皮炎，伴有发热、头痛、不适等全身症状。

（3）不对称性肢体淋巴水肿、象皮肿、鞘膜积液、阴囊或乳房肿大。

（二）实验室诊断要点

（1）夜间（21：00至次日2：00）采血检查微丝蚴阳性或血清检测抗体阳性。

（2）尿液、淋巴液、鞘膜积液内查见微丝蚴。

（3）淋巴管、淋巴结内查见丝虫断面。

（4）乳糜尿及淋巴尿检查阳性。

七、防治

在丝虫病的防治工作中，普查、普治和防蚊、灭蚊是两项重要措施。在已达到基本消灭丝虫病指标的地区，应将防治工作重点转入监测管理阶段。

（一）普查普治

及早发现患者和带虫者，及时治愈，既保证人民健康，又减少和杜绝传染源。夏季对流行区1岁以上人群进行普查，要求95%以上居民接受采血。冬季对微丝蚴阳性者或微丝蚴阴性但有丝虫病史和体征者，进行普治。

（二）防蚊灭蚊

于蚊虫孳生地消灭蚊虫，在有蚊季节正确使用蚊帐。户外作业时，使用防蚊油、驱蚊灵及其他驱避剂等涂布暴露部位的皮肤，头部等暴露部位可用防蚊网（棉线浸渍701防蚊油制成）。

（三）保护易感人群

在流行区采用海群生食盐疗法，每千克食盐中掺入海群生3g，平均每人每日16.7g食盐，内含海群生50mg，连用半年，可降低人群中微丝蚴阳性率。近年，我国成功研制抗丝虫新药呋喃嘧酮，对微丝蚴与成虫均有杀灭作用。用总剂量140mg/kg体重，7日为一疗程。

（四）加强流行病学监测

在监测工作中，应注意对原阳性病人复查、复治，对以往未检者进行补查补治。同时，加强对流动人口的管理，发现病人，及时治疗直至转阴；加强对血检阳性户的蚊媒监测，发现感染蚊，即以感染蚊生活区为中心，向周围人群扩大查血和灭蚊，以清除疫点，防止继续传播。

八、对公共卫生的影响

丝虫病在全球均有发生，在我国涉及地域广泛，尤以中原和水网稻田的南方各省市是本病的多发区。新中国成立前，该病危害严重，20世纪60—70年代我国政府大力开展爱国卫生运动，对疫区居民进行全面的监测、监治，有效地遏制了该病的流行。但是，该病的病原、虫媒难以消灭，对人类的危害性仍然存在。所以，在蚊虫活动的季节特别是疫区要注意防止蚊子叮咬，以防感染。

第九节　内脏幼虫移行症

内脏幼虫移行症（VLM）是指由以动物为宿主的寄生虫，主要是犬弓蛔虫和猫弓蛔虫的幼虫侵入人体肠道以外的脏器，导致虫体本身不发育或仅部分发育，并在各组织器官（主要为肝脏、脑、心脏和肺脏等）长期移行和存在，引起宿主机体受损、嗜酸性粒细胞炎症为特征的一系列症候群。1952 年，Beaver 等报道了 3 例犬弓蛔虫感染的儿童病例，并被命名为 VLM，用以区别当时已熟知的皮肤幼虫移行症（CLM），而后相继有犬弓蛔虫和猫弓蛔虫所致 VLM 的病例报道。世界卫生组织已把 VLM 列为人兽共患寄生虫病的一类。但国内本病例报道较少，可能与尚未足够重视有关。

一、病原

1. 分类地位

人 VLM 的病原主要包括蛔目弓首科弓首属的犬弓首线虫（*T. canis*）、猫弓首线虫、狐蝠弓首线虫、貉弓首线虫和牛弓首线虫；蛔科贝蛔属的浣熊贝蛔虫、鼬贝蛔虫、西氏贝蛔虫、獾贝蛔虫、熊贝蛔虫、貂贝蛔虫和塔斯马尼亚贝蛔虫，蛔线虫属的猪蛔虫，兔唇蛔线虫属的小兔唇蛔线虫和斯氏兔唇蛔线虫，副蛔线虫属，的马副蛔虫；禽蛔科禽蛔属的鸡蛔虫；异尖科异尖线虫属的海异尖线虫，对盲肠线虫属的小吻对盲线虫，海豹线虫属的海豹前盲端线虫，鲉蛔线虫属的内曲鲉蛔线虫和钻线虫属等。

2. 形态学基本特征与培养特性

以犬弓首线虫为例，虫体淡黄白色或肉红色、呈线状，头部弓形弯曲向腹面。雌虫一般长 9 ~ 18cm，尾端直。雄虫长 5 ~

11cm，尾端弯曲，比雌虫略纤细。成虫头端有大小相似的片唇，在虫体前端两侧有颈翼膜向后延展，雄虫尾端腹面弯曲，末段有一小锥突，可见两根突出的交合刺，有尾翼。雌虫尾端直，阴门开口位于虫体前半部，颜色深。

蛔虫卵分受精卵和未受精卵两种。受精蛔虫卵呈宽卵圆形，大小为（45～75）μm×（35～50）μm，从外向内分别为受精膜、壳质层和蛔甙层。卵壳质层较厚，另两层极薄，常规镜检难以分辨。卵壳内有一个大而圆的细胞，与卵壳间常见有新月形空隙。卵壳外有一层由虫体子宫分泌形成的蛋白质膜，表面凹凸不平，在肠道内被胆汁染成棕黄色。未受精蛔虫卵多呈长椭圆形，大小为（88～94）μm×（44～49）μm，壳质层与蛋白质膜较受精蛔虫卵薄，无蛔甙层，卵壳内有大量折光性颗粒。若蛔虫卵的蛋白质膜脱落，卵壳则呈无色透明。

3. 理化特性

蛔虫卵对外界理化等不良条件的抵抗力强，在荫蔽的土壤中或蔬菜上，一般可活数月至一年；醋、酱油或泡菜的盐水不能将虫卵杀死。蛔虫卵因卵壳蛔甙层的保护，对常见化学试剂具抵抗力，如10%的硫酸、盐酸、硝酸或磷酸溶液均不能影响虫卵内幼虫的发育；但对于能溶解蛔甙层的有机溶剂，如氯仿、乙醚、乙醇和苯等有机溶剂，或能透过蛔甙层的气体以及氰化氢、氨、溴甲烷和一氧化碳等气体敏感。

二、流行病学

1. 传染来源

感染性的寄生虫卵污染的食物、饮水或环境等是最大的传染源，由于人接触了被虫卵污染的泥土，或食用被虫卵污染的生蔬菜瓜果，或直接食用没有煮熟的寄生虫宿主源性食品，如感染寄生虫的猪、羊、兔、鸡和牛等动物制品，都可导致VLM。

2. 传播途径

人患 VLM 主要是经口误食感染性虫卵所致，如弓首科、蛔科、禽蛔科引起的 VLM 是经口摄入了感染性虫卵。异尖线虫 VLM 是因吃了含活幼虫的海鱼肉和海产软体动物所致。对于儿童，异食癖是患 VLM 的主要原因。

3. 易感动物

多种寄生虫感染性虫卵侵入非宿主体内后都可能引起 VLM，实验室进行了大量动物 VLM 研究发现，各种蛔虫对小鼠、大鼠、豚鼠、家兔、绵羊、猪、鸡、鸽子、猴等动物均易感。

4. 流行特征

VLM 在世界上分布广泛，尤以犬、猫弓首线虫引起的病例多见。欧美国家养犬、养猫盛行，研究表明弓首线虫病的感染率与人和犬、猫的密切接触有关，与犬接触密切者弓首线虫抗体阳性率为 15.7%，而未养犬者仅 2.6%。猎人或猎户的家庭成员抗体阳性率也明显高于其他人。弓首线虫病感染率还与人们的社会、经济地位有明显关系，社会地位低、经济状况差的人群弓首线虫导致的 VLM 患病率比较高。

5. 发生与分布

自 1952 年首次报道 VLM 病例，至今 VLM 在世界范围内广泛分布。美国、英国、法国、加拿大、澳大利亚、菲律宾、墨西哥、新西兰、罗马尼亚、委内瑞拉等国家感染率均较高，且儿童高于成人。

狐蝠弓首线虫病主要流行于澳大利亚北部的一些岛屿，以水果为食物的狐蝠类动物常将携带感染性虫卵粪便拉在水果以及果树的树叶上，人吃了这些水果引起发病。人贝蛔虫 VLM 发病率不高，仅美国报道过数例。兔唇蛔线虫 VLM 主要散在分布于中美洲的苏里南、委内瑞拉、特立尼达和多巴哥、哥斯达黎加和南美的巴西、智利等国。

异尖线虫 VLM 主要分布于日本、荷兰、美国、英国、法国等喜爱生食鱼和海鲜的国家，我国目前尚无异尖线虫病的病例。但调查表明，我国东海和黄海捕获的 33 种海鱼和两种软体动物的异尖线虫检出率竟高达 84%，也存在非常大的潜在感染危险。

三、对动物与人的致病性

VLM 是由于人误食寄生虫卵或吃了含寄生虫幼虫的中间宿主源性食品。感染后症状根据感染寄生虫数量和侵入组织不同而差别。中枢神经系统感染是最严重的形式。

（一）对动物的致病性

浣熊贝利蛔线虫属，是浣熊蛔虫，能引起犬猫和家畜等严重感染。人贝利蛔线虫幼虫自然感染犬病例也有报道，兔、羔羊，非人灵长类，家畜和野鸡，海獭和其他动物患 VLM 都有报道。

（二）对人的致病性

VLM 导致感染者组织损伤，严重者可死于幼虫移行激活的炎症反应。感染的组织涉及肝脏、心肌、脑组织、胰腺、肾脏、肠和外周淋巴结。感染者出现发烧、淋巴结肿大、肝大、咳嗽、哮喘、荨麻疹和体重减轻症状，眼睛感染常是犬弓首线虫感染后重要的并发症。

1. 弓首线虫病

发病与患者的体质情况、摄入虫卵量有关。感染后可有发热、咳嗽、哮喘、皮肤瘙痒、头痛、腹痛、肌肉酸痛、失眠、虚弱等症状，幼虫侵犯中枢神经系统后可引起惊厥、癫痫、脑膜炎等。累及眼，可导致视力下降甚至失明。

2. 贝蛔虫病

除具弓首线虫病的症状外，对中枢神经系统损害尤为严重，出现剧烈头痛、嗜睡、昏迷、共济失调症状，患者常因严重的嗜酸性粒细胞脑膜炎而死亡。

3. 猪蛔虫病

猪肠内蛔虫很少引起人内脏幼虫移行症。人感染多发生偶然吃了寄生虫卵，或者是食用了未煮熟的牛肉、鸡肝等。猪蛔虫幼虫能侵入肝脏和肺，导致嗜酸性粒细胞性肺炎，炎性假瘤和其他肝损伤。极少会出现脊髓炎和神经症状。猪蛔虫感染牛等其他动物病例也有报道。

4. 兔唇蛔虫病

在患者头颈部、耳后及背部等处形成慢性脓肿、溃疡、瘘管，偶有幼虫进入中枢神经系统可发生头痛、嗜睡、昏迷等症状。

5. 异尖线虫病

患者仅有胃肠道轻度不适，稍严重时表现为食鱼后数小时突发上腹部剧痛伴恶心、呕吐、腹泻等症状。

四、诊断

1. 临床诊断

根据病人的年龄、有无异食症或不洁食物史、卫生状况与生活习俗、与动物接触的情况等，结合患者的临床表现特点、临床生化指标以及 X 线透视、纤维胃镜等物理检查，在排除其他疾病的基础上对本病初步诊断。

2. 病原学诊断

本病的诊断取决于患者体内病原幼虫的检测。由于 VLM 病原在人或非适宜宿主体内不能发育成熟（小兔唇蛔线虫病例外），故传统的粪检无意义，一般需经穿刺或直视手术下取小块易受累的器官或组织做病理切片检测病原。不同的虫种在组织切片中可根据虫体横径大小、侧翼的有无、肠管及排泄柱的特点来辨认。

3. 免疫学诊断

免疫学方法在辅助诊断 VLM 方面具特异性强、灵敏度高等优点，故目前广泛运用于诊断和血清流行病学调查。

五、防治措施

本病总的来说是一自限性疾病，VLM 比较容易治愈，最重要的是去除传染源，感染症状可在数周之内消失。当 VLM 引起严重的症状或已感染重要组织器官时可采取药物治疗。阿苯达唑、甲苯咪唑或乙胺嗪都是较有效的药物。

（一）动物 VLM 的防治措施

1. 综合性预防措施

定期检验与驱虫，幼犬每月检查 1 次，成年犬每季检查 1 次，发现病犬立即进行驱虫。可用左咪唑，10mg/kg 体重内服；或者用甲苯咪唑 10mg/kg 体重，每天服 2 次连服 2 天。磺苯咪唑 15mg/kg 体重或用噻嘧啶（抗虫灵）5～10mg/kg 体重内服；或用枸橼酸哌嗪（驱蛔灵）100mg/kg 体重内服。

2. 合理饲养动物，搞好环境卫生

各种病原体可通过动物与人体的密切接触，如抚摸、共寝等传播，人们在与动物接触时一定要把握分寸。对动物环境、食槽、食物的清洁卫生要认真搞好，及时清除粪便，并进行发酵处理。对犬、猫怀孕前或出生后使用驱虫药，加强动物卫生保健能够有效防止人 VLM 发生。

（二）人类内脏幼虫移行症的防治措施

1. 人内脏幼虫移行症的预防

VLM 大多是经口感染，所以，要加强卫生宣传教育，提高人们的卫生知识水平，改善不良的饮食习惯，注意饮食卫生，积极治疗动物的寄生虫感染，管理好家养动物，做好动物粪便的管理和无害化工作，搞好环境，对有异食症的儿童要及时查明病因予以治疗。做好海鱼或海洋软体动物的检疫和加工处理，用深度冷冻处理或加热至 60℃，片刻即可杀死异尖线虫的幼虫。

2. 人内脏幼虫移行症的治疗

弓首线虫病过去常用乙胺嗪口服，现在常用噻苯咪唑、甲苯达唑等药物治疗两药疗效相似，但前者副作用较大，常须并服抗炎类药物。临床上无症状体征，仅流行病学调查弓首线虫抗体阳性者建议不予药物治疗，但应定期进行随访。兔唇蛔线虫病用左旋咪唑治疗效果较好。人体贝蛔虫病目前无特效治疗药物，动物实验小白鼠贝蛔虫病用双萘羟酸噻嘧啶、酒石酸盐噻嘧啶治疗有一定效果。胃肠道异尖线虫病应尽早采用纤维胃镜取出虫体，继服抗酸剂以利受损胃肠黏膜恢复正常。胃肠外异尖线虫病目前无特效治疗药物。已形成瘤样肿物并影响机体正常功能者，应施予外科手术治疗。

六、公共卫生影响

VLM 作为一种多病原引起的人兽共患寄生虫病，其特点是感染宿主种类多，人或动物被感染的几率大，彻底清除该病比较困难。而且一旦发生 VLM 感染将给人们身体健康和生命安全带来较大影响。

目前，我国各种动物肠蛔虫感染率很高，而且城乡许多家庭喂养家禽和犬、猫等动物，为我国 VLM 的防控提出了新的挑战。相比国外而言，我国 VLM 研究水平和力量比较薄弱，国家投入的人力和财力比较少，对 VLM 的科学研究不够重视。为此，我们应改变对 VLM 的态度，充分认识其作为一种重要人兽共患寄生虫病的公共卫生学意义，加强基础研究和流行病学监测，提高 VLM 防控和治疗水平。

第十节　蜱

蜱是一些体型微小的蛛形纲昆虫的常用称呼，是家养动物的重要体外寄生虫，依靠吸食宿主（哺乳动物、鸟类等）的血生活，并分泌神经毒素，有时造成宿主麻痹或死亡。蜱是人和动物一些重要疾病如莱姆病、Q 热比较罕见，主要由动物被感染的排泄物传播）、兔热病、回归热、落基山斑点热、脑炎、犬黄疸病等等的传播者。

一、病原

1. 分类地位

蜱的分类地位目前存在争议，分歧主要集中在总目、目、亚目和总科的认定上。根据 Barker 的分类体系，蜱类隶属节肢动物门，蛛形纲，蜱螨亚纲，寄螨目，蜱亚目，蜱总科，蜱总科又下设 3 个科，即硬蜱科、软蜱科和纳蜱科。根据 Evans 的分类体系，蜱类隶属节肢动物门，蛛形纲，蜱螨亚纲，寄螨总目，蜱目，蜱目下直接分为硬蜱科、软蜱科和纳蜱科。截至 2006 年，世界已知蜱类有 3 科 18 属 897 种，中国现有蜱类 2 科 10 属 119 种。

2. 形态学基本特征

蜱成虫在躯体背面有壳质化较强的盾板，通称为硬蜱；无盾板者，通称为软蜱。成虫体分假头和躯体两部分。躯体椭圆形，表皮革质。未吸血时背腹扁平，体长 2 ~ 10mm，雌性硬蜱饱血后有的可达 30mm。螯肢末端具齿状的定趾和动趾，用于切割宿主皮肤。口下板较发达，其腹面有纵列的逆齿，有穿刺与附着作用。吸血时须肢起固定和支柱作用。与螨的区别是在第一足跗节有一感觉窝（哈勒氏器），眼有或无。

3. 生活史

不同蜱种的分布与气候、地势、土壤、植被和宿主等有关。多数硬蜱生活在田野和森林中，但有少数种类（如褐犬蜱）生活于人类居室。软蜱与硬蜱的区别在于：间歇取食，产几窝卵，发育期在家中或宿主窝中度过而不是在田野里。发育过程有卵、幼虫、若虫和成虫4期。硬蜱若虫只1期，软蜱通常为3~4期，多者可达5~8期，因种类或生活条件而异。硬蜱寿命为几个月至1年。吸血后寿命较短，雄蜱活月余，雌蜱产卵后1~2周死亡。软蜱的成虫由于多次吸血和多次产卵，一般可活5~6年，有些种类可活十几年以至20年以上。

二、流行病学

1. 传染来源

动物中犬、猫是蜱的主要宿主，蜱可作为寄生虫病和传染病的重要媒介，通过吸血并分泌神经毒素（有时使宿主麻痹或死亡）及其的排泄物，传播微孢子虫病、落基山斑疹热、Q热、兔热病、出血热和脑炎等疾病。

2. 传播途径

蜱主要通过动物的室外活动、繁殖场所传播到动物身上，可附在宿主身上连续取食几天，雌蜱吸饱血后从宿主身上掉下，寻找适当的地方栖息，产卵一团后死去。孵出的幼体爬到草上，等候宿主，受哺乳类动物发出的丁酸气味刺激，幼虫吸附于宿主身上。吸饱血后，幼虫落地并蜕皮，成为8足的若蜱。若虫也等待适当的宿主，吸饱血后又掉下来蜕皮变为成虫。

蜱在宿主的寄生部位常有一定的选择性，一般在皮肤较薄，不易被搔动的部位，如颈部、耳后、腋窝、翅下、趾内等。

人类与受到蜱感染的动物亲密接触经常会造成蜱咬伤人，也可在进入有蜱地区时受到蜱的主动侵袭，但比较少见，而且主动侵袭人类的蜱种类不多。目前，蜱作为人与动物疾病的第二大传播媒介，已受到人们的广泛重视。

蜱属于自然疫源性人兽共患传染病，其传播媒介包括有蜱生存的室外环境、宠及动物的繁殖或活动场所。

3. 易感动物

(1) 自然宿主。人类、哺乳动物（犬、猫、牛、马、狮子等)、禽类、爬行动物和两栖动物（比较罕见)。硬蜱对宿主有一定的选择性，如血红扇头蜱主要宿主是犬，次要宿主是绵羊和其他动物；微小牛蜱主要宿主为黄牛和水牛，次要宿主有山羊、绵羊、猪、犬等。

(2) 动物。犬、猫等。

4. 流行特征

硬蜱的活动具有明显的周期性，大部分种类活动的高峰季节在春季，也有一些种类在夏季。我国各地犬、猫感染的硬蜱种类与其习惯活动地带有关。硬蜱的活动一般发生在白天，软蜱则主要在夜间吸血。硬蜱和软蜱均具有很强的耐饥饿能力。

人感染蜱多数是因为与受蜱感染的动物有密切接触，也有少部分从事野外活动的人员被蜱主动侵袭而感染（表3－2)。

表3－2 重要蜱螨媒性疾病的流行特征

病名	分布	流行季节	易感人群
森林脑炎	前苏联、朝鲜、中国、马来西亚、美洲	春夏	进入林区人员
波瓦桑脑炎	加拿大、美国、北欧、前苏联	夏	儿童
苏格兰脑炎	苏格兰、北爱尔兰、威尔士、爱尔兰	春夏	牧羊、剪羊毛人员
克里米亚－刚果（新疆）出血热	前苏联、前南斯拉夫、非洲、巴基斯坦、印度、中国	3～6月	青壮年牧民
恙虫病	东南亚、澳大利亚、南太平洋地区、中国	南方：夏，北方：秋	接触草地人员
Q热	分布广泛、中国	多途径传播、无季节性	接触家畜羊羔人员及其皮、毛、肉、奶人员

（续表）

病名	分 布	流行季节	易感人群
落基山斑点热	南北美洲	夏季	在森林工作者
立克次体痘	美国、前苏联、朝鲜	全年有，春夏季多	城镇接触媒介螨
蜱传斑疹伤寒	地中海、东南亚、南亚、非洲	夏	接触犬蜱者
北亚蜱传立克次体病	前苏联、太平洋沿岸到乌拉尔山地区、蒙古、印度、中国	3～11月	鼠蜱接触者
土拉伦菌病	北半球：前苏联、美国、中国	多途径传播、无季节性	猎人，皮毛肉加工人员、农牧民
蜱媒回归热	亚、非、欧、美洲、中国	春夏	筑路、水利工作、野营
莱姆病	美、欧、亚、非、大洋洲、中国	夏	户外：林区
巴贝虫病	苏格兰、爱尔兰、法国、美国、墨西哥、	春	进入牛、马巴贝虫流行
凯萨努尔森林病	印度	旱季	进入森林区
流行性出血热	欧洲、亚洲、中国	秋冬，春夏	户外作业：野鼠型 家里：家鼠型

引自 李朝品主编．医学蜱螨学．人民军医出版社，2006

5. 发生与分布

蜱类呈全球性分布，除南极洲外，从赤道至北极圈均有发现，热带和亚热带地区尤多，并能借助寄主或载体扩散至世界各地。

中国的蜱类分布不均匀，呈点状和带状分布。其中，云南、甘肃、新疆、台湾、西藏、福建等省区种类最多（30～46种），而河南、江西等省区种类最少（4～6种）。

点状分布型 （只出现在一个省区），如拟日锐缘蜱（广西），北京锐缘蜱（河北），罗氏锐缘蜱（台湾）等；有些也出现在邻近的省区，如日本锐缘蜱（吉林、辽宁、河北）、普通锐缘蜱（宁夏、甘肃、新疆、黑龙江）等。这种蜱约占中国蜱类总种数的69.75%，具有种类多、分布地域狭窄的特点，构成地区特有种。

带状分布型　长角血蜱、微小扇头蜱、镰形扇头蜱、和血红扇头蜱等几乎遍布全国；而波斯锐缘蜱等从东北到西北呈带状分布，并由北向南向邻近地区扩散。带状分布的蜱类约占中国蜱类总种数的30.25%，具有种类少、分布广的特点，属于常见种。

由于我国部分省区的蜱类资料不完整，以上的研究结果还需进一步完善。

三、对动物与人的致病性

（一）对动物的致病性

蜱对动物的致病性表现如下。

1. 直接危害

蜱类吸血造成皮肤损伤，引起寄生部位的痛痒，使动物烦躁不安，摩擦或啃咬体表，伤口部位会继发皮炎和伤口蛆。蜱寄生于动物趾间时，即使只有一只也会造成动物跛行，捉除蜱后，动物会继续跛行几天。蜱大量寄生时，能引起动物贫血、消瘦、发育不良，以及幼犬的死亡。若大量寄生于头、颈、或后肢部，可引起动物全身麻痹或后肢麻痹等蜱麻痹现象。

2. 间接传播疾病

蜱类的吸血特性使其携带的病原体传播到动物身上。蜱可携带的病原体包括约83种病毒、26种原虫、20种立克次体、17种螺旋体、14种细菌及钩端螺旋体、鸟疫衣原体、真菌样支原体、鼠丝虫、线虫、犬巴尔通氏体、锥虫等，引发的疾病有犬巴贝斯虫病、立克次氏体病和焦虫病等。

(二) 对人的致病性

蜱类虫叮咬具有麻痹性，所以，进入人体的时候不痛不痒，过一段时间就会看到在皮肤表层形成一个蚕豆大的肿块。一旦被蜱叮咬，其携带的病原体会引起很多并发症，这些并发症有的虽然可以通过药物得到缓解，但是想要彻底根除却很难。

在我国传播的疾病主要包括：乙型脑炎、森林脑炎、出血热、斑点热、莱姆病、恙虫病、回归热、钩端螺旋体病、布病、环状病毒病等。

四、诊断

(一) 动物蜱的临床诊断要点

在动物体表发现蜱的幼虫、若虫和成虫可作出诊断。选择未吸饱血的雄蜱来鉴定蜱的种类。对于怀疑为“蜱瘫痪”的犬猫，如果体表发现病原尤其是雌蜱，可确诊。

(二) 人感染蜱的临床诊断要点

蜱类虫叮咬人一般不易察觉，少数种类的蜱叮咬有痛感。叮咬后24～48小时局部出现不同程度的炎症反应，轻者局部仅有红斑，中央有一虫咬的淤点或淤斑，重者淤点周围有明显的水肿红斑或丘疹、水疱，时间稍久可以出现坚硬的结节，抓破后形成溃疡，结节可以持续数月甚至1～2年不愈。软蜱刺伤后有时能引起组织的坏死，我国新疆发现的钝缘蜱叮咬后形成多发性坚硬的结节及出血性损害，约经过2周局部痒痛才达到高峰，3周后才开始消退。此外在蜱吸血之后的1～2天，有的患者会出现畏寒、发热、头痛、腹痛、恶心、呕吐等“蜱咬热”症状。蜱叮咬后临床症状轻重差异很大，有时与其他昆虫叮咬难以区分，必须在体表发现虫体才能确诊。

五、防治措施

（一）动物的防治措施

1. 预防

经常检查动物体表和窝舍的蜱，发现后用手摘除，注意应使蜱身体与动物皮肤垂直向上拔出。动物窝舍要通风干燥，填抹墙缝，堵封洞穴，清除周围环境杂草和灌木丛，窝舍要打扫干净，定期药物喷洒，以消灭蜱的滋生场所。

佩戴除虫项圈有助于减少感染机会。避免动物在蜱滋生地活动。

死亡的动物尸体需安全运输至指定地点进行无害化处理，对场地进行严格消毒和监控。

采取生物防治方法，自然界中有100多种病原体、150多种捕食性天敌和7种拟寄生性黄蜂对蜱具有致病性或可作为蜱的天敌。近20年来，国外观察了多种病原和天敌对蜱的防治效果，但尚无商品化生防制剂生产。

2. 治疗

目前，主要采取化学药物灭蜱。

（1）局部用药。1%～2%敌百虫溶液、0.2%辛硫磷溶液、20%双甲脒乳油等局部涂擦或喷洒用药。安万克滴剂对犬、猫蜱和其他多种体外寄生虫有显著疗效。动物佩戴项圈也可有效驱杀寄生于体表的硬蜱。

（2）全身用药。伊维菌素、阿维菌素、多拉菌素、西拉菌素等大环内酯类杀虫剂口服、皮下注射或肌肉注射，对蜱等体外寄生虫有很强的杀灭作用。

对于有“蜱瘫痪症”动物，治疗时除应摘除体表的蜱外，还要采取中和血液中的循环毒素并采取必要的支持疗法，按30mg/kg体重静脉注射氢化可的松可有效缓解症状。

(二) 人的防治措施

1. 预防

与动物密切接触的人员应注意经常检查动物是否被蜱寄生，要及时清除并采取预防和治疗措施；保持家居内部和周边环境保持卫生。野外工作人员进入有蜱地区要穿防护服，扎紧裤脚、袖口和领口。外露部位要涂擦驱避剂（避蚊胺、避蚊酮、前胡挥发油），或将衣服用驱避剂浸泡。离开时应相互检查，勿将蜱带出疫区。

2. 治疗

发现被蜱叮咬后，不可强行拔除，以免撕伤皮肤及防止口器折断在皮内。可用乙醚、氯仿、煤油、松节油、旱烟油涂在蜱的头部或在蜱旁点燃蚊香，数分钟后蜱自行松口，或用凡士林、液状石蜡、甘油厚涂蜱的头部，使其窒息，然后用镊子轻轻把蜱拉出。

去除蜱后伤口要进行消毒处理，如发现蜱的口器断在皮内要手术取出。在伤口周围以2%盐酸利多卡因作局部封闭，亦有人用胰蛋白酶2 000单位/mg加生理盐水100mL湿敷伤口，可加速伤口的愈合。

出现全身中毒症状要给予抗组胺药或皮质类固醇。出现蜱麻痹或蜱咬热要及时进行抢救。如创面有继发感染要进行抗感染治疗。

六、对公共卫生的危害和影响

蜱类疾病由于有动物宿主存在，容易在自然界中流行。当人进入自然疫源地或与动物等密切接触就可能被感染、发病，对居民健康和生产活动有着严重的影响。因此，蜱媒疾病的调查具有重要的公共卫生学意义。

蜱传播疾病的方式主要有：①自然带毒蜱叮咬吸血时，病原体从涎液排出，注入宿主体内，导致感染。②蜱在吸血过程中，排出的粪便或基节液含有病原体，可通过蜱咬伤口或皮肤黏膜小伤口侵入机体引起感染。③带毒蜱被捻碎或压破，其体液中病原体溢出，经皮肤黏膜伤口感染人体。

我国横跨寒、温、亚热和热带地域，气候条件复杂，很多地区存在传播疾病的潜在蜱种，在蜱活动高峰期，这些地区经常出现发热待查病人和不明原因的“热病”暴发或流行。由于蜱的宿主种类繁多、分布区域广泛、生活习性多样，在防治上应根据蜱类的生物学，因地制宜，采取综合措施，才能取得良好效果，在此领域尚需开展更为深入的研究。

蜱也可以作为生物战剂的重要媒介，携带蜱传出血热病毒、蜱传脑炎病毒等大量投撒，控制不及时可造成重大的伤亡。

第十一节　螨

螨是一类体型微小的动物，寄居在人或动物体上，吸食血液，从而传染各种疾病。螨的不少种类与人和动物的健康关系密切。

流行病学调查数据表明，有97.68%的成年人检螨阳性。其中蠕螨感染率在上海为86%，北京为52%。革螨、恙螨、疥螨、蠕螨、粉螨、尘螨和蒲螨等可叮人吸血、侵害皮肤，引起“酒糟鼻”或蠕螨症、过敏症、尿路螨症、肺螨症、肠螨症和疥疮，严重危害人类的身体健康。

一、病原

1. 分类地位

螨类隶属于节肢动物门、蛛形纲、蜱螨亚纲。世界上已知螨类种类有48 200多种，分别隶属于2个目、6个亚目、105个总科、380科，仅次于昆虫。

2. 形态学基本特征

螨类外形一般是头、胸、腹合一的椭圆形或圆形的囊状体，通常背腹扁平，螨身体大小一般都在0.5mm左右，有些小到0.1mm，大多数种类小于1mm。虫体由卵圆形的躯体与其前方的颚体所组成，颚体上生有螯肢和须肢，具有感觉和交配时抱持螨体的作用。大多数螨类的躯体为囊状，表皮有的较柔软（粉螨等），有的形成不同程度固化的背板（甲螨等），背面和腹面均生着各种形状的毛。

疥螨基本特征：成虫很小，类圆形，乳黄色，躯体背面隆起。雌虫长0.3～0.5mm，雄虫0.2～0.3mm。颚体短小，位于前端，有钳形螯肢1对，尖端有小齿。躯体背面有波状横纹、刚毛及皮棘。腹面有粗短足4对，前2对与后2对相距甚远，前2对足末端有柄状吸垫，雌虫后2对足末端各有1根长鬃，雄虫第三对足末端各有1根长鬃，第四对足末端具柄状吸垫幼虫有足3对。

蠕形螨基本特征：体长0.2～0.3mm，平均0.28mm；体宽0.03～0.045mm，平均0.04mm。假头部长约0.03mm；胸部长0.15mm，宽0.04mm；腹部长约0.25mm，宽0.04mm。口器由一对须肢、一对螯肢和一个口下板组成。刚孵出的幼虫，前端椭圆、后端略尖。未发育成熟的胸部有3对足的刺钩，成虫则有四对粗短的足，腹部有多条明显的横纹。

痒螨基本特征：雄虫体长0.35～0.38mm，其第3对足的端部有两根细长的毛；雌虫体长是0.46～0.53mm，第4对发达，不能伸出体边缘，比第3对足短3倍；第3、第4对足无吸盘。

3. 生活史

螨虫生活史一般包括卵、前幼螨、幼螨、第1若螨、第2若螨、第3若螨、成螨）等7个阶段，各阶段的身体形状不同，大小随发育而增大。螨雌雄异体，多数交配后产卵。螨类的生活史短，一代1～4周，发育适宜温度25～28℃。成螨可存活60～100天。螨虫因体小，除休眠体外，一般不耐干燥。分布广泛，繁殖快，可孤雌生殖。

二、流行病学

1. 传染来源

螨无处不在，在各种环境中都可生存，遍及地上、地下、高山、水中和生物体内外。正常的人和动物身上都会有螨的存在；动物犬、猫螨病中常见的螨虫有蠕形螨、疥螨和耳痒螨，偶见背肛螨。患螨病的动物犬猫等是主要的传染源，其被螨污染寄生的窝舍、用具、玩具等构成间接污染源。

2. 传播途径

动物在游戏、外出时可通过与患病动物体表的直接接触或与患病动物的窝舍、用具、玩具密切接触而感染，也可通过胎盘传染。

犬疥螨病可通过人与动物或动物间直接接触而感染，也可由饲养人员或兽医人员的衣服和手传播，属于人兽共患病；耳痒螨病在动物间具有高度的接触传染性；犬蠕形螨病传染途径为接触（直接和间接）感染和胎盘感染，新生幼犬哺乳过程中与母犬接触可寄生蠕形螨，时间限于出生的3～5天。

3. 易感动物

（1）自然宿主。所有具有毛囊及皮脂腺的陆生哺乳动物，包括人在内，身上都有螨的寄生。螨对人的寄生没有国界种族的差异，但是大部分人都不发病，跟螨和平共处，相安无事。但越来越多的研究报告指出，在某些条件下，人螨可成为皮肤致病因子，因此可以说人螨是一种条件致病性人体寄生虫。螨在各种家畜体上不同程度都存在，同一科属的不同的变种，有各自的宿主性，互不感染。每个变种在宿主的每个生长阶段都可感染。

疥螨属世界性分布，除寄生于人体外，还可寄生于哺乳动物，如牛、马、骆驼、羊、犬和兔等的体上。

蠕形螨寄生于多种哺乳动物的毛囊、皮脂腺或内脏中，对宿主的特异性很强。已知有140余种（亚种）。蠕形螨具低度致病性。其危害程度取决于虫种、感染度和人体的免疫力等因素有关，并发细菌感染可加重症状。

痒螨分布于全世界，中国以牧区多见。可寄生于多种哺乳动物体上，其中以寄生于绵羊、牛、马、兔体上的痒螨最常见，次为水牛和山羊等各类家畜。此外尚可寄生于麋、猴、猩猩、熊猫、贫齿类和有袋类野生动物体上。

（2）犬、猫等。犬蠕形螨病的易感品种，地域差异较大，纯种犬比杂种犬易感，吉娃娃、斗牛、松狮、西施、藏獒等是蠕形螨的易感品种。蠕形螨病具有遗传性，可能是常染色体隐性遗传。应当禁止发病犬及其有血缘关系的犬继续繁殖，可以降低此病的发病率。

4. 流行特征

疥螨的流行主要发生于冬季、秋末和春初。蠕形螨抵抗力很强，可在外界存活多日，犬蠕形螨病除寄生于毛囊、皮脂腺外，也可寄生于淋巴结，生长繁殖并转化为内寄生虫。

疥螨对其侵害的宿主有一定选择性，但不十分严格；人可以感染动物的疥螨病，动物也可以感染人的疥螨，动物之间也可以互相传染。

5. 发生与分布

广义上的螨可以说无处不在，遍及地上、地下、高山、水中和生物体内外，繁殖快，数量多，而且种类不少。许多螨类可在土壤和水中自由的生活，但也有一大类靠寄生在植物和动物身上存活。

三、对动物与人的致病性

（一）对动物的致病性

蠕形螨。至今尚不清楚作为动物常驻寄生虫的蠕形螨如何致病。即使是相同品种的蠕形螨在不同犬身上的致病性也有所不同。有人发现使用抗淋巴细胞血清制造免疫缺陷，可以诱发犬蠕形螨病发生。临床上也发现，当成年犬罹患严重的肿瘤病、代谢病，或使用免疫抑制剂容易引发蠕形螨病，这也是免疫缺陷致病的进一步证明。然而幼年动物的全身蠕形螨未必并发严重的感染疾病，而多数体质虚弱或使用免疫抑制剂的犬也未必诱发本病。更多研究发现，免疫抑制是蠕形螨病和其并发的脓皮病导致的结果，而不是起因。遗传性的特异性犬蠕形螨，主要涉及不同程度的 T 淋巴细胞功能缺陷。

疥螨。疥螨在动物皮内的进食、产卵和排泄过程，能刺激大多数感染犬产生体液和细胞性免疫反应，而这种免疫性的防御机制通常能使犬在感染疥螨后的数月自愈，但是感染期间会带给犬中度或重度的瘙痒。瘙痒和病变在发病起始阶段主要位于耳缘、肘部、踝关节和腹部，最终发展至全身。

耳痒螨。耳痒螨寄生于动物外耳道内，则会引起大量的耳脂分泌物和淋巴液外溢，且往往继发化脓。

（二）对人的致病性

疥螨容易由动物传染给人类，但耳痒螨、蠕形螨较少由动物传播给人类。

疥螨寄生于人体皮肤较柔软嫩薄之处，常见于指间、腕屈侧、肘窝、腋窝前后、腹股沟、外生殖器、乳房下等处；在儿童则全身皮肤均可被侵犯。疥螨寄生部位的皮损为小丘疹、剧烈瘙痒是人疥螨病最突出的症状，引起发痒的原因是雌螨挖掘隧道时的机械性刺激及生活中产生的排泄物、分泌物的作用，引起的过敏反应所致。白天瘙痒较轻，夜晚加剧，睡后更甚。可能是由于疥螨夜间在温暖的被褥内活动较强或由于晚上啮食更其所致，故可影响睡眠。由于剧痒、搔抓，可引起继发性感染，发生脓疮、毛囊炎或疖肿。

四、诊断

(一) 动物螨病的临床诊断要点

蠕形螨。蠕形螨病的临床表现主要有两种形式：局部蠕形螨病和全身蠕形螨病。有时涉及足部发病的称为足部蠕形螨病。

1. 局部蠕形螨病

主要临床症状是：脱毛斑，多数病例的病变出现在嘴部、面部和前肢，通常不痒，因此推测这些螨虫是母犬在哺乳时通过与幼犬的密切接触而传给幼犬的。这种接触使局部蠕形螨病经常发生在面部。偶尔耳道内出现蠕形螨增殖，表现为耵聍性外耳炎，有时瘙痒。由局部蠕形螨病发展为全身蠕形螨病的情况极为罕见。

2. 全身蠕形螨病

主要在3~18月龄开始发病（青年首发性蠕形螨病）。没有具体的标准用来划分蠕形螨病是局部还是全身。多数人认为局部病变在6处以内，超过12处归为全身性。评估局部还是全身性蠕形螨病应在发病的早期进行。

初期的症状为多处的红斑、皮屑、结痂、脱毛和色素沉着，继发的脓皮病（通常是葡萄球菌感染，偶见假单胞菌或变形杆菌）会导致水肿、渗出和增厚的结痂。有时存在外耳炎，结节或其他非典型性症状。如果没有继发脓皮病，蠕形螨病不会瘙痒。犬可能会出现精神沉郁或淋巴结肿大，超过50%的小于1岁的全身蠕形螨病例能够自愈。

超过4岁的成年犬发生的蠕形螨病。非常罕见。成年犬的全身性疾病如肿瘤、甲状腺机能减退、肾上腺机能亢进和长时间使用糖皮质激素等，会导致其免疫力低下造成犬对蠕形螨的抵抗能力突然下降，有时蠕形螨病会先于上述全身疾病发生。症状与青年发病的类型相似，预后很差，尤其是潜在病因难以控制时。没有并发潜在病因的成年首发蠕形螨病称为特发性蠕形螨病，西施犬是这类蠕形螨病的易感品种。

疥螨。经典的动物疥螨病都会表现为突发性的严重瘙痒，从局部发展至全身。另一个表现是病变分布的部位经常不对称，通过这一线索也能与其他感染性外寄生虫性皮肤病相鉴别。犬疥螨病的鉴别诊断包括：异位性皮炎、跳蚤叮咬性过敏、食物过敏、细菌性脓皮病、马拉色菌性皮炎、接触过敏、姬螯螨病和耳螨感染等。

耳痒螨。患犬或猫剧烈瘙痒，常以用前爪挠耳，造成耳部淋巴外渗或出血，常见耳血肿和淋巴液积聚于耳部皮肤下；病犬或猫经常甩头和摩擦患耳，有时造成耳根部脱毛、破损或发炎，甚至外耳道出血；耳道内可见棕黑色痂皮样渗出物，时间长或严重者耳廓变形。继发细菌感染时，病变可深入到中耳、内耳及脑膜处，出现脑炎及神经症状。

（二）人感染疥螨的临床诊断要点

主要是瘙痒剧烈，特别在夜寐，身体温暖之际最为严重，通宵达旦，影响睡眠，痛苦非常。本病的皮疹表现为丘疹、水疱、结节、疥虫隧道等。丘疹呈淡红色，几乎每个患者都可见到，数目不定可疏散分布或密集成群。水疱如粟粒至绿豆大。结节损害往往在阴股部，特别是阴囊，阴茎等处尤为常见。疥虫隧道是该病显著的特征，对诊断具有重要意义。

（三）实验室诊断要点

疥螨。国外文献中提到活组织和粪便化验寻找疥螨，以及ELISA方法检测血清中疥螨抗体。显微镜直接检查只要看到疥螨成熟或不成熟的虫体、虫卵甚至粪便，也可以作为确诊犬疥螨病的根据。对于临床医生最可行的依然是皮肤刮片后直接镜检虫体。通常健康犬的疥螨感染虫体量很少，免疫抑制时可能存在大量虫体。

耳痒螨。用放大镜或低倍显微镜检查渗出物，或取耳廓脱毛边缘搔刮物镜检，发现细小的白色或肉色有活动性的虫体，即可确诊。

蠕形螨。切破皮肤上的结节或脓疱取其内容物，置载片上，加甘油水，再加盖片，低倍显微镜检查，发现虫体即可确诊。

五、防治措施

（一）动物的防治措施

1. 预防

注意环境卫生，保持动物窝舍的清洁干燥，对动物窝舍和用具定期清理和消毒。隔离患病动物，直到完全康复，防止相互传染。

2. 治疗

蠕形螨病的治疗。皮下注射伊维菌素，0. 5 ~ 1mg/kg，严重时加大到 1. 5mg/kg，隔 7 天重复注射 1 次，严重时重复注射 3 ~ 4 次。双甲脒 10mL（12. 5%）对水 5L，配成 0. 025% 250mg/L 的液体，用于全身（除了头部）浸泡，目前在中国临床上，适合无法使用伊维菌素治疗的品种。也可以选择含有过氧苯甲酰、乳酸乙酯或氯已定的药物香波控制皮肤的细菌增殖。含有糖皮质激素的外用药和全身用药均可能使免疫抑制，造成局部发病转为全身发病。

耳痒螨病的治疗。首先要清除耳道内渗出物，向耳道内滴加石蜡油，软化溶解痂皮，再用棉签轻轻除去耳垢和痂皮，尽量减少刺激，否则易使病情加重甚至引发细菌感染。

耳内滴注杀螨药，最好用专门的杀螨耳剂，同时配以抗生素滴耳液辅助治疗，可采用复方多粘菌素滴耳液滴耳。

用洁尔阴洗液的原液将外耳道清洗干净，再用棉签蘸取洁尔阴原液对患耳的耳道轻轻的涂擦，使药液渗入皮肤内，重症1次/天，轻者可1次/（2～3）天，到痊愈为止。此方法可由畜主自己对患犬或猫进行处理，这样即方便经济，效果又好。

全身用杀螨剂，可选用伊维菌素注射液进行治疗，按每千克体重皮下或肌肉注射0.2mg，共注射2次，每次间隔10天。

对细菌感染严重的患犬或猫，可结合抗生素进行治疗。

疥螨病的治疗。口服泼尼松或泼尼松龙，浓度1mg/kg·天，可缓解过度搔抓引起的自我损伤。

外用药。主要是单胺氧化酶抑制剂（双甲脒）和有机磷（亚胺硫磷）、0.25%费泼罗尼（氟虫腈）。上述外用药应该在通风良好的房间或室外使用，吉娃娃不能接触双甲脒。药浴时最好将厚毛和长毛动物剃毛，任何外用药液一定要保证涂遍动物全身，否则对疥螨很难达到应有疗效。

注射或口服药：主要包括伊维菌素、多拉菌素、米倍尔霉素、莫西克丁和赛拉菌素等大环内酯类的药物，治愈率较高。

伊维菌素。不能用于柯利和牧羊犬，及其杂交品种，以免引起神经症状。建议剂量：0.2～0.4mg/kg，口服每周一次；注射则每2周一次，治疗时间4～6周。

多拉菌素。禁忌同伊维菌素，剂量为0.2mg/kg，皮下或肌肉注射，每周一次，直至痊愈。

赛拉菌素。方便、安全，可以用于柯利犬。建议剂量6～12mg/kg，每隔2～3周一次，连续三次。

（二）人的防治措施

1. 预防

与动物密切接触者要注意个人卫生，对被污染的衣服、被褥、床单等要用开水烫洗灭虫，如不能烫洗者，一定要放置于阳光下暴晒1周以上再用。

2. 治疗

以外治为主，一般不需全身用药。如合并感染或湿疹化等也可用内服药治疗。

常用的外用药有硫黄软膏，1% 丙体六六六、25% 苯甲酸苄酯乳剂、30% 硫代硫酸钠溶液、甲硝唑、优力肤软膏等，按药品说明使用即可。严重者可口服抗生素，外用青黛膏（青黛75g、凡士林300g，先将凡士林烊化冷却，再将药粉徐徐调入即成）。

六、对公共卫生的危害和影响

螨类在人居环境中普遍存在，尤其在潮湿温暖的环境中易于生长。相当部分螨种与人类健康及医学关系密切，其分泌物及其粪便中存在的螨抗原，是引起呼吸道及皮肤I型变态反应最常见的致敏源，是我国哮喘病人的重要过敏原。这种微小生物的污染是引发人类健康危害的一个重要因素。防制螨类成为公共卫生问题，日益受到人们的重视。

我国各类公共场所的螨污染状况比较严重，对人们的居住和活动质量有严重的影响。因此，亟待加强公共场所螨污染的研究和监测，加大对螨的控制力度，重视对公共场所的除螨清洁工作，防止或减少螨类滋生，以减少乃至杜绝螨对人体健康的危害，给人们提供一个卫生、安全、舒适的活动空间。

第十二节　蚤

蚤是一类依靠口器吸食哺乳动物（包括人）和鸟类的血液存活的体外寄生虫。它们除了吸血、骚扰外，有些种类是鼠疫、肾综合征出血热、地方性斑疹伤寒、巴尔通体感染、绦虫病、钩端螺旋体病等重要传染病的传播媒介。在对人或动物的叮刺过程中，唾腺可以分泌致敏性物质，引起过敏性皮炎，同时还可以引起缺铁性贫血。

随着当前社会经济、文化的发展，很多动物被人饲养作动物，时刻陪伴在人们生活的方方面面。这种情况使得跳蚤这一重要的媒介昆虫似乎在远离都市居民一段时间后，重新进入了都市人的生活。如何对动物寄生跳蚤进行有效的防治，已成为近年来媒介昆虫防治研究的一个重点。

一、病原

1. 分类地位

蚤属于昆虫纲、蚤目，全世界共记录蚤 2 000多种，目前我国有 10 科、75 属、655 种蚤类，其中仅少数种类与传播人兽共患病有关。

2. 形态学基本特征

雌蚤长 3mm 左右，雄蚤稍短，体棕黄至深褐色。基本特征是：体小而侧扁，触角长在触角窝内，全身鬃、刺和栉均向后方生长，能在宿主毛、羽间迅速穿行；无翅，足长，其基节特别发达，善于跳跃。

3. 生活史

蚤生活史为全变态，包括卵、幼虫、蛹和成虫 4 个时期。典型的蚤家族一般由 50% 的卵、35% 幼虫、10% 的蛹和 5% 的成虫共同组成。雌蚤通常在宿主皮毛上和窝巢中产卵，孵化后幼虫以尘土中宿主脱落的皮屑、成虫排出的粪便及未消化的血块等有机物为食，阴暗、温湿的生活环境很适合幼虫和蛹发育。蚤成虫无论雌雄不吸食血无法生存或繁殖，但其抗饥饿能力也很强。蚤成虫对宿主体温很敏感，当宿主因发病而体温升高或在死亡后体温下降时，蚤都会很快离开，去寻找新的宿主，这一习性在蚤传疾病上很重要。

二、流行病学

1. 传染来源

国外调查显示野猫的跳蚤感染率可达92.5%，所以，家养犬、猫感染跳蚤极有可能是被野猫传染的，所以动物户外活动过频是一个不可忽视的因素。由于蚤类对宿主选择性较广泛，因此，成为某些自然疫源性疾病和传染病的媒介及病原体的储存宿主。

此外由于动物饲养者与带蚤动物的密切接触，增加了跳蚤感染人类的机会。跳蚤除了直接叮刺人的皮肤造成叮刺性皮炎和过敏性皮炎，引起皮肤瘙痒和身体不舒适外，还是很多疾病的重要媒介。

2. 传播途径

蚤的宿主范围很广，包括兽类和鸟类，但主要是小型哺乳动物，尤以啮齿目（鼠）为多。宿主选择性随种而异，传播疾病者大多是选择性不严的种类。

蚤的成虫吸饱血后，可离开宿主，到下次需要吸血时再爬上来。蚤善跳跃，可在宿主体表和窝巢内外自由活动，个别种类可固着甚至钻入宿主皮下寄生，如潜蚤。

3. 易感动物

（1）自然宿主。蚤的自然宿主范围很广，包括兽类、人类和鸟类，但主要是小型哺乳动物，尤以啮齿目（鼠）为多。宿主选择性随种而异，传播疾病者大多是选择性不严的种类。

（2）动物。蚤是家养动物尤其是犬、猫等小动物最重要的、最常见外寄生昆虫，感染率极高，危害极大。

4. 流行特征

蚤类主要滋生于阴暗、潮湿，有动物宿主居留的地方，如室内墙角、床下及动物、鼠类的巢中，成蚤由于吸血和对温度的需求，常寄居于宿主的毛发间，或游离到宿主居住场所及附近。大多数蚤类皆在温暖季节繁殖，一般最适温度为18～27℃，最适相对湿度为70%以上。蚤的发生高峰季节随地区、气候而异，如印鼠客蚤在九月最盛，人蚤在8、9月数量最多。但由于近年来空调、暖气等设施普遍应用，某些室内环境一年四季均可发生跳蚤骚扰。

5. 发生与分布

全世界已知2 300余种和亚种，目前我国有10科、75属、655种蚤类。在区系方面分为2界3亚界7区19亚区，以三北（东北、西北、华北）和西南地区较多。迄今约有258种和亚种为我国所独有，这表明蚤种类的分布具有高度的地方性。

蚤的地理分布主要取决于宿主的地理分布，在食虫目、翼手目、兔形目、啮齿目、食肉目、偶蹄目、奇蹄目、鸟纲等温血动物身上常有蚤类寄生，而寄生于啮齿目的较多。地方性种类广见于南、北极、温带地区、青藏高原、阿拉伯沙漠以及热带雨林，其中有些蚤种已随人畜家禽和家栖鼠类的活动而广布于全世界。

三、对动物与人的致病性

（一）对动物的致病性

主要表现为刺咬症、寄生症和失血性贫血症。

刺咬症　跳蚤在宿主体表爬行及刺叮吸血时，可使人或动物受刺激，不得安宁，以致烦躁、失眠，影响休息。蚤类唾液中某些蛋白质和化学物质，作为过敏原可造成宿主局部组织的变态性反应，轻者几乎不留痕迹，重者局部可起大小不同的丘疹甚至风疹，奇痒无比，抓破后可致感染化脓，造成更大的损害。

失血性贫血症　大量蚤类寄生于动物时，蚤的大量吸血会造成幼小动物失血性贫血，或成年动物体质虚弱。

（二）对人的致病性

蚤类可直接传播蚤媒病，特别是腺鼠疫。全世界自然感染鼠疫菌的蚤类近200种和亚种，中国已知36种和亚种，在这些疫源地仍须采取监测措施。蚤类，特别是印鼠客蚤，还是鼠源性斑疹伤寒的主要媒介。此外涤虫病和野兔热可通过蚤类传播。

潜蚤属的雌蚤在宿主皮下营固定寄生生活，在全世界已知的种潜蚤中，只有穿皮潜蚤可寄生于人体引起潜蚤病，该病见于中南美洲及热带非洲，我国尚无记录。

四、诊断

（一）动物蚤的临床诊断要点

本病的临床症状主要是瘙痒。病犬表现为搔抓、摩擦和啃咬被毛，引起脱毛、断毛和擦伤，重症的皮肤磨损处有液体渗出，甚至形成化脓创。有时可引起过敏反应，形成湿疹。发现动物有上述症状，就要仔细检查颈部及尾根部被毛，检查时，逆毛生长方向梳起被毛，观察毛根部及皮肤，如发现跳蚤或蚤粪即可确诊。也可用一张湿润的白纸，放在动物身下，然后用梳子梳毛，蚤的排泄物即不断地掉到白纸上，由此即可确诊。

（二）人感染蚤的临床诊断要点

皮损好发于下肢及腰部，皮疹呈群或线状排列。叮咬部皮肤以红色风团为主，中央可见针头大小紫色淤点的刺伤痕迹。亦可见水疱或肿块，常伴有剧痒，因搔抓可见抓痕、血痂或继发感染。

根据临床表现，找到跳蚤，诊断不难。但需与丘疹性荨麻疹、瘙痒症、痒疹相区别。

（三）实验室诊断要点

蚤抗原皮内反应试验：用灭菌生理盐水10倍稀释跳蚤抗原，取0.1mL腹侧注射，快者5～20分钟产生硬结和红斑，迟者

24～48 小时后出现反应，可证明动物有感染。

五、防治措施

（一）动物的防治措施

1. 预防

加强饲养管理，改善卫生条件。保持动物及窝舍的清洁和定期消毒，经常通风干燥，勤梳理、多晒太阳。管理用具要经常用开水烫洗。也可给动物佩戴含杀虫药剂的项圈来预防，但有的动物长期使用会引起皮肤过敏。

2. 治疗

动物体表的蚤，可使用 0.025% 除虫菊或 1% 的鱼藤酮粉溶液，也可选用双甲脒、伊维菌素等药剂。杀灭体表蚤的同时，必须配合对动物活动场所及用具彻底消毒。剧痒不止的动物可注射地塞米松和泵海拉明止痒。

（二）人的防治措施

1. 预防

与患病动物密切接触时，注意鞋、脚踝部、裤子口部以及袖子口部要扎紧并撒布鱼藤酮粉避免跳蚤的侵袭。

居室内墙角、床下等阴暗、潮湿处较为适宜蚤类孳生，应注意经常定期消毒。

2. 治疗

跳蚤叮刺人体造成叮刺性皮炎和过敏性皮炎，可引起皮肤瘙痒和身体不舒适外，用外用皮炎平缓解症状。

六、对公共卫生的危害和影响

跳蚤除了直接叮刺人体造成叮刺性皮炎和过敏性皮炎，引起皮肤瘙痒和身体不舒适外，还是很多疾病的重要媒介。大多数跳蚤都是最常见的绦虫的中间寄主，并且还是鼠斑疹伤寒、兔热病、鼠疫等疾病中间寄主和传播媒介。跳蚤还能感染并传播立克氏体，偶尔还能传播瘟疫杆菌。

蚤首先作为鼠疫等疾病的传播媒介，在自然疫源性疾病防治中有极其重要意义。一旦发生跳蚤危害，极易造成突发群体事件，甚至危害社会稳定。鼠类作为跳蚤的主要宿主动物，随着除“四害’工作广泛深入开展而控制在不足危害的水平。但是，越来越多的家庭和单位家养动物带来的社会问题日趋突出，特别是对弃养的流浪猫和狗的管理相当棘手，控制难度相当大。

跳蚤作为生物战剂的重要媒介生物之一，可携带多种生物战剂如鼠疫杆菌等，二战中日军在中国浙江的宁波、衢县和湖南的常德等地多次投撒携带鼠疫杆菌的跳蚤或老鼠，造成这些地区鼠疫流行，千余人死亡。

跳蚤可以引发一系列的环境和卫生健康问题，在兽医学、预防医学以及经济学上都具有重要的意义，需要引起我们高度的重视，普及有关跳蚤的防治知识，以减少其造成的损失。

第四章　真菌性人兽共患病

第一节　癣

癣，称为皮肤真菌或真菌癣，是由一种丝状真菌侵入皮肤角质层及其附属物引起的各种感染。可引起组织反应而发生红斑丘疹、水疱、鳞屑、断发、脱发和甲板改变等。夏季多发，冬季少见。

1. 病原

病原主要包括毛癣菌属、小孢子菌属和表皮癣菌属，同属丛梗孢科。毛癣菌属侵犯皮肤、毛发和甲，常见有黄癣菌、红色毛癣菌、断发毛癣菌、紫色毛癣菌、石膏样毛癣菌等；孢子菌属侵犯毛发及皮肤，在我国以铁锈色小孢子菌、羊毛样小孢子菌等为多见；表皮癣菌属侵犯皮肤和甲，本菌属仅絮状表皮癣菌一种可使人类致病，尚未发现絮状表皮癣菌在动物中发生。

毛癣菌属的菌丝可产生大分生孢子和许多小分生孢子。大分生孢子呈棒形或纺锭形，大小为（4～8）μm×（8～50）μm，壁薄而光滑。小分生孢子侧生，多数散生，半球形、梨形、棒形或不规则形，大小为（2～3）μm×（3～4）μm。在大部分该属物种中，大分生孢子少见或不存在。在葡萄糖蛋白胨琼脂上，室温下菌落从蜡状、绒毛样、粉状至羊毛样。形态多样化，有表面平滑、沟纹、折叠、脑回状等。色素有淡有深，从白色、奶油色、黄色、棕黄、红色至紫色。

小孢子菌属可产生大分生孢子和小分生孢子，大分生孢子呈透明状，梭形或纺锤形，多隔（4~13个隔），大小不等，为（8~15）μm×（40~150）μm，并在细胞壁上有小刺或疣状突起，呈凹凸不平，这些特征也是鉴定物种差别的重要依据之一。小分生孢子也是透明的，呈棍棒形，沿菌丝体侧壁产生，单细胞，大小为（2.5~3.5）μm×（4~7）μm，无分生孢子梗或短梗。菌落表面呈羊毛状、棉花状或粉末状，白色或黄褐色。

表皮癣菌属的菌丝有隔膜，呈透明状。菌落褶叠或呈粉状，中央有放射状沟纹，绿黄色。大分生孢子杵状，一端为梨形，另一端为圆形，大小为（6~10）μm×（8~15）μm，没有小分生孢子。

毛癣菌的孢子对干燥的抵抗力强，在水中8天内即失去芽生能力；对各种物理、化学因素的抵抗力极强，皮肤和毛发上的孢子可耐受100℃ 1小时，110℃ 1小时才能将其杀死；2%福尔马林30分钟，1%醋酸1小时和1%苛性钠数小时内可被杀死；对普通浓度的石炭酸、升汞及石灰乳等均具有抵抗力。

室温下，小孢子菌保存于纸包内的毛发、皮垢中可以生存3~4年，在110℃的干热下作用30分钟或80℃加热2小时才能杀死。

2. 流行特点

患病动物和人是主要的传染源。土壤是癣菌最适宜的栖息地，被污染的土壤、尘埃也是癣菌传播的主要因素。

传播媒介主要是接触传染，如健康动物与患病动物相互啃咬，与垫草、挽具、饲养用具等间接接触，病人接触过的场所和生活用具等。动物也可因与人类接触而被感染。

各种动物对癣菌均有不同程度的易感性，牛和马最易感，绵羊、山羊、鸡、猪、驴、骡、单峰骆驼、犀牛、金丝鸟等次之。幼畜较易感，无性别差异，当机体营养不良，维生素供给不足时易发病。

本病常呈散发流行，偶有地方流行，主要通过健康与患病动物直接接触和通过污染物缓慢地蔓延传播。一年四季均可发生，但秋冬季发病率高。

皮肤癣菌的分布几乎遍布全世界，因癣菌种的不同，各国家和地区分布也不同，红色癣菌、星形石膏样毛癣菌、疣状毛癣菌等在世界各地分布比较均匀。絮状表皮癣菌世界各地均有发现。

我国至少有 13 个省市有动物皮肤癣菌病的发生。患病动物有牛、奶牛、马、猪、鸡、犬、猫、兔等，其中，毛癣菌引起的动物皮肤癣菌病以牛、马为多见，小孢子菌引起的动物皮肤癣菌则以犬和猫为多见。

3. 临床特征与表现

自然发病潜伏期 7 ~ 13 天。不同动物临床特征与表现不同。

犊牛多见于口腔周围和眼、耳部附近的皮肤，成牛的病变多发生在头、颈和肛门周围皮肤。典型损害是皮肤上出现大量明显隆起的灰白色痂块。多呈圆形，大小不等，一般约 3cm。病畜一般无痒觉。

马多见于头、颈及肩胛部。初始为隆起的圆斑，有触痛，约 7 天后脱落，露出无毛灰色发亮区，直径约 3cm。经 25 ~ 30 天逐渐长出新毛而痊愈。

仔猪最易感，多见于眼眶、口角、耳尖、耳根、颈、胸、腹下及尾根等部位。初期皮肤红斑，随后出现肿胀性结节，肿胀破溃形成红色烂斑，1cm 左右，并出现脓疱，破裂后形成灰黄色痂皮，最后形成环形鳞屑。

禽类表现为黄癣，羽毛下的皮肤形成癣斑。

兔见于两大腿前外方，成片秃毛、断毛，随即蔓延到头、颈、腹下乃至背部体侧，尤以皮薄毛稀处最为严重。

犬和猫多见于鼻、眼周围，耳壳，前肢趾爪以及体躯等处。

犬皮损界限清晰，局部皮肤出现不规则红斑，边缘隆起，脱毛后形成圆形的秃毛斑，瘙痒症状明显。猫的症状不如犬明显。患病犬猫在2~4周后，癣菌死亡，皮损修补，长出新毛自愈。

4. 诊断

可以从出现明显隆起的圆形癣痂为特征的损害和存有癣菌菌丝体和孢子做出诊断。

最主要而常用的方法是显微镜检查，选取病变部位刮取物进行镜检，证实毛癣的存在。真菌检查阳性对诊断有确诊作用，如阴性也不能排除癣的诊断，还应进行病料的人工培养，常规的培养基是采用沙堡弱培养基，25~30℃恒温箱中培养。一般5天左右即可见菌落生长，随后可进行菌种鉴定。如经3周培养无菌落生长，可判定培养阴性。有条件时最好结合PCR检测和基因分型，最后予以确诊。

5. 防治措施

(1) 预防。首先要保持动物体表和环境清洁，畜舍及周围环境经常打扫，所用工具要及时清洗或进行更换，畜舍保持通风和干燥，一旦发现病畜应立即隔离治疗，消毒圈舍、用具和周围环境。

(2) 治疗。未累及毛发或甲板的浅部真菌病，采用局部疗法均可收效，但需要耐心，坚持较长时间擦药。可先用0.1%高锰酸钾溶液洗患部，后用外科刀刮掉皮屑，再用1%克霉唑酒精溶液涂擦2~3次/天；也可用10%碘甘油涂擦患部。患牛可再内服克霉唑20~40mg/kg·天，效果更佳。

家兔毛癣菌病可涂擦食醋或稀醋酸稀释后的克霉唑；也可用苯甲酸、水杨酸合剂治疗，一般10余天即有新毛生长。

多年来用白芥子药水外用治疗犬、猫、兔的癣病，取得了显著的治疗效果。白芥子药水配制方法：白芥子300g炒至深黄色，冰片10g共研细末。先用70%酒精500mL浸泡2g，后加陈醋

500mL 浸泡 3 天，其间每日搅拌 3 次，再静置 2 天后倾出上清液，药渣用双层纱布包扎挤压余液，混合后用 1 号滤纸过滤两遍，得近 900mL 橙黄色药液，装灭菌容器备用。

第二节　孢子丝菌病

孢子丝菌病是由申克孢子丝菌所引起的皮肤、皮下组织及其附近淋巴系统的慢性或亚急性深部真菌感染，表现为由感染性肉芽肿形成的结节，继而变软、破溃，形成顽固性溃疡，并多沿淋巴管排列成串。偶可播散致全身，引起系统损害。

1. 病原

申克孢子丝菌属丛梗孢科，孢子丝菌属。

申克氏孢子丝菌具有温感二形性，在 25℃ 培养下呈菌丝状，表面有皱纹，颜色则从一开始的白色转成深棕色；在 37℃ 培养则呈灰棕色、雪茄形的单细胞酵母菌状。在葡萄糖蛋白胨琼脂上，室温下即有菌体生长，初为灰色、褐色至黑色光滑酵母样菌落，很快形成皱褶、绒毛样菌落；37℃ 培养 2 ~ 3 天即有生长，菌落微高出斜面，初期为白色平滑的酵母样，以后中央出现咖啡色的色调。生长 3 ~ 4 周的菌落呈膜状，中央有皱褶、扁平，淡褐色或深褐色，周围放射状或呈刺样菌丝，并形成淡色和深色相间的同心环。镜检可见直径约 2μm 细长分隔分枝的菌丝，分生孢子柄从菌丝两侧生出，与菌丝成直角，顶端有 3 ~ 5 个成群的梨形小分生孢子，大小（2 ~ 4）μm ×（2 ~ 6）μm，呈梅花状排列，无色或淡褐色。在脑心浸液葡萄糖血琼脂上，37℃ 培养时呈酵母相生长，小培养时菌丝相可见纤细分支分隔菌丝，分生孢子梗由菌丝呈锐角长出，分生孢子球形成，如花朵样分布，另一类分生孢子合轴排列于菌丝四周，成为套袖状菌丝。PAS 染色时，真菌孢子周围有时可见放射状的嗜伊红物质包绕，形成

“星状体”。

2. 流行特点

申克氏孢子丝菌存在于土壤中和植物上，并与感染动物的排出物一起污染环境，成为本病的传染源。马是该菌的自然宿主，猫是人类感染本病的重要传染源和带菌者。可从患病动物皮肤、皮毛或疮面分离到该菌，昆虫界如蝇、黄蜂及蚁等的体内也可检出该菌。

孢子丝菌病主要通过皮肤外伤感染，沿淋巴管移行，也可侵犯口腔黏膜，经消化道感染，还可经呼吸道侵入肺部或经血行播散至骨骼、眼、中枢神经系统和内脏，但很少见。

马对本病最易感，其次驴、骆驼、猪和牛。

本病呈地方性流行。孢子丝菌广泛分布于潮湿、温暖地区，并腐生于动物栖息处各种有机质土壤中，这是造成动物染病的特殊感染环境。本病可发生于任何年龄，无性别差异，发病率与暴露情况不同有关。

本病呈世界性分布，是南美洲最常见的深部真菌病。动物孢子丝菌病在欧洲、印度和美国均有发生。国内虽无报道，但随着犬、猫饲养量的增加和与人接触机会的增多，特别是猫作为人类感染本病的重要传染源和带菌者，需引起足够的重视。

3. 临床特征与表现

马属动物多见于腿的下部，在球节的周围出现多个皮肤小结节。结节不痛，多沿淋巴管呈索状排列，其顶端出现痂皮，流出少量脓液，3～4 周后愈合。

犬多见于皮肤和浅表淋巴结、淋巴管，表现为皮肤小结节、脓肿、溃疡和浅表淋巴结炎和淋巴脉管炎，结节多沿淋巴管呈索状排列。愈后可形成瘢痕。

猫多见于皮肤小结节、圆形痂、脓肿以及局限性坏死等。大多可通过浅表淋巴结或淋巴管转移到肺、肝、胃肠、骨骼和中枢神经系统，呈现相应症状。

4. 诊断

动物孢子丝菌临床上多见皮肤和浅表淋巴管受损，表现结节样变化，且其多沿淋巴管呈索状排列。由于很难直接从创口寻找酵母菌状的申克氏孢子丝菌，因此此病的诊断通常是从体外培养较为有效，在显微镜下根据其特征与温感二形性加以判断。孢子丝菌属于双相型真菌，组织切片中观察到酵母型细胞具有较高诊断价值，但确诊仍依赖于从病料中分离，培养出孢子丝菌体。

实验室诊断可从病变部位取样进行分离培养并鉴定出申克氏孢子丝菌。组织病理学变化为化脓性肉芽肿性炎症，假性上皮瘤样增生和三带病变为其显著特征，PAS 染色在组织病理中可见到雪茄烟形小体及星状体。此外还有电镜检查等方法。

用分子生物学方法可对申克孢子丝菌进行基因分型、基因鉴定、基因诊断等。到目前为止，这些技术主要包括：限制性片段长度多态性（RFLP）分析、PCR－单链构象多态性（PCR－SSCP）分析、脉冲场凝胶电泳（PFGE）技术分析和 DNA 序列分析等。应用高度特异性寡核苷酸探针的原位杂交法特异性高，可达 100% 的特异性。

孢子丝菌菌苗皮内注射呈阳性反应。

5. 防治措施

（1）治疗。申克氏孢子丝菌的感染通常用碘化钾治疗，两性霉素 B 与氟胞嘧啶也对治疗有效。另外由于申克氏孢子丝菌耐热性低，在患部热敷也有助病情改善。轻病例每日于溃疡处涂擦碘酊可治愈。对病马口服灰黄霉素也能取得良好效果。

（2）预防。本病的传染源极其广泛，人和动物皮肤一旦有破伤，接触到上述传染源，菌体即可从局部侵入而感染发病。注意保护皮肤，勿接触腐烂草木，勿刺伤皮肤。消毒被污染的有机物、受染动物的排泄物、垫草及饲养用具，防止本病的传播。

第三节　芽生菌病

芽生菌病又称皮炎芽生菌病或北美芽生菌病，是由皮炎芽生菌引起的一种慢性化脓性肉芽肿。该菌主要侵犯肺、皮肤及骨骼等器官，也可感染马和犬等动物。

1. 病原

皮炎芽生菌属内孢霉科，芽生菌属。

芽生菌属双相型，组织内为酵母型，26～28℃室温培养则呈菌丝型，二型均可由人工相互转换。酵母型可见芽生孢子，菌丝状可见分隔菌丝，并沿菌丝侧壁生长小分生孢子。

本菌在葡萄糖蛋白胨琼脂上，25℃培养，10天后开始生长，典型菌落为白色短的绒毛状菌丝，边缘整齐，背面为棕黄色。镜检见1～2μm宽的分隔菌丝，在分生孢子柄的顶端可见单个、3～5μm大小、圆形或梨形小分生孢子。培养久时，可见间生性的厚壁孢子。在血琼脂，37℃培养，呈酵母型生长，奶油色或棕色，表面有皱褶，镜检可见圆形，双壁，8～18μm的单芽生孢子，并有菌丝和芽管。

2%～5%高锰酸钾水溶液杀菌力很强，3%～5%石炭酸水溶液可杀死菌体，酸性条件下能提高其杀菌作用，常用消毒剂可用0.2%～0.5%过氧乙酸，甲醛可用于熏蒸消毒。

2. 流行特点

皮炎芽生菌的理想环境是pH酸性、污染动物排泄物的潮湿土壤，其最适宜的生态环境是接近河流及溪流的地区，特别是易受到河水泛滥的地方，例如河堤等处。酵母细胞和假菌丝污染的土壤是主要的传染源。患病的小鼠和狗是人和动物的传染源。

传播媒介包括通过损伤皮肤接触感染，有时也通过呼吸道吸入带菌的灰尘而感染。实验室也有发生感染者。

自然感染偶见于马，人亦可感染发病。实验感染可致马、绵羊发病。

本病一般呈地方流行。本病主要流行于美国、加拿大和墨西哥，非洲也有不少报告，南美、欧洲和亚洲少见。1918 年和 1921 年我国曾有人芽生菌病的报告。2006 年王澎等报道了一例确诊病人。近年来发现病例有增加的趋势。但至今尚无动物传给人或人与人直接互相传播的报告。

3. 临床特征与表现

动物芽生菌病潜伏期不定，感染海猪后基本上无临床表现，但在感染后 9 ~ 10 个月可在脾脏分离到该菌。

犬感染皮炎芽生菌后多为慢性经过，病程数月至数年不等。常表现为肺脏型，消瘦、呼吸困难、发烧、无痰性干咳。听诊肺部肺泡音减弱或消失。X 线检查，见大叶型肺炎实变，肺门淋巴结肿大，肺叶有局限性小结节，罕见空洞形成。肺脏型蔓延成皮肤型，表现丘疹样肿胀，结节，脓肿，溃疡，病灶伴有渗出物。眼睛感染后，眼睑肿胀，眼球突出，羞明，流泪，有分泌物流出，角膜混浊，严重时失明。侵害关节和骨骼，则出现跛行。

马的芽生菌病在会阴部出现脓肿，随后消瘦，死亡。

4. 诊断

临床表现可供参考，确诊有赖于真菌检查。皮肤芽生菌素试验对原发性芽生菌病有参考价值，对继发性病例则无意义。

患病动物以肺呈结核样病变、皮肤呈化脓性肉芽肿为特征。取病料作氢氧化钾涂片，可见厚壁、圆形或卵圆形、8 ~ 15μm 直径的芽生孢子，芽颈粗，单芽生，孢浆内有少数颗粒，无荚膜。

病理学检查，在早期脓液中和晚期巨细胞内可见芽生菌的厚壁芽生孢子。

5. 防治措施

（1）治疗

通常不进行治疗，而作无害化处理。较贵重的犬可用碘酊彻底清洗损伤皮肤，创面涂上两性霉素 B。两性霉素 B 是对芽生菌病的有效治疗药物。把两性霉素 B 融入 5% 葡萄糖中做成 0.1% 的溶液，按 0.25 ~ 0.5mg/kg 体重，以数日或每周 2 次交替缓慢静脉注射，总量不要超过 4mg/kg 体重。外科手术对于大的脓肿进行引流，也可手术切除肉芽肿块。

（2）预防

保护皮肤避免损伤，防止吸入带菌灰尘，避免进入流行地区等，是预防的重要措施。患皮炎芽生菌病的犬，除极具价值的犬可进行隔离治疗外，应及时处死，深埋或焚烧。并对其周围环境卫生进行彻底清扫、消毒。

第四节　球孢子菌病

球孢子菌病，亦称圣华金热或溪谷热。是由粗球孢子菌引起的一种疾病。人类球孢子菌病常表现为急性、良性、无症状的或自限性的呼吸器官原发性感染；偶尔播散，可在皮肤、皮下组织、淋巴结、骨骼、肝脏、肾脏、脑膜、大脑或其他组织形成局灶性病变。动物球孢子菌病呈良性经过，通常不引起明显症状，病理变化以化脓性肉芽肿为特征。

1. 病原

球孢子菌属丝孢目，球孢子菌属，仅粗球孢子菌为人兽共患性致病真菌。

球孢子菌为双相真菌，在组织内形成小球体，亦称孢子囊，产生内生孢子，是为孢子型；在室温或自然界则形成丝状分隔菌丝体，产生关节孢子，是为关节菌丝型，两者在一定条件下可互相转化。

粗球孢子菌在葡萄糖蛋白胨琼脂上，25℃或37℃，1周后有菌丝型菌落生长，日久呈粉状。镜检只见关节孢子组成的关节菌丝，在两个关节孢子之间有一间隔。在条件适宜时，关节孢子形成芽管，再发育成菌丝。在沙堡琼脂上（应只作试管培养，不可作平皿培养），26℃ 3～4天长出白色膜状菌落，周边长出菌丝，后呈棉花状，久之成粉末状，涂片可见关节菌丝和厚壁孢子，此时感染性极强，应防实验室感染。在特殊培养基上如鸡胚上，可转化成酵母样或组织型。

粗球孢子菌在37℃、相对湿度10%时可保存2个月，但相对湿度提高到50%，只能存活2周。60℃加热4分钟可将其杀死，在1～15℃时不易保存。

2.5%～10%氯胺、2.5%～5%石炭酸、0.1%升汞、1%～10%甲醛可杀灭对粗球孢子菌，卢戈碘溶液和酒精也有杀菌作用。

2. 流行特点

粗球孢子菌常腐生于高温少雨和碱性砂质土壤中并进行生殖，造成自然疫源地。人类主要通过吸入土壤中的关节孢子或实验室中培养的孢子而感染，少数也可能通过污染物传播。本菌也喜栖于啮齿类动物的洞穴有机质土壤中。

大多数病例是由呼吸道吸入含有本菌的灰尘而受染，或因外伤后接触本菌污染而发病。本病一般不能在动物之间直接传播，也不能在动物和人或人与人之间直接传播。

球孢子菌病可感染多种野生动物和家畜。野生动物见于野鹿、大猩猩、袋鼠、地松鼠、猴等。家畜见于牛、马、驴、绵羊和猪，其中牛最易感。犬也可受染。

本病常呈地方性流行，主要流行于北美洲西部沙漠地带及墨西哥北部地区，经由中美洲传入南美洲的玻利维亚和阿根廷等地区，在欧洲的英国、意大利、匈牙利等国曾有个案报道。引起人和牛以及其他动物受害。我国1958年在天津发现1例，系美国归国华侨。近年来在南京、广州等地又有数例报道。

3. 临床特征与表现

潜伏期长短不一，一般自然感染为20～30天。

本病常慢性经过，牛和羊等反刍动物患病无明显症状，只见低热，有时咳嗽并日渐消瘦，屠宰时发现肺淋巴结有病变。牛剖检见在支气管、纵膈淋巴结、肠系膜、咽、颌下淋巴结和肺可见中心似奶油色脓汁的肉芽肿，部分钙化。绵羊病变限于胸腔淋巴结。

马表现渐进性消瘦，眼结膜出现轻度黄疸，体温为38～40℃，重者嗜中性白细胞增多，四肢下部浮肿，脉搏稍频数，鼻孔开张，呼吸困难，鼻黏膜点状出血。剖检见脾脏肿大，散在质地坚实大小不等的脓肿灶。肝破裂，肝实质散在小颗粒状脓肿。肺脏也可见大小不同的脓肿。

犬可形成广泛性的感染。粗球孢子菌被吸入后肺部形成感染，扩散到淋巴结、眼睛、皮肤、骨和其他器官。犬的皮肤病变包括结节、脓肿、感染部位破溃排脓、常有局部琳巴结肿大。犬的其他症状包括厌食、体重下降、发热和精神沉郁。根据感染的器官不同，可见咳嗽、呼吸困难、呼吸急促，由于骨骼肿胀、疼痛而跌行，也可发生眼病。

4. 诊断

球孢子菌病以形成肉芽肿和脓肿为特征。球孢子菌在肉芽肿或脓肿内形成大的球形体，其内充满内孢子。

直接镜检时，可见圆形、厚壁、20～80μm直径、含内孢子的孢子囊，成熟后囊壁破裂，放出内孢子，随后再发育成孢子囊。在特殊情况下，还可见关节菌丝及孢子囊外围的嗜伊红样物质。

实验室诊断可从病变部位取病料进行组织病理学检查，经PAS和Gridly染色发现粗球孢子菌。也可采用血清学（沉淀素、补体结合）和球孢子菌素皮肤过敏试验证实粗球孢子菌感染。

5. 防治措施

（1）治疗。本病目前尚无有效治疗方法。必要时可采用两性霉毒B加入5%葡萄糖溶液中静脉注射，但剂量要大，用药时间要长。

（2）预防。避免进入流行区是预防本病的有效办法。加强经常性的兽医卫生监督，特别是肉联厂的屠宰检验，一旦发现有肉芽肿病变的畜产品，应仔细检验，如发现球孢子菌病，应立即查明疫源，采取紧急措施对疫区实行封锁、隔离、消毒。对患有球孢子菌病的牛、犬及其他动物一律进行不放血扑杀及无害化处理。

第五节　曲霉菌病

曲霉菌病是烟曲霉菌和黄曲霉等多种曲霉菌所引起的多种哺乳动物、禽类和人类共患的真菌病。其主要特征是在呼吸器官组织中发生干酪样坏死性炎症、形成肉芽肿结节或真菌斑。致病性曲霉菌有10种左右，其中，以烟曲霉最为常见。

1. 病原

曲霉菌的致病种有10余种，其中烟曲霉和黄曲霉为本病的主要致病菌，属曲霉属。

曲霉菌的形态特征是分生孢子呈串珠状，在孢子柄膨大形成烧瓶形的顶囊，囊上呈放射状排列。烟曲霉的菌丝呈圆柱状，色泽由绿色、暗绿色至熏烟色，在沙保弱氏葡萄糖琼脂培养基上，37℃培养生长迅速，菌落最初为白色绒毛状结构，逐渐扩延，迅速变成浅灰色、灰绿色、暗绿色、薰烟色以及黑色。有很多菌株，特别是新分离的菌株易产生菌核，常为褐色的菌核。

曲霉菌孢子对外界环境理化因素的抵抗力很强，烟曲霉孢子装在试管内，室温条件下保存6年仍不失其生命力。120℃干热1小时或煮沸5分钟才能杀死。对化学药品也有较强的抵抗力。在一般消毒药物中，如2.5%福尔马林、水杨酸、碘酊等，需经1~3小时才能灭活。本菌生长最适温度为37~40℃。

2. 流行特点

曲霉菌的孢子广布自然界，存在土壤、空气、植物、野生或家禽动物及飞鸟的皮毛。也常见于农田、马棚、牛栏、谷仓等处。可寄生于正常人的皮肤和上呼吸道，为条件致病菌。人类和动物通常是在环境中接触了腐生生长的曲霉菌后而感染。

本病的主要传染媒介是被曲霉菌污染的垫料和发霉的饲料。在适宜的湿度和温度下，曲霉菌大量繁殖。引起传播的主要途径是真菌孢子被吸入经呼吸道而感染；发霉饲料亦可经消化道感染。孵化环境受到严重污染时，真菌孢子容易穿过蛋壳侵入而感染，使胚胎发生死亡，或者出壳后不久即出现病状，也可在孵化环境经呼吸道感染而发病。如孵化器或育雏室被曲霉菌严重污染，则雏禽出壳不久即可受到感染而发病。

禽曲霉菌病主要侵害鸡、鸭、鹅、火鸡、鹌鹑、鸽和其他多种鸟类，胚胎和6周龄以下的雏鸡以及火鸡易感，几乎所有禽类潜在感染本病。当垫料和饲料严重污染曲霉菌时，吸入大量的分生孢子可导致发病。

易感哺乳动物有牛、马、绵羊、山羊、猪、野牛、鹿、水貂等。

曲霉菌为条件性致病菌，幼禽中常呈暴发性流行，发病率和病死率都很高。在成禽、哺乳动物和人群中，常为散发病例。对鸡、鸭、鹅的致病性和致病程度基本相同，没有品种和季节性的差别。

本病是世界性分布，常在孵化室呈暴发性流行，使养禽业造成巨大损失。我国各地都有发生和报道，尤其是在南方潮湿地区常在鸡、鸭、鹅群中发生。目前，曲霉菌病在我国已有26个省（区、市）都不同程度地发生和流行，每年都有发生。哺乳动物曲霉菌病在国内属于零星散发。

3. 临床特征与表现

（1）鸡曲霉菌病。自然感染的潜伏期2～7天，人工感染24小时。1～20日龄雏鸡常呈急性经过，成年禽呈慢性经过。

雏鸡开始减食或不食，精神不振，不爱走动，翅膀下垂，羽毛松乱，呆立一隅，闭目、嗜睡状，对外界反应淡漠，接着就出现呼吸困难，呼吸次数增加，喘气，病鸡头颈直伸，张口呼吸，如将小鸡放于耳旁，可听到沙哑的水泡声响，有时摇头，甩鼻，打喷嚏，有时发出咯咯声。少数病鸡，还从眼、鼻流出分泌物。后期，还可出现下痢病状。最后倒地，头向后弯曲，昏睡死亡。病程在1周左右。如不及时采取措施，或发病严重时，死亡率可达50%以上。

有些雏鸡可发生曲霉菌性眼炎。病鸡结膜潮红，眼睑肿大，通常是一侧眼的瞬膜下形成一绿豆大小的隆起，致使眼睑鼓起，用力挤压可见黄色干酪样物，有些鸡还可在角膜中央形成溃疡。

慢性多见于成年或青年禽，主要表现为生长缓慢，发育不良，羽毛松乱、无光，喜呆立，逐渐消瘦、贫血，严重时呼吸困难，最后死亡。产蛋禽则产蛋减少，甚至停产，病程数周或数月。

（2）鸭、鹅曲霉菌病。发病时，快者3～5天死亡。慢性病例，症状不明显，除一般症状外，可出现一或两脚跛行，不能站立，鸭、鹅全身像航行的小木船样上下浮动。有的还见呼吸道症状，喘气，或见下痢，逐渐消瘦，死亡。病程10多天或数周。有的病鸭排出绿色或黄色糊状粪便。后期病鸭拒食，出现麻痹症状，有时发生痉挛或阵发性抽搐。部分病鸭，眼眶上方长出一个瘤状物，绿豆到黄豆大小，触感稍硬。有的病鸭角膜混浊，严重者可致失明。

(3) 哺乳动物曲霉菌病

① 牛：表现为呼吸困难，咳嗽，腹泻，低烧，多数伴有乳房炎。镜检时肺呈现肉芽肿样结节，结节内有成堆的曲霉菌菌丝团。这种菌丝团密集成放射状。心、肝、脾、肾均可见曲霉菌引起的相应病变。母牛感染常引起流产、胎盘炎等，大多数流产发生于妊娠的第6~8个月。

② 羊：羊的曲霉病少有报道。羔羊的肉芽肿是非常小的结节，成年羊表现慢性支气管炎和卡他性肺炎。怀孕山羊表现流产、死胎。

③ 猪：猪皮肤曲霉菌病表现为奇痒，特征性变化是在耳、眼、口腔周围、颈、胸、腹股内侧，肛门周围、尾根、蹄冠、腕关节、跗关节及背部皮肤出现红斑，形成肿胀性结节。剖检见大叶性肺炎并形成结节，脾脏和肾脏肿大、充血，肠系膜淋巴结呈结节性损害。

④ 犬、猫：犬多表现为单侧性鼻曲霉菌病，主要症状为打喷嚏，流黏液、脓性鼻液等。重症侵害脑而显示神经症状，预后不良。猫患泛白细胞减少症时易继发肺曲霉菌病，表现呼吸困难、咳嗽和高热；患传染性胃肠炎时易继发肠曲霉菌病，出现腹泻等症状。

4. 诊断。根据发病特点（饲料、垫草的严重污染发霉，幼禽多发且呈急性经过）、临床特征（呼吸困难）、剖检病理变化（在肺、气囊等部位可见灰白色结节或真菌斑块）等，作出初步诊断，确诊必须进行微生物学检查和病原分离鉴定。

曲霉菌病的诊断通常是在死后检查时作出，禽曲霉菌病病变一般以肺部损伤为主。典型病例均可在肺部发现粟粒大至黄豆大的黄白色和灰白色结节，切开似有层状结构。

直接触摸和病理学检查可诊断为曲霉菌病，但要鉴定到种，还需进行病原菌分离与鉴定。亦可用 PCR 技术进行诊断。病料压片镜检取病肺或真菌结节病灶，置载玻片上，加生理盐水 1 滴或加 15% ~20% 苛性钠（或 15% ~20% 苛性钾）少许，用针划破病料，加盖玻片后用显微镜检查，肺部结节中心可见曲霉菌的菌丝；气囊、支气管病变等接触空气的病料，可见到分隔菌丝特征的分生孢子柄和孢子。病料接种培养直接制片见不到真菌或一开始就将病料接种到沙保弱氏培养基或查氏琼脂培养基，作真菌分离培养，观察菌落形态、颜色及结构，进行检查和鉴定。必要时，进一步作分类鉴定。

血清学诊断中补体结合反应是检出抗体较灵敏的方法。适合于哺乳动物曲霉菌病的辅助诊断。

5. 防治措施

（1）治疗。雏禽爆发曲霉菌病时，硫酸铜按 1∶3 000倍稀释，进行全群饮水，连用 3 天，可在一定程度上控制本病的发生和发展。但这个方法不能长期使用。据报道，用制霉菌素防治有一定效果。剂量为每 100 只雏鸡用 50 万单位，拌料喂服，日服 2 次，连用 2 ~3 天。或用克霉唑（三苯甲咪唑），每 100 只雏鸡用 1 克，拌料喂服，连用 2 ~3 天。两性霉素 B、制霉菌素也可试用。大蒜素大蒜素拌料按 2 000斤料/kg 连用 5 ~7 天。

哺乳动物曲霉菌病可采用碘化钾静脉注射。

（2）预防。不使用发霉的垫料和饲料是预防本病的关键措施。防止潮湿，做好保温通风工作。可先用 0.5% 过氧乙酸进行喷洒消毒，然后用 3% 碱水进行地面消毒。防止用发霉垫料，垫料要经常翻晒和更换，特别是阴雨季节，更应翻晒，防止真菌生长。每日清扫和消毒饮水器有助于消除传染，如果不经常更换喂食地点，可在容器周围的地面喷洒药液。

加强孵化的卫生管理，对孵化室的空气进行监测，控制孵化室的卫生，防止雏鸡的真菌感染；育雏室清扫干净，用甲醛液熏蒸消毒和0.3%过氧乙酸消毒后，再进雏饲养。

第六节　念珠菌病

念珠菌病一般称之为鹅口疮，是由念珠菌或称假丝酵母菌引起的皮肤、黏膜或内脏器官的真菌病。可使患者口腔、食管、胃、肠或子宫黏膜生成灰白色的膜。其中最多见的为婴幼儿及家禽的鹅口疮。

1. 病原

念珠菌属隐球酵母科，念珠菌属（假丝酵母属）。人类念珠菌病主要病原有白念珠菌、热带念珠菌和克柔念菌等3种。动物念珠菌病的主要病原与人类基本相同。除此之外，还有类星形念珠菌。目前新发现的有鸡念珠菌新种和无名假丝酵母菌。白念珠菌为公认的最常见的致病菌，毒力最强。

念珠菌呈酵母型菌落，白色或乳白色。细胞圆形、卵圆形或长椭圆形，芽生繁殖，形成假菌丝，亦可有真菌丝；有的菌种生长厚壁孢子，不产生子囊孢子。在菌丝上生长的芽生孢子，其排列方式常是某种念珠菌的生长特征。

白念珠菌、热带念菌和克柔氏念珠菌均有相当的耐盐性和耐热性，在含盐30%的沙氏基上才停止生长。43℃，个别白念珠菌甚至44℃高温条件下才停止生长。经转种沙氏基上多数能复活。但对干燥、日光、紫外线及化学制剂等抵抗力较强。

2%甲醛、碘制剂（卢戈氏液、碘甘油、1%氯化碘），0.01%～0.02%氯胺、高锰酸钾、间苯二酯溶液，5%～10%漂白粉溶液均有明显的杀菌作用。

2. 流行病学

念珠菌广泛分布于自然界中，内源性传播较为常见。正常人和动物的口腔、皮肤、阴道、肠道、肛门等处都可以分离出本菌。念珠菌也常寄生于天然果品、奶制品等食品上、动物排泄物、医院和畜禽圈舍周围土壤及污水中。

念珠菌病可由接触自然界菌体而受染。念珠菌病感染者、带菌者是本病主要的传染源。外源性主要通过人与人或动物与人之间的直接接触传播。患病动物和人及其分泌物和排泄物污染环境都可成为传染来源，被污染的饮料和饮水都可成为本病的传染源，蛋也是一种传染源。

本病主要由消化道、呼吸道侵入而感染发病。念珠菌病一般称之为鹅口疮或消化道真菌病。因此，动物采食和饮水时吃进了带菌的饲料，通过消化道播散的机会是比较多见的。人类通过接触传染也是常见的，如患念珠菌性阴道炎的病人可通过性接触感染，鹅口疮患儿通过哺乳造成乳头皮肤感染等。

人和各种动物均有易感性。动物中以禽类最易感染发病，以鸡、鸽最敏感，雏禽的易感性、发病率和致死率均较成年禽高；4周龄内感染的，死亡率高达50%，3月龄以上的家禽，多数可康复。2周龄后至2个月龄以内的幼鸽，最易感。哺乳动物中，牛、小马、仔猪、羊和长臂猿均易感，其中，以牛的念珠菌病为多见。

念珠菌病一般为散发流行，有时呈集中暴发流行。本病一年四季均有发生，高温，降雨量多的季节多发；各种年龄的动物均可发病，但在禽类中幼禽的发病率和死亡率均远较成禽为高。饲养管理不善及机体抵抗力下降时高发。

目前，世界各地均有念珠菌病的报道。动物念珠菌病在国内的流行没有人类广泛，据1983—1995年不完全统计，动物念珠菌病在国内有8个省（市）发生，患病的禽类和哺乳动物有鸡、肉鸡、乌鸡、鹧鸪、水牛、黄牛、奶牛及长臂猿。

3. 临床特征与表现

（1）禽类念珠菌病。家禽念珠菌病的主要病原为白色念珠菌。

病鸡见一般性症状，如生长发育不良，精神不振，羽毛松乱，食量减少或停食，逐渐消瘦，嗉囊胀大，用手触摸时感觉柔软松弛，用力挤压时有酸臭气体或内容物从口腔流出。有的鸡在眼睑、口角出现痂皮样病变，开始为基底潮红，散在大小不一的灰白色丘疹，继而扩大蔓延融合成片，高出皮肤表面凹凸不平。某些病禽，尤其是鸽常因肠道损害而引起腹泻。另外，幼鸽感染后症状较为严重，常会有呼吸道症状，病鸽间有咳嗽或呼出带臭味的气体。成鸽常是无症状的带菌者。

剖检时，在嗉囊内可见到大量干酪样伪膜，有的充塞于整个嗉囊。食道、腺胃也可能出现这种病变。患禽的病死率，1 个月龄以内的几乎可达 100%，随着月龄的增长，病死率下降。腺胃黏膜受损时，可见黏膜肿胀、出血，表面附有由脱落的上皮细胞、腺体分泌物及念珠菌混合物构成的白色黏液。肌胃受损时，见角质膜腐蚀、糜烂，但这种情况常同时见于并发感染球虫病或维生素 K 缺乏症。

（2）牛念珠菌病。牛念珠菌病可分为上消化道念珠菌病、肺脏念珠菌病及酵母性乳房炎。

① 牛上消化道念珠菌病 患牛表现食欲缺乏，日渐消瘦，口腔的部分或全部黏膜上可见一层不易擦掉的乳白色薄膜。

② 牛肺脏念珠菌病 见于犊牛，表现不同程度的呼吸促迫、咳嗽等症状。剖检可见肺尖叶、心叶、中间叶以及膈叶前部呈小叶性肺炎，在肺炎部常见粟粒大白色坏死灶，慢性经过时则形成黄白色干酪样脓肿。

③ 牛酵母性乳房炎 急性酵母性乳房炎常表现于 2 ~ 3 小时呈现乳房肿胀，产乳严重下降，体温升高达 42℃，常常伴有战栗，但全身症状较轻，而且多于数小时后自行消失，然而可能在数小时之后重新发生，以后逐渐移行至慢性期。在受侵乳腺分泌物

中，发现凝块和絮片。大多数病例于3周内自行治愈，而且这些病菌往往长期持续存在于乳房中。

（3）猪念珠菌病。猪念珠菌病可分为由白色念珠菌所致的上消化道念珠菌病和由克柔氏念珠菌所致的下消化道念珠菌病两个类型。

猪上消化道念珠菌病主要发生于主要发生于仔培猪和哺乳仔猪（SPF仔猪）。在临诊上表现为采食障碍、食欲缺乏和消瘦。可见整个口腔黏膜覆盖一层不易擦掉的微白色伪膜（类似人的鹅口疮）。感染猪多因继发细菌感染而死亡。

猪下消化道念珠菌病主要发生于仔培后期的小猪。临诊上主要表现为腹泻和体重减轻。这种病例多由于继发细菌性感染而迅速死亡。

患病的仔猪营养不良，并有慢性腹泻。在舌、背、咽部（较少），有时在软腭或硬腭出现直径为2~5mm的圆形白斑。病灶进一步向食道扩展，并在胃黏膜上出现。在胃贲门区出现小出血灶，而在食道区、胃底部形成白色伪膜病灶。显微病变包括上皮表面存在大量酵母菌，上皮中有深染的1.5~2μm长的假菌丝。在舌部病灶中，可见乳头下腔有酵母菌和假菌丝。在感染性胃溃疡的周围，也有大量菌和假菌丝。

（4）山羊念珠菌病。山羊念珠菌病主要可分为皮肤型、黏膜型、内脏型3种类型。皮肤型念珠菌病见于皮肤皱褶处，皮肤上有大量白色细圈鳞屑，稍有痒感。黏膜型念珠菌病多见于小山羊，常见的发病部位是口腔，即“鹅口疮”，表现为口唇浅表溃疡和裂隙，溃疡薄膜呈红色，食欲减退或废绝，病变波及胃肠后，常出现卡他性炎，胃黏膜发生溃疡。内脏型念珠菌病多见于支气管炎、支气管肺炎，出现频发咳嗽，有啰音。

（5）犬、猫念珠菌病。主要表现为口腔和食道黏膜上形成一个或多个隆起软斑，软斑面覆盖有黄白色伪膜，有时整个食道被黄白色伪膜覆盖，去除伪膜，可见浅性溃疡面，患病动物疼痛不安，如胃肠黏膜上也发生散在的溃疡性病灶时，动物常出现呕吐和腹泻症状。

（6）猴念珠菌病。损害部位见于舌上皮、口腔、食道、结肠、指甲。检查时可见到受害的舌和口腔黏膜有溃疡和白色的微有突出的表面光滑的白色斑块。出现腹泻时粪便涂片可见到菌丝。指端有浅的圆形溃疡，脚趾和手指会变形，出现齿形裂口。指甲角蛋内有芽生孢子和菌丝。

4. 诊断

本病的诊断以流行病学、临诊症状及病理变化的综合分析可作出初步诊断。观察见有特征性的病变，且每次分离均可获得生长茂密的培养物，可以诊断为鹅口疮。用新鲜病料抹片标本确诊孢子或菌丝相当困难，需进行分离培养和人工感染试验。确诊需要对分离到的病原菌接种小白鼠和家兔作进一步证实。小白鼠和家兔皮下注射本菌后，于肾脏和心肌中形成局部脓肿，有时可能发生全身性反应，静脉内注射时，在肾脏皮质层产生粟粒样脓肿，在受害组织中出现菌丝和孢子。

实验室诊断可选择具有诊断意义的病理材料进行分离、培养并证实念珠菌病的致病种。PCR 方法、基因探针分型、血清凝集反应、ELISA 检测、对流免疫电泳试验均可证明念珠菌感染。

5. 防治措施

（1）治疗

①禽类：在 4 周时间内，每千克饲料中加入 142mg 最小剂量的制霉菌素可预防鸡的念珠菌病。在每升饮水中加入 62. 5 ~ 250mg 制霉菌素和 7. 8 ~ 25mg 硫酸月柱酸酯，连用 5 天，可治疗嗉囊念珠菌病。饲料添加制霉菌素 50 ~ 100mg/kg，用 0. 3% 的硫酸铜饮水，连续 7 天，疗效明显。病禽口腔黏膜的假膜或坏死干酪样物刮除后，溃疡部用碘甘油或 5% 甲紫涂擦，向嗉囊内灌入

适量的 2% 硼酸溶液。乳鸽可喂给制霉菌素甘油盐水，以制霉菌素 100 万单位加入 100mL 20% 甘油生理盐水混匀，每日 2 次，每次 3 ~5mL，连用 5 ~7 天。

②牛念珠菌性乳房炎：克霉唑 6 ~ 8g 次/头，口服，3 次/天，直至症状消失。同时加强病牛的护理，适当进行乳房的按摩、热敷和增加挤奶次数，以改善乳房血液循环；疏通乳管，促进病菌和炎性产物排除，提高疗效。病牛一般在 4 ~ 7 天即可痊愈。

③猪念珠菌病：两性霉素 B 对仔猪有效，每天 2 次，每次每千克体重 0. 5mg。患有皮肤念珠菌病的猪可使用适宜的皮肤消毒剂进行擦洗。

（2）预防。加强饲养管理，改善卫生条件，保持舍内干燥通风，降低饲养密度，保持饮水清洁卫生。对带菌粪便、分泌物、排泄物污染的环境，可用 5% ~10% 漂白粉溶液喷洒消毒。笼架具、墙壁等用 2% 的甲醛，或用 1% 氢氧化钠溶液消毒，1 小时病原菌即可被杀死，用 5% 的氯化碘盐酸溶液处理 3 小时，也能达到消毒的目的。严禁饲喂霉烂变质的饲料，注意饲料的配制，特别要确保维生素的含量。在饲料中加入制霉菌素 100 ~ 150mg/kg，拌匀喂给，连用 1 ~ 3 周，可起到预防此病的作用。此外，提高基层兽医人员的专业素质，奶牛养殖户的环境卫生，严格消毒意识，遵守适当的挤奶程序，以及进行乳头药浴等是避免酵母菌性乳房炎发生的前提。

第七节　隐球菌病

隐球菌病由新型隐球菌及其变种引起的一种条件致病性真菌病。人类主要侵犯肺脏和中枢神经性系统，也可以侵犯骨骼、皮肤、黏膜和其他脏器，呈急性、亚急性和慢性经过。对动物主要侵害犬猫的皮肤、肺部、消化系统和中枢神经系统，引起慢性肉芽肿性病变，少数动物表现亚临床感染，有时是致命的。

1. 病原

隐球菌属隐球酵母科，隐球菌属（又称隐球酵母属）。主要致病菌种为新型隐球菌及其变种。

新型隐球菌为圆形或卵圆形的酵母菌，一般为单芽，厚壁，有宽阔、折光性的胶质样荚膜。菌体内有一个或多个反光颗粒，为核结构。部分菌体可见出芽，但不形成假菌丝。非致病性隐球菌无荚膜。新生隐球菌在沙保培养基和血琼脂培养基上，于25℃和37℃均能生长。培养数日形成酵母型菌落，表面黏稠，初为乳白色，后转变成橘黄色。此菌能分解尿素可与假丝酵母菌区别。在葡萄糖蛋白胨琼脂上，25℃或37℃培养时，发育很快，2～5天即可长出乳白色、细菌样、黏液性菌落，呈不规则圆形，表面有蜡样光泽，以后菌落增厚，颜色由乳白、奶油色转为橘黄色。少数菌落日久液化。非致病性隐球菌在37℃不生长。

2. 流行病学

新型隐球菌广泛分布于自然界中，可以从土壤、污水、腐烂的植物果实和蔬菜、鸽粪等中分离出来，也可从健康人的皮肤、黏膜和粪便中分离出来。猪也是常见的带菌者。人和动物对隐球菌病均易感，但至今尚未见动物传人，或人传人的报道。

环境中的病原体主要通过呼吸道，也可通过皮肤或消化道进入人体引起疾病，或使成为带菌者。隐球菌病少数可为原发性，多数为继发性。后者以霍奇金病和白血病病人并发隐球菌病者最多见。

隐球菌病多呈散发流行，世界各地均有发生。可感染多种动物，见于马、牛、绵羊、山羊、猿、长毛猴、猎豹和水貂，马最易感，牛呈地方爆发性乳房炎。

近年来，世界各地都有报道。国内多省市均有发生，且发病率有逐年上升的趋势。常见犬、绵羊和猪、鸽子，主要侵害中枢神经系统。

3. 临床特征与表现

马见于鼻咽、上颌骨附近及前额窦等处，可见肉芽肿样囊性增生，囊肿含有黏液物质。侵害肺脏时，表现有呼吸困难。侵害中枢神经系统，可见运动失调和失明。

牛、羊多为隐球菌性乳房炎，除一般症状外，泌乳量急剧下降或停止。乳汁呈絮状。停乳后，从乳头排出污秽的灰黄色黏液性分泌物。

猫较常见，造成上呼吸道及肺的感染，在鼻中隔会有肿大及局部淋巴结病变，表现为溃疡、脓肿、咳嗽和鼻塞性吸气性呼吸困难等症状。也可造成中枢神经系统、骨、皮下及眼睛的损害。最常见的眼睛损害是肉芽肿性脉络膜视网膜炎。

犬见于颈部、背部、臀部，出现皮肤丘疹、结节、肉芽肿和脓肿，脓肿渗出带有血丝的黏稠脓液，恶臭。偶发慢性眼炎，羞明、流泪，间或眼前房出血至失明。病程几周到 2 ~ 3 个月。

4. 诊断

根据受损部位不同取所需检查的新鲜标本，置于玻片上，加墨汁 1 滴，覆以盖玻片，在显微镜下可见到新型隐球菌具有鉴别意义的夹膜和出芽生殖的菌细胞。

实验室诊断可收集病变组织的临床标本直接镜检或分离培养，置于沙氏培养基中，在室温或 37℃ 培养 3 ~ 4 天可见菌落长出，证实新型隐球菌。

5. 防治措施

（1）治疗。两性霉素 B 是治疗中枢神经系统隐球菌病的首选药物。5 – 氟胞嘧啶对隐球菌的最低抑菌浓度为 0.097 ~ 78 μm/mL，单独应用易产生耐药，多与两性霉素 B 等联合使用。治疗隐球菌病。应用苯甲酸治疗牛隐球菌性乳房炎可获一定疗效。此外，香草素、多黏菌素 B、新霉素、放线菌酮及氨苯磺胺等均可用于治疗动物隐球菌病。

（2）预防。预防本菌感染，注意环境卫生和保健，加强对鸟鸽粪等的管理，避免接触到被污染的土壤，防止鸽粪污染空气，忌食腐烂变质的梨、桃等水果。防止吸入含隐球菌的尘埃，尤其是带有鸽粪的尘埃。病畜和可疑病畜必须隔离，动物圈舍应仔细清扫和消毒，对患隐球菌病奶牛的乳汁必须进行高热消毒。尽量避免长期使用皮质类固醇激素和免疫抑制剂，减少诱发因素。

第五章 其他人兽共患传染病

第一节 Q 热

Q 热是由贝氏立克次体引起的一种人兽共患传染病。该病以发热、头痛和间质性肺炎为特征。家畜中主要发生于牛、绵羊和山羊，常呈无症状经过；在人表现为类似于伤寒和流行性感冒的症状。1935 年 Edward Derrick 在澳大利亚 Brisbane 的屠宰场的工人中发现一种原因不明的发热病。1937 年他描述了在澳大利亚昆士兰地区暴发的这种原因不明的热性病，认为是一种新的疾病，称之为 Q 热（Q fever）。Q 来自英文词 Query，意为“疑问”。Burnet 和 Freeman 诱导小鼠发病，观察到脾细胞囊泡中有圆形物质，用立克次氏体的染色方法观察到典型的短柄状结构，找到了这个病原体。为纪念 Burnet 的功绩，1939 年 Derrick 建议将此新的病原体称之为贝氏立克次体（Rickettsia burnetii）。1940 年 Derrick 和 Smith 从寄生于澳大利亚板齿鼠与硕鼠的血蜱体内分离出 Q 热病原体，经血清学和病原学证明本病也存在于其他多种野生动物和家畜中，并且查明家禽和人感染 Q 热的程度与自然疫源地有一定的关系，人的 Q 热与家畜疫源地的存在又有直接的联系。

本病呈全球性分布，几乎存在于世界上一切有牛、绵羊及山羊的地区。本病在全世界分布很广，随着对 Q 热研究的深入，许多原来以为不存在本病的国家和地区，也相继发现 Q 热流行。

目前，除斯堪的纳维亚半岛的一些国家及新西兰等尚无明确病例报告外，在开展Q热血清学或病原学工作的地区，均能发现本病存在。我国Q热的发现和研究开始于20世纪50年代初，最早的病例是在1950和1951年在协和医院和同仁医院做血清学检测时发现的，1962年在四川一例慢性Q热病例中分离到立克次体后从病原学上证实该病的存在，本病在我国的分布很广泛，据不完全统计，我国目前至少在北京、河北、内蒙古、黑龙江、吉林、辽宁、四川、云南、甘肃、青海、广东、广西、江苏、福建、安徽、新疆、西藏以及台湾等18个省、区、市有Q热报道。由于人在感染Q热时有多种临床表现，除慢性Q热外，病情并不特别严重，抗生素疗效好等因素，在缺乏实验室检查和流行病学资料分析往往未被重视的情况下，难以与其他热性传染病相区别，该病误诊和漏诊相当严重。因而，一个地区Q热存在与否，发病率高低和流行的范围等问题，与这个地区的医务工作者对本病的认识和重视程度，以及有关立克次体学研究工作是否开展等密切相关。调查证明，我国除人感染Q热外，感染Q热的家畜有黄牛、水牛、牦牛、绵羊、山羊、马、骡、驴、骆驼、犬和猪等，野生动物中的喜马拉雅旱獭、藏鼠兔、达乌利亚黄鼠，禽类中的鹊雀也有Q热感染。

一、病原

1. 分类地位

引起Q热的病原习惯上称为Q热立克次体，有时称为贝氏立克次体或贝氏柯克斯体，在分类上属于立克次体科、立克次体属。

2. 形态学基本特征与培养特性

Q热立克次体较小（0.25μm×1.0μm），能通过普通的细菌滤器，呈短杆状或球杆状，多成对排列，有时聚集成堆，在内皮细胞和浆膜细胞的胞浆内构成微小集落。革兰氏染色法染色，其染色性多不稳定，但以含1%碘的酒精溶液作媒染剂，用4：1的酒精丙酮混合液脱色，则为革兰氏染色阳性，据此可以与其他立克次体相鉴别。立克次体不能在人工培养基上生长，通常用鸡胚、实验动物（鼠，豚鼠）或细胞培养来增殖细菌。

3. 理化特性

贝氏立克次体对外界环境有很强的抵抗力，对酸、去污剂、干燥等耐力特别强，能耐气溶胶化并可通过气溶胶多途径、远距离地传播。在感染动物和蜱干燥的排泄物、分泌物里可长期存活(如586天仍有感染性)。在鲜肉中4℃下能存活30天，在腌肉中至少存活150天，在牛奶中至少煮沸10分钟以上才能全部死亡，在乳汁和水中可存活36～42个月，在干燥沙土中4～6℃可存活7～9个月，－56℃能活数年，加热60～70℃ 30～60分钟才能灭活。常用消毒剂如0.5%石炭酸和0.5%～1%来苏儿分别经7天和3小时 以上才能将其杀死。该病原对脂溶剂敏感，70%酒精1分钟内能将之杀灭。

二、流行病学

1. 传染源

病人、病畜为本病的传染源，尤其是牛和羊，可随其胎盘、羊水和乳汁排出大量病原体，是本病的主要传染源。蜱是本病的原始储存宿主和传播媒介。

2. 传播途径

本病可经多种途径传播，可经呼吸道、消化道及血液等途径传播。该病以呼吸道感染为主，通常是因为吸入传染性气雾和污染的尘埃而感染，其次是经直接接触（或间接接触）感染和经某些节肢动物（主要是蜱）叮咬而感染，还可因饮入病畜乳汁、食入其乳制品和食入病畜肉而经消化道感染。在实验小鼠中，该病可经交配传染，但目前还没有证据说明在自然条件下该病可经性传播。

3. 易感者

人类对本病普遍易感。家畜、野生哺乳动物和鸟类等都有易感性。已查明我国感染Q热的家畜有黄牛、水牛、牦牛、绵羊、山羊、马、骡、驴、骆驼、犬和猪等，家禽中有鸡、鸭、鹅等。已发现能自然感染Q热的野生动物有60多种。应引起重视的是猫感染Q热，然后传染给人的报道越来越多。本病呈散发或暴发性流行，人群Q热的暴发具有职业性特点，主要见于屠宰场，制革厂的人员以及收购，搬运皮毛的人员，发病多在屠宰旺季和牛、羊分娩季节。

根据血清学检测的结果，Q热在动物中的感染率很高，譬如在加拿大的魁北克有41% 的羊感染，土耳其有11%的羊和6%的牛感染，美国有41%的山羊、17%的绵羊和6%的牛感染，乍得有80%的骆驼感染，日本有20% ~30%的奶牛、14%的伴侣猫和42%的野猫感染、韩国有9%的伴侣动物感染。可见该病流行的范围很广。

4. 流行特点

Q热是一种自然疫源性疾病，在自然界依靠多种宿主动物的相互感染和节肢动物经卵传递，两者之间相互传播构成循环。蜱在传播贝氏立克次体方面起着很重要的作用，已从50多种硬蜱，软蜱及革螨体中分离出贝氏立克次体。蜱在叮吸感染Q热的野生动物（主要是啮齿类动物）血液后，贝氏立克次体在蜱体内繁殖，并在蜱体内保存很长时间，有些蜱还可经卵传递。啮齿类动物被感染的蜱叮咬或食入感染的蜱以及啮齿类动物间相互蚕食传染，构成了Q热疫源地。当家畜进入疫源地，常因食入被啮齿类动物和蜱污染的饲草或被感染的蜱叮咬，受到感染。家畜受感染后，病原体可随其分泌物、排泄物及分娩时的羊水、胎盘等扩散至外界环境中，污染土壤和空气。胎盘中含大量的病菌，1克胎盘所含的菌量可感染一亿只豚鼠。其他家畜接触上述污染物后，或者牛犊、羔羊吸吮乳汁，都可被感染。该病在家畜中传播构成独立的循环，形成传染的连续性。人则主要是经吸入感染性气溶胶、污染的尘埃和接触污染物而受到感染。

5. 影响发病的因素

Q热发病具有明显的职业特点，即接触动物和动物产品的人发病较多，免疫力低下或有免疫抑制的人更易感染，如艾滋病患者的Q热感染率是普通人群的13倍，癌症患者和淋巴瘤病人易得Q热。另外，气候和环境也对本病的发生有影响。

三、诊断

（一）动物临床诊断

动物感染后多呈亚临床经过，但绵羊和山羊有时出现食欲缺乏、体重下降、产奶量减少和流产、死胎等现象；牛可出现不育和散在性流产。多数反刍动物感染后，因病原定居在乳腺、胎盘和子宫，所以病原随分娩和泌乳大量排出。少数病例出现结膜炎、支气管肺炎、关节肿胀、乳房炎等症状，多数呈隐性感染。呈显性感染表现为发热、消化不良、消瘦，患病母畜常发生流产和产死胎，泌乳量减少，有的还表现为鼻炎、结膜炎、支气管炎、乳房炎等。

动物感染后多呈亚临床经过，但绵羊和山羊有时出现食欲缺乏、体重下降、产奶量减少和流产、死胎等现象；牛可出现不育和散在性流产以及犊牛出生体重下降。少数病例出现结膜炎、支气管肺炎、关节肿胀、乳房炎等症状。

（二）人临床诊断

1. 急性Q热

潜伏期一般为2～4周，平均为18～21天，若大量Q热病原经呼吸道感染时，潜伏期短为3～9天。通常起病急，病程为11～14天，一般不超过一个月。

（1）发热。体温在2～4天内升高到38～40℃，呈弛张热型，持续1～3周消退，同时，伴有寒战，发热后大量流汗等。

（2）头痛和肌肉疼痛。患者常出现剧烈和持续性头痛（尤其是前额和双眼眶后痛）、肌肉痛和关节痛，极度乏力。该症状发生率占82%。

（3）肺炎。早期出现干咳和胸痛，X线检查有类似于病毒性肺炎变化。该症状发生率占46%。

（4）肝炎。患者普遍出现肝炎，呈现黄疸和肝大，肝区压痛明显，肝功检查时常无明显变化。

（5）其他症状。急性患者常出现倦怠、失眠、食欲下降、恶心、呕吐等症状，有的患者出现脑炎或脑膜炎引起的神经症状。

2. 慢性Q热

患者病程超过半年，呈现持续或反复发热，出现心内膜炎，肝、脾肿大。Q热心内膜炎病人常常有心血管病史，如先天性或风湿性心瓣膜病等。Q热心内膜炎和慢性肝炎常同时存在，出现肝功异常、肝硬化等症状。另外，Q热患者有时出现骨髓炎、末梢神经炎、关节炎、胸膜炎、睾丸炎、心肌炎和心肌梗死等病症。

3. 儿童Q热

儿童Q热与成人病症相似，表现为高热无力，常出现恶心、呕吐、腹泻等消化道症状。有一定数量的儿童出现肝、脾肿大现象。有时出现皮疹，如在膝、肘、足背等处出现红斑以及面部和腿部有时出现紫癜性皮疹等。头痛发生率为60%～90%，神经系统并发症占22%。儿童Q热通常为白细胞计数正常或减少现象，有时出现淋巴细胞增多和粒细胞减少，血小板中等减少等。

人感染后除急性期外，在慢性Q热中常表现出胸膜炎、肺梗死、心包炎、心肌炎、心肌梗死、心内膜炎、血栓性脉管炎、间质性肺炎、肝炎、胰腺炎、食管炎、关节炎、附睾及睾丸炎，脑膜脑炎以及椎体外路系统的损害如帕金氏病等。这些表现既可单独存在，又可复合出现，以肝炎和心内膜炎最具有临床重要性。

（三）实验室诊断

除证实当地有本病流行和有典型的症状外，临床症状和病史往往不能提供诊断的依据。大部分Q热患者开始都被诊断为别的传染病，因此，该病的诊断必须依靠实验室检查结果，而血清学检测结果在临床诊断具有重要参考价值。

1. 病原学诊断

由于Q热病原体传染性强，取样本时应注意防护措施，如戴手套、口罩等，病原学检查方面必须在生物安全三级实验室进行。通常取血液、脑脊髓液、骨髓、心瓣膜、流产胎儿、胎盘、乳汁等样本。由于样本中常有其他微生物污染，因而通常是先用豚鼠进行接种，经腹腔接种后5～8天，取豚鼠脾脏进行分离Q热立克次体。多种细胞都可培养该病菌（参见病原学培养特性一节），在单层细胞上接种1mL病料，随后在700×g 20℃条件下离心1小时，促进病原黏附和侵入细胞，然后在37℃ 5% CO_2培养箱中培养5～7天，用荧光抗体染色或组织化学染色检查病原。

2. 血清学诊断

常用血清学方法如补体结合试验、凝集试验、免疫荧光试验、酶联免疫吸附试验（ELISA）等进行该病的诊断。在补体结合试验中，若单份血清Ⅱ相抗体效价在1∶64以上有诊断价值，病后2～4周，双份血清效价升高4倍，可以确诊为急性Q热。若Ⅰ相抗体相当或超过Ⅱ相抗体水平，可以确诊为慢性Q热。

凝集试验中，Ⅰ相抗原经三氯醋酸处理转为Ⅱ相抗原，用苏木紫染色后在塑料盘上与病料血清发生凝集。此法较补体结合试验敏感，但特异性不如补体结合试验。在免疫荧光检测中，若血清效价高于1∶800，可以确诊为慢性Q热。实践证明ELISA检测Q热抗体比其他方法敏感。

3. 分子生物学诊断

用同位素标记的核酸探针或多聚酶链式反应（PCR）可进行辅助性诊断。

4. 变态反应

皮肤变态反应常用于流行病学调查，但也可用作现症诊断。据报告，病后第5天就可出现变态反应阳性。大部分病例在注射Ⅰ相可溶性抗原后24小时出现反应，48小时开始消退。病后1～2周本法阳性率高于补体结合试验，3、4周二者基本一致。

5. 鉴别诊断

本病应与流感、疟疾、登革热、布鲁氏菌病、病毒性肺炎、伤寒和副伤寒等相鉴别。

四、防控

（一）防控措施

1. 消灭和控制传染源

根据本地区的动物宿主及流行因素的特点，积极进行灭鼠、灭蜱，科学管理家畜，最好将孕畜与健畜分群管理，分娩后应隔离3周以上，分娩时的排泄物、胎盘或死胎应焚烧或深埋，防止犬等动物偷吃而造成感染和传播。

2. 加强检疫工作

由流行区至非流行区的家畜应隔离检疫，并观察30天，皮、毛、绒等畜产品须用双层包装，并经过福尔马林熏蒸或环氧乙烷消毒处理。

3. 注意劳动保护

屠宰场、肉联厂、皮革厂、地毯厂等要加强工人的劳动保护，净化车间的空气，工作人员要遵守操作规程，注意个人防护。

4. 加强卫生知识宣传

采取多种宣传形式，广泛进行卫生知识宣传，使广大群众认识预防本病的方法。在与牛、羊接触时（特别是接犊和接羔时），应注意个人防护，还要改变饮生乳的习惯，对有Q热流行的牛场产的奶，应进行煮沸消毒后方可饮用。

（二）药物防治

如果怀疑或已知感染了本病（接触过污染物），在潜伏期的后期开始用广谱抗生素预防，可免除或推迟发病。Q热治疗以四环素及其类似药、利福平、甲氧苄氨嘧啶、喹诺酮类等较好。

1. 人

病原治疗可用四环素族药物，每天2～3g，分4次服用。退热后减半，最好连用7天以上，以防复发。氯霉素也有效，复发再用仍有效。Q热心内膜炎可将四环素与洁霉素合用，近年来服用复方新诺明，每天4片，分2次服用，连用4周。还应根据病情进行对症疗法和支持疗法。

2. 动物

牛，羊的治疗用四环素和氯霉素。四环素每次注射2.5～5mg/kg，每天2次，氯霉素可静脉或肌肉注射，每次10～20mg/kg，每天2次，连用1周以上。

（三）免疫预防

在流行区，对经常与家畜及其污染物接触的工作人员，野外工作者和实验室工作人员等应进行预防接种。死苗用卵黄囊膜制备而成，皮下接种3次，每次1mL，不足之处是会引起局部或全身反应。活疫苗是用QM－6801弱毒株制备的，经皮上划痕接种或糖丸口服，无明显不良反应。家畜的预防接种用死苗，奶牛接种 2 次，间隔 1 周，每次 10mL。

第二节　附红细胞体病

附红细胞体病简称附红体病，是由附红细胞体感染机体而引起的人兽共患传染病。又称红皮病、黄疸性贫血、类边虫病、赤兽体病。按其主要特征应属于血液病。目前，世界上已有 30 个国家和地区报道发生过本病，但多数为动物及家畜感染。由于附红体病的传播之广及其对畜牧经济所造成的危害之大，越来越引起全世界畜牧兽医界、外贸检疫界的重视。有资料表明，人感染附红体病的比例正在增加，对人体的危害也已逐渐引起医学界的关注。附红体病对人类的危害性以及有关公共卫生方面等问题，应引起医务工作者的高度重视。

一、病原

1. 分类地位

附红体是寄生于红细胞表面、血浆及骨髓中的一群微生物。附红体是原核生物。目前，国际上广泛采用 1984 年版《伯杰细菌鉴定手册》进行分类，将附红体列为立克次体目、无形体科、血虫体属也称附红细胞体属。最近有文献报道，计划将附红体属部分成员（猪附红细胞体和魏容附红细胞体等）由立克次体目转到支原体目。迄今已发现和命名的附红体有 14 种。目前，已有 30 多个国家和地区报告了动物及家畜附红体感染。

2. 形态学基本特征

附红体为多形态单细胞微生物，呈大、小球体，且小球体与大球体相连，或呈链状、足掌状、葫芦状，直径 0. 3 ~ 1. 5μm，扫描电镜下可见附红体是无壁、无核、无细胞器的原生体，只有单层膜包裹，其中，可见电子密度大的颗粒状物，无规则地分布在胞质内。临床上患者血片以姬姆萨染色后油镜下观察，可见红细胞形状不规则，部分细胞边缘皱缩，形成许多小棘，类车轮状，红细胞附有大小不均（直径0.2～1.5 μm）的小体。该小体为圆形或椭圆形，附着在红细胞中央或边缘，折光性较强，形似空泡，1 个红细胞可附着 1～10 个甚至上百个附红体。

3. 理化特性

附红体广泛存在于水、土壤和植物中，附红体对干燥及化学药品抵抗力较弱，一般消毒药几分钟即可将其杀死。附红体在酸性溶液中活力反而明显增强，但遇碘液即停止运动，并不被碘着色。此点具有鉴别作用。如食用污染附红体的畜肉，只要加热到60℃ 30 分钟，即可使附红体失去致病活性。附红体在低温冷冻情况下，可存活数年之久，由于附红体可在低温下长时间存活，这对本病的传播有重要意义。

二、流行病学

1. 传染源

携带附红细胞的宿主动物是重要的传染源。附红体的宿主有绵羊、山羊、牛、猪、马、驴、骡、狗、猫、兔、鼠、鸟类、禽类和人等。

2. 传播途径

附红体病传播方式有接触传播、血源传播、垂直传播及昆虫媒介传播等。吸血昆虫有伊蚊、库蚊、猪虱、鳞虱、蚤、吸血蝇、蠓等传播本病。本病多发在夏秋或雨水较多的季节，此期正是各种吸血昆虫活动繁殖的高峰期。另外，人为因素也可能造成本病的传播，如不洁的针头、耳号镊、断齿器、去势片等，不消毒连续使用，在这些情况下，有可能经伤口传播。至于人兽附红体病之间的传播可能以接触为主，据部秀珍报道，密切接触畜牧群的感染率55.25%（142/257），感染了附红体的献血者会造成对受血者的直接威胁，尤其对幼年受血者危害更大。家畜一年四季皆可被感染，但有一定季节性，5～8月是其感染高峰。人感染未见季节差异。

3. 易感动物

附红体的易感动物很多，包括哺乳动物中的啮类动物和反刍类动物，动物的种类不同感染的病原体也不同。通常每种动物都有特异性宿主。据报道，奶山羊的感染率为100%，奶牛的感染率为58.59%，马的感染率为95.8%，猪的感染率为93.45%，牛的感染率为80%，犬为49.5%，兔为83.46%，鸡为75%。附红体在血液中增殖以前，首先在骨髓中快速增殖。该病的发病率高，死亡率低，且哺乳仔猪死亡率较高。据流行病学调查，人在附红体病流行区感染率极高，可高达50%～60%，但患病率极低，目前尚未确切的发病率的报告，漏诊、误诊普遍存在。一般认为人类对附红体普遍易感，其感染率与性别、年龄无明显关系，具有家庭聚集性及一定职业分布特点，兽医、奶牛饲养员、屠宰工人、禽兽加工人员等人群感染率高于其他职业人群。

通常情况下不同宿主之间的附红细胞体不进行交叉感染，如猪附红细胞体不会感染山羊、鹿，感染美洲驼的附红细胞体不能感染猪、绵羊和猫；而有些附红细胞体并不具有宿主特异性，可在同源性较高动物之间交叉感染，如绵羊附红细胞体也可感染山羊，因此，有些种类可能是同物异名。也有报道指出从事畜禽工作的人员附红细胞体感染率较高，而且人附红细胞体可感染猪、羊，但鸡未感染。

4. 流行特征

该病多发于高热、多雨且吸血昆虫繁殖滋生的季节，尤以夏秋发生较多。但是，其他季节也有发生，只是发生的程度和范围不同而已。最近在北方的冬春季节也有了发生该病的报道，而且许多资料表明，该病常与弓形体病、疥螨病、副伤寒、大肠杆菌病、链球菌病以及温和性猪瘟等并发造成复合感染和继发感染。

5. 发生与分布

附红体病的流行范围很广，迄今已有近30个国家报告人畜被感染。遍布世界五大洲，无地域性分布特征，似乎与气温带无关。经我国对9省区16个地区人群附红体感染调查表明，附红体对人畜感染均有存在，而且地域分布也很广，从东到西，从南到北，无明显地区限制。省区不同感染率有一定差别。

三、对动物和人的致病性

（一）对动物的致病性

家畜感染后表现不一，主要表现：高热、黏膜贫血、黄疸、食欲缺乏、腹泻、便秘、耳边卷曲等。患畜出现临床症状前都有一个潜伏期，短者3～5天，长者10天以上。

（二）对人的致病性

人患附红体病的主要表现不尽相同，综合起来有体温升高、乏力、易出汗、嗜睡等症状，严重者可有贫血、黄疸和肝、脾肿大、不同部位的淋巴结肿大等。临床检验可出现红细胞、血红蛋白、红细胞比容、血小板计数等降低，胆红素增高。小儿患病后尿色加深，不同患儿可出现不同表现。

四、诊断要点

直接涂片镜检目前仍然是诊断人、畜附红体病的主要手段。末梢血涂片，瑞氏染色，油镜（×1 000）下计数100个红细胞，凡染有附红体的红细胞<30个为轻度感染，30～60个为中度感染，>60个为重度感染。

近年来，随着科学的发展，人附红体血清学诊断方法也已起步，可作为定性依据，主要方法包括：免疫荧光试验（IFA），间接血凝试验（IHA），酶联免疫吸附试验（ELISA）。对流免疫电泳（CIE），补体结合试验。据郑丽艳等所做的附红细胞体病瑞氏、姬姆萨、吖啶橙染色法及 PCR 检测法的比较研究表明，吖啶橙染色检出率最高（85%），PCR 检测法检出率为 80%，瑞氏、姬姆萨染色检出率分别为 20% 和 30%。可见吖啶橙染色法及 PCR 检测法在诊断上更有价值。

附红体通常不是一种高致病微生物，除猪外，患畜的特征性临床症状不明显，难与有类似症状的疾病相区别，须经血涂片检出附红体，并结合流行病学、临床症状、及其他实验室检查方法才能最后确诊。同时要选择在发病初期采血涂片，容易找出典型虫体。当病畜贫血症状十分明显时，红细胞及虫受到破坏，不易查出典型虫体，通常将可疑病畜血液接种给同种或易感的健康小动物（附红体阴性者），接种后观察其表现和采血检查附红体，以最后确诊。其附红体阳性判定标准为：在 1000 倍显微镜下观察 20 个视野，发现附红体者为阳性，未发现附红体者为阴性。阳性样本按红细胞附红体感染率高低分为 4 个强度，即 +（< 10%）+ +（10% ~ 50%）、+ + +（50% ~ 75%）、+ + + +（> 75%）。猪附红体血清学诊断试验敏感性低，现在有研究欲将猪附红体 M 特异性抗原刺激产生的特异性 IgG 抗体应用于血清学诊断。

五、防治措施

据临床治疗经验及所查文献表明，庆大霉素、强力霉素、四环素对于人的附红体病治愈率可达 100%，青、链霉素效果差或无效，据资料介绍，磺胺类药不但不能抑制立克次氏体生长，反而具有促其生长的作用而不宜采用。除了采用上述药物以外，还应配合输血、补糖、强心、健胃等对症辅助疗法进行综合治疗。

四环素、土霉素、金霉素对多种患畜有显著疗效，而且可预防多种动物本病的发生，对病猪可用血虫净、黄色素、九一四、四环素、卡那霉素及抗原虫药等。

由于对许多流行环节不清楚，对于附红体病目前尚无良好预防手段。该病目前尚无疫苗预防，只能采取综合性预防措施。预防人体附红体病的主要措施：① 加强宣传教育，提高临床医生的认知水平，凡遇到贫血原因不明，长期发热久治不退的患者，不明原因的淋巴结肿大发热患者有必要做 EPE 的检测，有利于此病的治疗及预防。② 经常与携带这种病原的家畜、家禽接触的人员，应注意个人防护，以防感染。③ 对献血员应做附红体的检测，以防造成人为的血源性传播。另外，强锻炼身体，提高自身免疫力也很重要。

畜禽的预防：要注意搞好畜禽舍和饲养用具的卫生，定期消毒；夏秋季经常喷撒杀虫药物，防止昆虫叮咬；驱除畜禽体内外寄生虫；搞好饲养管理，积极预防其他疫病发生，提高畜禽抵抗力；防止各种应激因素的影响；仔猪、犊牛、幼驹定期喂服四环素族抗生素；母畜产前注射土霉素或喂服四环素族抗生素，可防止母畜发病，并对幼畜起防病作用。较有效的治疗药物有四环素族氯苯胍等。但因患病动物的种类，个体及患病时期不同，对上述药物的敏感度也有差异。

对医务人员普及附红体病的知识，积极开展附红体病病原学、流行病学、临床与治疗的研究以及临床上进行附红体的快速有效检测是今后亟待解决的重要问题。在威胁人类健康的主要传染病逐渐被控制的今天，附红体病等原来未被重视的传染病给医务工作者提出了新的课题。

黄印尧（1983）以 10mg/kg 体重剂量注射土霉素、四环素和金霉素有较高的疗效。

新肿凡纳明 30mg/kg 体重或睇泼芬钾 6mg/kg 体重可有效治疗和减轻病羔的临床症状，但不能完全消灭病原体。螺锥素可完全消灭病原体，但毒性很强。

晋希民（1981）发现服用氯苯胍（200mg/kg）的幼兔感染率很低。栾景辉（1984）用贝尼尔和黄色素治疗病猪和病牛，治愈率可达87%。贝尼尔按7～10mg/kg体重，0.5%的黄色素按4mg/kg体重静注连用3天即可。

时国君（1999）用中医疗法进行治疗。按50kg体重用量，自拟方剂。当归20克、赤勺15克、茵陈30克、板蓝根50克、龙胆草30克、三仙30克、甘草15克，发热加柴胡20克、黄芩20克，便秘加大黄30克、芒硝80克，水煎一同灌服。

第三节　钩端螺旋体病

钩端螺旋体病是由致病性钩端螺旋体（简称钩体）引起的一种重要而复杂的人兽共患病和自然疫源性传染病，鼠类和猪为主要的传染源。因个体免疫水平的差别以及受染菌株的不同，临床表现轻重不一。典型者起病急骤，早期有高热、倦怠无力、全身酸痛、结膜充血、腓肌压痛、表浅淋巴结肿大；中期可伴有肺弥漫性出血，明显的肝、肾、中枢神经系统损害；晚期多数病人恢复，少数可出现后发热、眼葡萄膜炎以及脑动脉闭塞性炎症等。肺弥漫性出血、肝、肾衰竭常为致死原因。

一、病原

1. 分类地位

该病病原为钩端螺旋体，属于钩端螺旋体属中的“似问号钩端螺旋体”。钩端螺旋体属共有两个种，一种为“似问号钩端螺旋体”，对人、畜有致病性，另一种为双弯钩端螺旋体，无抗原性。据1986年国际微生物学会统计，全世界已发现的钩体共有23个血清群，200个血清型。我国已知有19群161型，是世界上发现血清型最多的国家，较常见的有13个血清群、15个血清型。钩端螺旋体的型别不同，对人的毒力、致病力也不同。某些致病菌型在体内外，特别在体内可产生钩体代谢产物如内毒素样物质，细胞毒性因子、细胞致病作用物质及溶血素等。

2. 形态学基本特征

致病性钩端螺旋体为该病病原，钩体呈纤细状，圆柱形，螺旋盘绕细致有 12 ~ 18 个螺旋，规则而紧密，状如未拉开弹簧表带样。钩体的一端或两端弯曲成钩状，使菌体呈“C”或“S”形。菌体长度不等，一般为 4 ~ 20μm，平均 6 ~ 10μm，直径平均 0.1 ~ 0.2μm。钩体运动活泼，沿长轴旋转运动，菌体中央部分较僵直，两端柔软，有较强的穿透力。螺旋丝从一端盘绕至另一端，整齐而细密；暗视野检查，常似细小珠链状。革兰氏阴性，但常不易着色，常用吉姆萨氏染色和镀银法染色，以后者较好。体革兰染色阴性。在暗示野显微镜下较易见到发亮的活动螺旋体。电镜下观察到的钩体结构主要为外膜、鞭毛（又称轴丝）和柱形的原生质体（柱形菌体）3 部分。

3. 理化特性

钩端螺旋体在一般的水田、池塘、沼泽及淤泥中可以生存数月或更长，适宜的酸碱度为 pH 值 7.0 ~ 7.6，超出此范围以外，对酸和碱均甚过敏，一般常用的消毒剂即可将其杀死。钩体是需氧菌，营养要求不高，在常用的柯氏培养基中生长良好。孵育温度 25 ~ 30℃。钩体对干燥非常敏感，在干燥环境下数分钟即可死亡，极易被稀盐酸、70% 酒精、漂白粉、来苏儿、石炭酸、肥皂水和 0.5% 升汞灭活。钩体对理化因素的抵抗力较弱，如紫外线、50 ~ 55℃，30 分钟均可被杀灭。

二、流行病学

1. 传染源

带菌鼠类和带菌的畜禽是该病重要的自然界疫源地。低湿草地、死水塘、水田、淤泥沼泽地等呈中性和微碱性有水地方被带菌的鼠类、家畜排泄物污染后也变成危险的疫源地。带菌动物的尿液排入水源、土壤、饲料、栏圈和用具，均会使家畜和人感染。鼠类、家畜和人的钩端螺旋体感染常相互交错传染，构成错综复杂的传染链。家畜中猪作为宿主动物起着重要作用，因为猪携带的菌群与人的流行菌群完全一致，且具备主要传染源的各项条件：分布广、数量多；与人接触密切，猪尿能污染居民点内各种水源；带菌率高，排菌时间长（370 天以上）；尿量大，尿内钩体数量多；猪圈一般多潮湿多水，泥土和积水内存在大量钩体。此外，犬、牛等也是重要的传染源。近年来用血清学检查的方法说明，蛇、鸡、鸭、鹅、蛙、兔等动物有可能是钩体的储存宿主。钩体病患者的尿有时排菌达半年左右，因尿为酸性，多不适宜钩体的生长。另外，隐性感染可成为健康带菌者，但因排菌率不高、排菌不规则，所以，人作为传染源的意义被忽略。

2. 传播途径

本病主要通过皮肤、黏膜及消化道食入而传染，也可通过交配、人工授精和在菌血症期间通过吸血昆虫如软蜱、虻、蝇等传播。

接触传播：钩体可在野生动物体内长期存在，它可以传染给家畜，通过家畜再传染给人；又可通过家畜传染给野生动物再传染给人。如此长期循环不止。鼠和猪的带菌尿液污染外在环境（水和土壤等），人群经常接触疫水和土壤，钩体经破损皮肤侵入机体。与疫水等接触时间愈长，次数愈多，外在环境如土壤等偏碱，气温 22℃ 以上，钩体容易生长，因而获得感染的机会更多。

经鼻腔黏膜或消化道黏膜传播：通过黏膜，包括消化道、呼吸道和生殖系统的黏膜，都是钩体容易侵入的途径。当喝大量水后胃液被稀释，吃了被鼠和猪的带菌尿液污染的食品或未经加热

处理的食物后，钩体容易经消化道黏膜入侵体内。

其他　从羊水、胎盘、脐血、乳汁及流产儿的肝肾组织中都能分离出钩体，说明可通过哺乳及先天性感染而发病。但经病人菌尿而受染者机会极少。吸血节肢动物如蜱、螨等通过吸血传播也有可能。

3. 易感动物

人群对钩端螺旋体病普遍易感，常与疫水接触者多为农民、渔民、下水道工人、屠宰工人及饲养员，因而从事农业、渔业劳动者发病率较高。从外地进入疫区的人员，由于缺乏免疫力，往往比本地人易感。病后可得较强的同型免疫力。在气温较高地区、屠宰场、矿区等，终年可见散发病例。

病原性钩端螺旋体的动物宿主非常广泛，几乎所有温血动物都可感染，其中，啮齿目的鼠类是最重要的贮存宿主。该病原易感于各种年龄的家畜，但以幼畜发病较多。爬行动物、两栖动物、节肢动物、软体动物和蠕虫亦可自然感染，其中，受人注意的是蛙类，其次是蛇、蜥蜴、龟，但这类动物在流行病中的作用则认为不如温血动物。

4. 流行特征

本病发生呈明显的流行季节，每年以 7 ~ 10 月为流行的高峰期，其他月份仅为个别散发。该病的发生与饲养管理也有密切关系。饥饿、饲养不合理或其他疾病是机体的免疫机能下降时，可以使原为隐形感染的动物表现出临床症状[4]，甚至死亡。管理不善，圈舍及生活运动场地的尿液、污水不及时地清理，常常是该病暴发的重要因素。

5. 发生与分布

病原性钩端螺旋体几乎遍布世界各地，尤其是气候温暖，雨量较多的热带亚热带地区的江河两岸、湖泊、沼泽、池塘和水田地带为甚。世界上大多数国家均有发现，五大洲均有病例报告。

亚洲是一个严重的流行区，在我国，到2005年为止已有31个省、市、自治区存在本病。它广泛分布于全世界．我国本病危害严重，在世界各地流行，热带、亚热带地区多发。我国许多省市都有该病的发生与流行，以长江流域及以南各省区发病最多。

三、对动物和人的致病性

（一）对动物的致病性

不同血清型的钩端螺旋体对各种动物的致病性有差异，不同动物对不同血清型的钩端螺旋体的特异性和非特异性抵抗力也不同，因此，各种家畜感染后的症状不同。总体来说是感染率高，发病率低，症状轻的比症状重的多。

急性型　是由于严重的菌血症所致，病犬往往在病原菌尚未侵入实质脏器之前，便因急性脱水、血管炎及散播性血管内凝血症候群等原因而迅速死亡。

亚急性型　可由急性肝肾衰竭之临床症状如黄疸、尿毒等鉴别。慢性感染则通常没有特殊的临床症状，病原菌在实质脏器内潜伏、繁殖，引起炎症反应如慢性间质性肾炎慢性活动性肝炎。

（二）对人的致病性

潜伏期为2～20天，一般7～13天。本病程可分为3个阶段：

早期　起病后3天左右出现早期中毒症候群，有“三症状”，即畏寒发热、肌肉酸痛、全身乏力和“三体征”，即眼结膜充血、腓肠肌压痛、淋巴结肿大。

中期　此期根据临床不同表现可分为4型。即流感伤寒型、肺出血型、黄疸出血型、脑膜脑炎型。

恢复期多数患者可恢复，少数人可出现发热，眼后发症和闭塞性脑动脉炎。

四、诊断要点

应根据流行病学资料及临床表现做出临床诊断，确诊需要分离钩端螺旋体和检测钩端螺旋体特异性抗体。

（一）动物钩病的临床诊断要点

不同动物对不同血清型的致病性钩端螺旋体临床表现各不相同，具体参照前面对动物致病性的描述。

（二）人类钩病的临床诊断要点

早期　起病后3天内表现为三症状（即寒热、酸痛、全身乏力）和三体征（即眼红、腿痛、淋巴结肿大）

中期　器官损伤期，起病后3～10天，主要表现为五大类型（即流感伤寒型，肺出血及肺弥散性出血型，黄疸出血型，肾型，脑膜炎型）。

恢复期　起病7～10天后，多数痊愈，少数在热退后几日至半年出现迟发变态反应。

（三）实验室诊断要点

钩端螺旋体的检测方法有许多，能被分成细菌学的、显微镜下的、免疫的、血清学的和分子技术，但有效、恰当的实验室支持仍旧是一个问题。

五、防治措施

（一）管理传染源

疫区内应灭鼠，管理好猪、犬、羊、牛等家畜，加强动物宿主的检疫工作。发现病人及时隔离，并对排泄物如尿、痰等进行消毒。

（二）切断传染途径

应对流行区的水稻田、池塘、沟溪、积水坑及准备开荒的地区进行调查，因地制宜地结合水利建设对疫源地进行改造；加强疫水管理、粪便管理、修建厕所和改良猪圈、不让畜粪、畜尿进行附近池塘、稻田和积水中；对污染的水源、积水可用漂白粉及其他有效药物进行喷洒消毒；管理好饮食，防止带菌鼠的排泄物污染食品。

(三) 保护易感人群

在流行区和流行季节。禁止青壮年及儿童在疫水中游泳、涉水或捕鱼。与疫水接触的工人、农民尽量穿长筒靴和戴胶皮手套，并防止皮肤破损、减少感染机会。在常年流行地区采用多价菌苗，预防接种宜在本病流行前1个月，接种后免疫力可保持一年左右。

钩体病的治疗原则是“三早一就”，即早发现、早诊断、早治疗和就地治疗。本病治疗应重视以有效抗生素及时消灭机体内病原体，对控制病情的发展具有重要的意义。并应强调休息，细心护理，注意营养，酌情补充热能及维生素B族和C族。

第四节　莱姆病

莱姆病是以硬蜱为主要传播媒介的一种新发现的人兽共患传染病，属于自然疫源性疾病，其病原体为伯氏疏螺旋体。1975年，Steere A C医生首先在美国康涅狄格州莱姆镇一系列患“少年红斑性关节炎”的儿童中发现了蜱传螺旋体感染性人兽共患病。1977年美国研究人员从莱姆病患者的血液、皮肤病灶和脑脊髓液中分离到螺旋体，1980年该病被命名为莱姆病。1982年Burgdorferi W及其同事从蜱体内分离出螺旋体，莱姆病的病原从而被确定。1984年Johnson R C根据分离的莱姆病病原螺旋体的基因和表型特征将其命名为伯氏疏螺旋体。目前莱姆病分布于亚洲、欧洲、美洲、非洲、大洋洲等五大洲30多个国家，每年发病人数超过30万人，仍有不断增多的趋势。1992年世界卫生组织（WHO）将此病列为重点防治研究对象。

一、病原

1. 分类地位

伯氏疏螺旋体属于原核生物界螺旋体目螺旋体科疏螺旋体属。近来根据5S－23S rRNA 基因间隔区 MseI 限制性片段，结合 DNA－DNA 杂交同源性分析世界各地分离的莱姆病菌株，证明伯氏疏螺旋体至少有10个基因种，其中，可以引起莱姆病的至少有3个基因种：狭义伯氏疏螺旋体，以美国、欧洲为主；伽氏疏螺旋体以欧洲和日本为主；阿弗西尼疏螺旋体从欧洲和日本分离出。中国分离的大部分菌株的蛋白图谱更接近于欧洲株，以伽氏和阿弗西尼疏螺旋体占优势。

2. 形态学基本特征与培养特性

伯氏疏螺旋体是一种单细胞疏松盘绕的左旋螺旋体，长10～40μm，宽0.2～0.3μm。结构由表层、外膜、鞭毛、原生质4部分组成，外膜蛋白包括OspA、OspB、OspC、OspD、OspE和OspF。伯氏疏螺旋体革兰氏染色为阴性，姬姆萨染色呈蓝紫色、微嗜氧，属发酵型菌。最适生长温度为33～34℃，分离周期为8～20小时。在含发酵糖、酵母、矿盐和还原剂的培养基内生长良好，在BSK2培养基中可生长，溶菌株一般需培养2～5周才可在显微镜下观察到。暗视野显微镜下可见菌体作扭曲、翻转等螺旋体典型运动状态。

3. 理化特性

伯氏疏螺旋体对外界抵抗力不强，但对50～70℃温度有一定的抵抗力，采用巴氏消毒处理可杀死牛奶中存在的菌体。在室温条件下可存活1个月左右，4℃条件下能存活较长时间，－80℃可长期保存。该菌属发酵型菌，不能在自然外界环境中独立存在。伯氏疏螺旋体对氨苄青霉素、四环素、头孢三嗪等高度敏感，对氨基甙类、利福平、甲基达唑、磺胺5－氟尿嘧啶等不敏感。

二、流行病学

1. 传染来源

莱姆病是一种自然疫源性疾病，能携带伯氏疏螺旋体的动物较多，包括蜥蜴、鼠、兔、鹿、麝、狼及鸟类等野生动物及狗、马和牛等家畜。在北美被确认为莱姆病螺旋体主要贮存宿主是白足鼠、草地田鼠和褐家鼠。在我国已从黑线姬鼠、大林姬鼠、小林姬鼠、棕背鼠、花鼠、普通田鼠、白腹鼠、白腹巨鼠、社鼠、黄毛鼠、褐家鼠和华南兔等啮齿动物中分离到了伯氏疏螺旋体。莱姆病另一种重要传播媒介就是蜱，已证实褐家鼠体表蜱类若虫的25%都感染伯氏疏螺旋体。我国北方全沟硬蜱伯氏疏螺旋体检出率高达40%～45%，我国南方粒形硬蜱和二棘血蜱伯氏疏螺旋体检出率分别为16%～40%和24%。

2. 传播途径

莱姆病主要是蜱叮咬吸血过程中经唾液将病原菌传染给人和动物。研究表明莱姆病在人、牛、马、鼠等动物中可通过胎盘垂直传播，动物与动物间可通过尿液相互感染，人一旦接触携带莱姆病螺旋体的排泄物也有可能感染，但人与人之间通过接触体液、尿等传播的病例尚未发现。

3. 易感动物与动物

（1）自然宿主：自然感染莱姆病螺旋体的动物主要分两类：一类为小型兽类和啮齿类动物，构成幼蜱和若蜱的主要供血寄主和病原体贮存宿主。在北美疫源地主要包括白足小鼠、花栗鼠、松鼠、地鼠和鹿鼠、棉鼠、棉小鼠、棉尾鼠。欧洲疫源地包括姬鼠、棕背鼠平等。东亚疫源地主要有棕背鼠平、大林姬鼠、花鼠、东方田鼠、普通田鼠、天山蹶鼠、天山林鼠平、小林姬鼠、社鼠、褐家鼠 、华南兔，我国北方地区鼠平类和姬鼠类是主要的贮存宿主。另一类为大型鹿科动物以及家畜，如黑尾鹿、熊、狗和马等。大动物不能作为贮存宿主。不具有莱姆病螺旋体宿主能力的动物如梅花鹿如果感染伯氏疏螺旋体，体内就会激活补体介导的杀伯氏疏螺旋体作用。

（2）易感动物：猎犬常从林区接触到携带莱姆病螺旋体的蜱，而犬身上吸附的蜱会落在居民区而扩散。硬蜱优先以小哺乳动物和啮齿类动物为吸附对象，所以，居民区内的人和动物都可能成为感染对象。关于伯氏疏螺旋体从硬蜱传给狗、猫及人类已有报道。

4. 流行特征

莱姆病分布广泛，危害严重，呈地方流行性，其发生与蜱的消长有密切相关。硬蜱的活动一般有明显的季节性，多数种类如全沟硬蜱、森林革蜱、长角血蜱在春季开始活动。我国黑龙江的莱姆病发病高峰在 5 ~6 月，甘肃的发病高峰在 6 ~ 10 月，尤以 6 月为甚，新疆则从 5 月中旬起逐渐升高。美国大部分病例发生在 6 ~8 月，澳大利亚高峰期在 7 ~8 月，基本都与蜱成虫的季节消长曲线相一致。

5. 发生与分布

莱姆病在世界上分布广泛，主要分布在美国东北部、中西部和西部、加拿大的东南部、欧洲的中部和北部、亚洲的东部以及北非。我国大部分地区人群存在莱姆病感染，分布有明显地区性、呈地方性流行。目前，血清学调查证实我国黑龙江、内蒙古、湖北、贵州、吉林、四川、重庆等 29 个省区市的人群中存在莱姆病的感染，病原学研究证实黑龙江、吉林、辽宁、内蒙古、河北等 19 个省区市存在莱姆病的自然疫源地。山林地区，东北和内蒙古林区是我国莱姆病主要高发区。从职业上看主要限于与森林工作有关的人员和旅游者，青壮年多发，无明显的性别差异。

三、对动物与人的致病性

（一）对动物的致病性

动物莱姆病可表现症状或呈隐性，血清学表现抗体阳性。不同种动物的临床表现不尽形同：

马：体温稍升高，食欲下降或废绝，慢性体重下降，关节肿大，间歇性跛行，四肢无力，肌肉触痛敏感，前眼色素层炎，有的出现神经高度沉郁或兴奋不断走动，吞咽困难和头偏斜的神经症状，昏睡，肢体僵硬．在蜱叮咬部位有出血和脱毛、脱皮。有的发生溃疡性角膜炎、角膜水肿、眼失明。孕马感染本病可发生流产、弱产、死胎或胎儿被吸收。

犬：发热、厌食、消瘦、精神不振、嗜睡，影响肢关节如关节肿大、疼痛、间接性跛行，抽取肿大关节滑膜液涂片可见螺旋体。临床检测可发现白细胞增多、血小板减少贫血、黄胆、脾脏增大，血检可见胆红素增加，γ-球蛋白增多，严重病例表现氮质血症、蛋白尿、管型尿、脓尿和血尿等肾脏损伤症状，可从肾脏和尿中检出病原体。此外，后期病例可能引起心肌炎症状。

（二）对人的致病性

莱姆病螺旋体可以引起人多系统、多器官的损伤。根据病程发展、临床症状表现分为3期。早期局部性感染、中期播散性感染和晚期持续性感染。早期局部性感染表现为蜱叮咬后3~32天，在叮咬处出现慢性游走性红斑为特征性症状，70%~90%的莱姆病病人出现这种早期表现。中期播散性感染表现为ECM出现数天或数周后，发生继发性红斑、脑膜炎、脑膜脑炎、面神经炎、神经根炎，视神经炎、房室传导阻滞、心肌炎等。晚期持续性感染表现为发病后6~12月后，出现关节炎和萎缩性肢皮炎，其他有亚急性脑炎、强制性麻痹和极度衰竭等，偶有少数病人出现精神异常。

四、诊断

（一）动物莱姆病的诊断要点

莱姆病的诊断应综合流行病史（蜱叮咬史或疫区接触史）、临床表现和实验室检查结果进行判断。动物患莱姆病后，一般只能检查到低热、关节炎和跛行等非特异症状，常常误诊为其他疾病，临床诊断十分困难。

莱姆病的确诊还需依赖实验室的诊断，常用的方法包括：伯氏疏螺旋体分离培养、酶联免疫吸附法（ELISA）、IDEXX SNAP 3Dx 试剂盒及蛋白印迹法（Western bloting）、VIDAS 免疫诊断系统和螺旋体 DNA 序列的检测等方法。

（二）人类莱姆病的诊断要点

1. 早期诊断

莱姆病的诊断应综合流行病史（蜱叮咬史或疫区接触史）、临床表现和实验室检查结果进行判断。人有被蜱叮咬史和典型的临床表现慢性 ECM 即可判断为莱姆病。

贝尔氏麻痹为莱姆病的显著标志，“靶心状”红斑是莱姆病唯一独特的体征，发生于 60% 的病例。

2. 中晚期诊断

因莱姆病中、晚期的症状常与关节炎、荨麻疹、重感冒和某类血液病等的症状颇为相似，造成误诊，所以中、晚期莱姆病的诊断主要依赖于实验室诊断。一般结合 ELISA、IFA 的结果，当有阳性或可疑标本时，应用 WB 进行验证，基本上可进行确诊。

（三）实验室诊断要点

1. 由于人和动物感染莱姆病后血液和组织中伯氏疏螺旋体数量少，加上分离培养技术复杂，病原体生长缓慢等原因，病原分离一般不作为常规实验诊断方法，仅用于莱姆病的调查研究。

2. 对急性期和曾经感染的病例用ELISA法作为筛选的标准，所有经ELISA法检测阳性的样品都必须经过标准的WB实验才能确诊。

五、防治措施

莱姆病早期发现及时治疗，一般预后良好。在播散感染期进行治疗，绝大多数能在1年或一年半内获痊愈。若在晚期或持续感染期进行治疗，大多数也能缓解，但偶有关节炎复发；也可能出现莱姆病后综合征，即病人经抗病原治疗后，螺旋体死亡残留细胞引起皮炎及自身免疫反应等表现。对中枢神经系统严重损害者治疗后少数病例可能留有后遗症或残疾。

（一）预防措施

1. 消灭传染源

疫区应发动群众采取多方位的综合防制对策，包括环境管理、化学防制、生物防制、遗传防制、个体或集体防护等措施。定期组织灭鼠，控制蜱类种群数量、降低其危害程度的活动。

生物防制是利用自然天敌防制蜱类滋生的有效方法，已报道膜翅目跳小蜂科的几种寄生蜂将卵产在蜱体内，寄生后使蜱死亡；白僵菌、黄曲霉等多种真菌对蜱类也有寄生和致死作用。

狗和猫等家畜是各种蜱类重要的宿主动物，因此家养动物一定要到卫生防疫部门登记，定期进行检疫，注射相关疫苗；还要注意动物本身的卫生，定期给其洗澡、清理其居住环境。万一发现动物出现疑似莱姆病症状，应立即去医院进行诊断治疗。对饲养的家畜等动物要定期驱除体外寄生虫。

2. 切断传播途径

蜱类的生存和繁衍需要适宜的环境条件。一般蜱在4~6月为繁殖高峰期。蜱多停留在高30~50cm的草端，当人、动物通过时便攀附其身体。因此改变杂草丛生的山林，使植被结构变得不适合蜱类的孳生。

我国的莱姆病易感者主要是与山区密切接触的人和城市“动物”爱好者。这些人群应加强个人防护，注意预防吸血昆虫的叮咬。室内表面、畜禽舍和野外栖息地的药物喷洒以及使用驱避剂等化学防制蜱类措施。

3. 个人防护

在莱姆病流行季节避免在草地上坐卧及晒衣服，人畜尽量不要到可能有蜱隐匿的灌木丛，在流行区野外作业时应扎紧袖口、领口、及裤脚口，颈部围白毛巾，外露部位要涂擦驱避剂。

经常检查衣服和体表，若发现有蜱叮咬时，及时正确的将其除去，并使用抗生素，可以达到预防目的。清除蜱虫需要小心行事，不能挤压蜱虫的身体，因为挤压会使蜱体内病原注入伤口。在清除蜱虫时要将蜱头一并清除，因为在蜱虫的唾腺和吸管中存在着大量的病原。

清除的蜱应低温保存及时送实验室检测携带的病原体（伯氏疏螺旋体、蜱传脑炎、乙型脑炎和登革热等病原），用以指导人发病后治疗。

4. 疫苗免疫

国外已应用重组 OspA 亚单位疫苗，经人群试验观察已证实其有效和安全，首次免疫后第一个月和第十二个月分别加强注射1 次。中国根据流行基因型研制莱姆病的疫苗也已经启动。

（二）人类莱姆病的治疗

1. 人类莱姆病的预防

美国食品药品管理署于 1998 年 12 月批准了人用莱姆病疫苗 LYMErix（葛兰素史克公司出品），其中，就含有伯氏疏螺旋体表面蛋白 A（OspA）的重组体。不过，由于销量下滑，生产商在 2002 年 2 月让疫苗退出了市场。

在临床试验中，对于确定的莱姆病患者，接种 2 剂量疫苗效率达 49%，3 剂量达 76%。通过使血液中 OspA 抗体浓度足够高，就可以在蜱虫携带的螺旋体传染发生之前杀灭它，由此疫苗实现了个人免疫的保护。接种疫苗的个体在一到两年后抗体水平逐渐降低，所以要进行疫苗的加强免疫。

2. 人类莱姆病的治疗

莱姆病需根据不同发病进程采取不同的治疗措施，此病治疗后一般都可康复。

游走性红斑的治疗：一线治疗药物是多西环素或阿莫西林。也可用头孢呋辛酯，疗效相同但费用较高。大环内酯类疗效较差，可作为二线治疗药物。

急性神经系统并发症的治疗：每天注射头孢曲松，共用 14～28 天。不伴其他神经系统表现的颅神经麻痹可采用治疗游走性红斑的口服方案治疗。

有心脏问题并发症的治疗：有Ⅰ度或Ⅱ度心脏传导阻滞的患者应采用治疗游走性红斑的口服方案治疗。Ⅲ度心脏传导阻滞的患者应注射头孢曲松，密切观察（必要时可以应用临时起搏器）。

莱姆病关节炎或晚期莱姆病神经病变治疗：有几项研究证实莱姆病关节炎或晚期莱姆病神经病变可给予口服或注射治疗，但每天给药一次头孢曲松疗效与静脉注射青霉素疗效相同且更为方便，而且静脉治疗的费用和副作用都有所增加。

对所有治疗均无效的患者处理：慢性莱姆病或莱姆病后综合征是一组主观症候群，不同个体表现也不同。在这种情况下抗生素的作用尚未确定。

六、公共卫生影响

莱姆病作为蜱虫传播的重要人兽共患病之一，随着 2010 年蜱虫伤人事件频频爆发，同样引起了人们的关注。莱姆病例自 1975 年首次发现以来，流行范围遍布美洲、欧洲和亚洲等，并且不断发现伯氏疏螺旋体新基因型，甚至致病性更强的新基因型病原都有可能出现，将对人们生命安全产生不可预知的威胁。当今全球莱姆病发病人数达30万以上，且有不断增多的趋势。自1992年世界卫生组织（WHO）将莱姆病列为重点防治对象以来，该病一直没有得到有效控制，莱姆病已成为全球性的公共卫生问题。

莱姆病作为一种自然疫源性疾病，以蜱虫为主要贮存宿主和传播媒介。因蜱虫等节肢动物分布广泛、形体小，预示莱姆病的防控面临巨大困难；再加上虫媒疾病特有的“虫—病原—动物（人）—病原—虫”的传播关系，增加了病原体经由与人接触密切的动物感染人的威胁，因此，莱姆病的公共卫生威胁不容忽视。

目前，最大的挑战还是弄清莱姆病螺旋体的流行病学背景以及开发针对性的疫苗，用以防控已有的和未知的新基因种高致病性伯氏疏螺旋体。面对莱姆病感染的威胁，一方面我们要抓紧研究莱姆病病原的致病机制及病原和媒介宿主的致病关系，另一方面加紧建立莱姆病的防控体系，加强流行病学调查和诊断治疗水平的提高，结合国外经验有效防控我国莱姆病对人和动物的危害。

第五节　鹦鹉热

鹦鹉热又称鸟疫，是由鹦鹉热嗜衣原体引起的自然疫源性人兽共患传染病，主要在禽、鸟类、人及哺乳动物中传播，通常为隐性感染。动物发病时临床表现肺炎、肠炎、流产、脑脊髓炎、多发性关节炎、结膜炎等多种病型。人发病以非典型肺炎多见，病程较长，反复发作或变为慢性型。

一、病原

1. 分类地位

衣原体下设4个科，其中，衣原体科分为衣原体属和嗜衣原体属 2 个属，嗜衣原体属含家畜嗜衣原体、肺炎嗜衣原体和鹦鹉热嗜衣原体 3 个新复合群，鹦鹉热嗜衣原体，内含流产衣原体新属新种、猫衣原体新属新种和豚鼠衣原体新属新种。鹦鹉热嗜衣原体在哺乳动物中已分出 8 ~ 10 种血清型，但目前分型尚无统一的标准。对动物和人均有致病性的只有鹦鹉热嗜衣原体新复合群，鹦鹉热嗜衣原体在兽医上有叫重要的意义，可引起畜禽肺炎、流产、关节炎等多种疾病，又是也引起人的肺炎。

2. 形态学基本特征与培养特性

衣原体是一类具有滤过性，严格细胞内寄生，并经独特发育周期以二分裂增殖和形成包涵体的革兰氏阴性原核细胞型微生物。鹦鹉热嗜衣原体一般呈圆形或椭圆形，有细胞壁，光学显微镜高倍镜下可见。形态与大小随发育周期的不同阶段而异，可分个体和集团两种形态。个体一种是小而致密的原体，具有感染性，圆形，直径 200 ~ 350nm，中央有致密核心，外有双层膜组成的包膜。原体是发育成熟的衣原体，主要存在于细胞外，较为稳定，对人和动物具有高度的传染性，但无繁殖能力，为衣原体的一种传染型个体形态；另一种是大而疏松的始体，又叫网状体，圆形，直径 800 ~ 1 000nm，无致密核心结构，呈纤细的网状，外被两层明显的囊膜，是鹦鹉热衣原体的发育的幼稚阶段，无传染性。包涵体是衣原体在细胞空泡内繁殖过程中形成的集团形态，存在于宿主细胞的胞质空泡内，结构松散，不含糖原，内含无数的原体和正在分裂增殖的网状体。鹦鹉热嗜衣原体同时具有双股 DNA 和单股 RNA 两种核酸。

3. 理化特性

鹦鹉热嗜衣原体对热、脂溶剂和去污剂均敏感，37℃48 小时或 60℃10 分钟即可灭活，0.1% 甲醛、0.5% 苯酚溶液 24 小时，乙醚 30 分钟以及紫外线照射均可灭活。但对煤酚类化合物及石碳酸等抵抗力一般。耐低温，4℃可存活 5 天，0℃可存活数周，-70℃贮存多年仍可保持感染性。对青霉素、金霉素红霉素和四环素等敏感，而对链霉素、庆大霉素、卡那霉素和新霉素等有抵抗力。室温下，其在灰尘、羽毛、粪便和流产中的产物中很稳定，这是其传播中的一个重要生态学因素。

二、流行病学

1. 传染来源

衣原体在自然界分布广泛，具有众多的贮存宿主。现已证实有 71 个目的 190 多种鸟类和禽类都是衣原体的天然贮存宿主，包括鹦鹉科、雀科鸣禽、家禽、鸽等。禽鸟类与哺乳动物间在流行病学上的关系，至今不明，实验室试验证，两者间可交互感染。患病期间，病禽鸟的喙和眼的分泌物、粪、尿中大量排病原体，鸟笼周围的羽毛和灰尘被污染。如果患鸟不治疗，10%感染鸟会成慢性无症状带菌者，成为本病的危险疫源而长期存在。家畜中以猪、绵羊、山羊和牛的易感性最高，是主要的传染源，此外患病的猫和一些野生动物也可以成为感染的主要的传染源。一些吸血外寄生虫充当机械性载体也能传播。

2. 传播途径

患病畜禽和带菌动物可由粪便、尿、乳汁及流产胎儿等排除病原体，污染水源、饲料、空气等，经消化道、呼吸道、眼结膜、伤口、交配等途径传染衣原体。禽类间可经消化道传播，饲料的严重污染可引起暴发流行。在鸡、鸭、海鸥和鹦鹉类已证明可经蛋传播，但由于大多数感染蛋不易孵化，这种传播方式在流行病学上的意义还不明确，火鸡羽螨和鸡虱已被证实带有感染性病原体。易感禽与病禽排泄物接触是维持其感染的重要因素。鹦鹉类和其他禽鸟的交易运输，鸽的竞赛以及野禽的迁徙，都有助于在整个禽类群体中散播病原。除上述途径外，哺乳动物可由交配、人工授精，流产物污染环境以及节肢动物的媒介作用传播本病。

人类主要经呼吸道吸入病原污染物而感染本病，被鸟类啄伤或食用病鸟而感染者极少见，病原体也可经损伤皮肤，黏膜或眼结膜侵入人体。人与人传播罕见，但在强毒株感染时有发生的可能。近年来，因接触患者分泌物、泄物感染的医护人员和患者家人有增多趋势，而且由人传给人的病例比源于禽类感染的病例病情严重。实验室人员感染较常见，尤其进行鸡胚培养更易造成感染，采用细胞培养可大大减少被感染机会。

3. 易感动物

本病宿主范围极广泛，可感染几十种哺乳动物和 190 多种鸟类和禽类，禽类感染衣原体报道的有鸡、鸭、鸽、鹦鹉、鹌鹑等，家畜报道的有诸、绵羊、山羊、马、牛、兔、猫等。

人对该病普遍易感，感染者多呈隐性感染、亚临床及轻症过程，感染后缺乏免疫力，可见再感染及持续感染。

4. 流行特征

本病发生没有明显的季节性，多呈地方性流行。禽鸟类发生病情况与饲养方式及饲养品种不同而不同，在自然条件下，鹦鹉、鸽、火鸡等呈显性感染，鸡、雉鸡、鹅等多数禽类呈隐性感染。猪、牛、羊发病常见于交配和产羔季节，冬季饲养环境恶劣时常与其他多种病毒和细菌混合感染或者继发感染，引起明显的呼吸道症状及肠炎。

人类感染与职业和爱好密切相关。观赏鸟类动物爱好者，动物相关从业人员，禽类屠宰和加工厂工人发病率最高，发病高峰多与禽类加工季节，冬季在室内饲养并与密切接触，产羔季节与患病流产胎儿接触等高危活动相关，年龄与性别之间无差异。本病有散发和暴发两种类型，前者发生在散养户，后者发生在从事上述一定职业的人群中。

5. 发生与分布

鹦鹉热广泛分布于世界各地，是一种古老的自然疫源性疾病，凡调查过的地方，几乎都有本病存在。目前世界各地许多国家都有人的病例报告或血清学证据，鸟类的自然感染更为广泛。

我国20世纪60年代即分别从家禽和鸽体内分离到病原体，证实有本病存在。一般呈散发，偶有小范围的暴发或流行。随着养禽业的发展，特别是节约化养殖生产方式的出现，本病的发病率也随之增高，不仅给养殖业带来经济损失，也严重地威胁相关从业人员的健康。

我国北京、天津、甘肃、内蒙古、西藏、湖北、湖南、江西、上海、福建、安徽、浙江、江苏、陕西、广西、广东、山东等省区市，均已证实有本病存在。

三、对动物与人的致病性

1. 对动物的致病性

病猫早期出现眼睑痉挛充血、结膜浮肿、流泪，继而出现黏脓性分泌物，形成滤泡性结膜炎。新生猫可能发生眼炎，引起闭合的眼睑突出及脓性坏死性结膜炎。自然病例通常也可发生单侧性黏脓性结膜炎，潜伏期为3~10天，5~7天发展到对侧眼双侧结膜炎，充血。发病后9~13天症状特别明显，一般2~3周消退。有些猫可能会继发细菌感染，支原体感染，角膜炎，角膜翳和角膜溃疡。病猫食欲缺乏，不愿活动。鼻炎的病猫出现阵发性打喷嚏和流鼻液，病重的继发支气管炎和肺炎，出现呼吸困难、咳嗽、发热、流脓性鼻液、萎靡、倦怠等症状，鼻腔、口腔黏膜甚至出现溃疡灶。有些猫即使治疗，临床症状也要持续数周，极少数的猫会出现复发。周龄内的犬易感衣原体，主要表现为结膜炎、角膜炎、脑炎和肺炎等，其症状一犬瘟热类似。

2. 对人的致病性

本病的潜伏期5~21天，最短3天，最长可达45天。疾病的严重程度由不显性感染或轻症疾病直至具有明显呼吸系统症状的致死性全身性疾病。多数表现为非典型肺炎，缺少特异性临床表现。发病者按临床表现可分为肺炎型和伤寒样型或中毒败血症型。

（1）肺炎型表现发热及流感样症状。起病急，体温于1~2天内可上升到40℃，伴发冷寒战、乏力、头痛及全身关节肌肉痛，可有结膜炎、皮疹或鼻出血。高热持续1~2周后逐渐下降，热程3~4周，少数可达数月。

发热同时或数日后出现咳嗽，多为干咳，胸闷胸痛，严重者有呼吸困难及发绀，并可有心动过速、谵妄甚至昏迷。但肺部体征常较症状轻，有肺实变，湿性啰音，少数可有胸膜摩擦音或胸腔积液。肝脾肿大，甚至出现黄疸。

（2）伤寒样或中毒败血症。高热、头痛及全身疼痛，相对缓脉及肝脾肿大等，易发生心肌炎、心内膜炎及脑膜炎等并发症，严重者有昏迷及急性肾衰竭，可迅速死亡。

本病病程长，自然病程3~4周，亦可长达数月。肺部阴影消失慢，如治疗不彻底，可反复发作或转为慢性。接触感染鹦鹉热嗜衣原体流产动物的孕妇可发生流产、产褥期败血病和休克，病死率高。暴露于绵羊的儿童和成人偶可发生神经系统疾病、流感样疾病、呼吸道症状和结合膜炎。

四、诊断要点

1. 动物的临床诊断要点

本病的临床诊断结合流行病学、临床特征及病理变化作为诊断参考，确诊需要依赖实验室病原和血清学检查结果，但由于该病原气溶胶具有高度传染性，所以病原的分离及诊断需在P3级以上生物安全实验室进行，严格做好个人防护，以免造成实验室感染。

2. 人的临床诊断要点

本病临床表现及一般实验室检查无显著特征，初步诊断须考虑流行病学资料，在有本病流行的地区，所有肺炎患者均应询问鸟类接触史，肺炎患者出现高热、相对脉缓，脾肿大，且青霉素治疗无效者应考虑本病。

（1）疑似病例。具有上述临床症状，排除相关疾病，并且有与被确诊或可疑的动物接触的流行病学史。

（2）确诊。可疑病例且有两种以上的实验室检查结果支持鹦鹉热感染。

3. 实验室诊断要点

由于本病的临床表现无特征性，且有大量无症状感染者，实验室检查对确诊非常重要。符合以下一项或多项可进行实验室确诊。

（1）病原分离阳性。疑为鹦鹉热嗜衣原体感染的动物取肝、脾、肺等组织及肺炎病例的气管分泌物，肠炎病例的肠道黏膜或内容物及相应病变部位的渗出物、流产物等病料；人采集 3 ~ 4 天未经治疗患者的血液，不加抗凝剂，血块用于病原分离，血清用于抗体检测，3 天至 2 周内宜采集咳痰或咽拭子标本作病原分离。所有标本宜冷藏运输，冷冻保存。常用的方法是接种敏感细胞及鸡胚卵黄囊，必要时可接种 SPF 小鼠或豚鼠。处理病料及分离培养的操作过程中，有可能被感染致病，须在符合生物安全等级条件的实验室进行。工作人员应严格执行个人防护措施。

（2）包涵体检查阳性。用新鲜病料触片或涂片，染色后光学显微镜油镜下检查 Giemsa 染色深紫色圆形或卵圆形包涵体。但多数可疑病例仅靠镜检无法确诊，仍需进一步进行分离培养。

（3）血清学检查阳性。本病抗体出现较晚，抗体一次测定意义不大，根据效价变化可确定感染情况，双份血清抗体效价呈4倍增加可确诊。目前首选微量免疫荧光试验和补体结合试验，也可采用酶联免疫吸附试验检测。

五、防治措施

（一）动物的防治

该病是一种广泛传播的自然疫源性疾病，在自然界存在大量宿主，包括多种野禽，且无持久免疫力，尚无有效的疫苗，因此，目前采取的方法主要是综合性防治措施及发病后的及时治疗。

饲养管理禽鸟类是鹦鹉热衣原体病的最重要自然贮存宿主，为避免由禽类感染人和其他动物，最好能对禽鸟实施笼养，人、畜、禽分离。引进畜禽和鸟类要严格执行养禽场、鸟类贸易市场及运输过程的检疫制度，进行隔离检疫，防止种群带入病原。饲养场要建立疫情监测制度。对于由本病引起的流产，国外已有用鸡胚卵黄囊灭活油佐剂苗进行免疫接种例，但若制苗株与发病地区分离株在抗原性上差异较大，则会影响免疫效果，故可用当地分离株制成灭活苗进行免疫。但对禽类至今尚无有效的疫苗。平时及发病期间可选用四环素、土霉素、金霉素等、强力霉素等进行防治。

（二）人群的防治

通常采用综合预防措施，控制感染动物和阻断传染途径，尽量避免与宿主动物接触，职业需要接触时，应做好自身防护，对饲养场、屠宰场和禽类加工厂有关人员要加强卫生管理、定期检疫。从事有关研究的工作人员，应在相应生物安全等级的实验室进行，做好个人防护。鹦鹉热嗜衣原体对四环素族、大环内酯类及氟喹诺酮类药物敏感。美国CDC推荐的治疗方案，治愈率可达90%以上。另外，除病因治疗外，最好进行对症及支持治疗，如输液、给氧和抗休克等。预后与治疗时机相关，早期治疗预后良好。

六、对公共卫生的危害和影响

鹦鹉热属于动物疫源性传染病，自然感染的禽和鸟类达 200 多种，各种畜禽及人类均易感。该病不仅给畜禽业发展带来危害，也引起较严重的公共卫生问题。另一个需要引起重视的问题就是实验室污染，1929—1930 年鹦鹉热大流行时，就出现了若干实验室内因气溶胶感染的病例因此，从事病原研究的实验室需要在生物安全 3 级以上水平实验室进行有关操作，并执行相应的生物安全管理制度。

鹦鹉热在军事医学上亦有相当重要的意义，气溶胶传染性极强。部队军鸽、军马和军警犬若感染本病，未能及时进行检疫治疗或淘汰，战时饲养环境下降，可造成显性发病并大量排菌，进而引起人群感染发病，影响战斗力。鹉热嗜衣原体亦被认为是理想的生物战剂之一，其特点是可以大量生产，感染剂量小，传染性强，少量病原体就可使密集人群发病。因此，在恐怖组织活动频繁的今天，对于该病应给予足够的重视。

第六节　斑疹伤寒

斑疹伤寒是由斑疹伤寒立克次体引起的一种急性传染病。鼠类是主要的传染源，以恙螨幼虫为媒介将斑疹伤寒传播给人。其临床特点为急性发病、发热、皮疹、淋巴结肿大、肝脾肿大及中枢神经系统疾病。

一、病原

1. 分类地位

斑疹伤寒包括流行性斑疹伤寒和地方性斑疹伤寒，流行性斑疹伤寒是由普氏立克次体通过虱传播的急性传染病。普氏立克次体主要有两种抗原：一是可溶性抗原为组织特异性抗原，可用此与其他立克次体相鉴别；二是颗粒型抗原含有种特异性抗原。近来发现普氏与莫氏立克体的表面有一种多肽Ⅰ，具有种特异性，可用于种间相互鉴别。

2. 形态学基本特征与培养特性

普氏立克次体是一种革兰氏染色阴性微生物，宽0.3~0.6μm，长0.7~2.0μm。其外形呈多形性，有球杆状、短杆状、哑铃状和念珠状等，念珠状最长可达4.0μm。普氏立克次体用一般染色法不易着色，用姬姆尼茨染色法染成红色，杂菌和背景染成蓝绿色。普氏立克次体呈二分裂繁殖，可在鸡胚卵黄囊及组织中繁殖。普氏立克次体接种雄性豚鼠腹腔引起发热，但无明显阴囊红肿，而莫氏立克体接种豚鼠后除发热外阴囊高度水肿，称之为豚鼠阴囊现象，依此和地方性斑疹伤寒相鉴别。斑疹伤寒立克次体还能寄生于多种体外培养的细胞中，如原代鼠肾细胞，原代鸡胚细胞，Hela细胞等。

3. 理化特性

普氏立克体耐低温但对高温敏感，习惯生活于29℃左右，56℃ 30分钟或37℃ 7小时即可灭活，对紫外线及一般的消毒剂均敏感，对干燥有一定的抵抗力，在干燥的虱粪中可以存活数月之久。斑疹伤寒立克次体是对人具有致病力的立克次体中抵抗力最弱的一种，有自然失活、裂解倾向不易在常温下保存。它对各种消毒方法都很敏感，如在0.5%苯酚溶液中其感染细胞的能力明显下降。在感染的鸡胚中，4℃可保存活力17天，-20℃可保存6周。在感染的细胞悬液中，用液氮可保存其致病力1年以上。

二、流行病学

1. 传染来源

病人是唯一的传染源。从潜伏期末1~2天至退热后数日的病人血液中均有病原体存在，病原在病程的第一周期传染性最强。个别患者病后病原可长期隐性存在于单核巨噬细胞中，当机体免疫力下降时引起复发，亦称复发性斑疹伤寒；哺乳动物可能为该病的储存宿主，但作为传染源还缺乏证据。

2. 传播途径

人虱是流行性斑疹伤寒的主要传播媒介，以体虱为主，头虱次之。当虱叮咬患者时，病原体随血液进入虱体内，在其肠壁上皮细胞内增值，大约 5 天后细胞肿胀破裂大量立克体进入肠腔，通过粪便排出体外，或因虱体被压碎而散出可通过瘙痒抓伤侵入体内。虱粪中的病原体偶尔可随尘埃经呼吸道、口腔或眼结膜感染。鼠是地方性斑疹伤寒的主要传播媒介，人食入被鼠尿、粪污染的食物也可感染。

3. 易感动物

人对本病普遍易感，康复后有一定的抵抗力。本病的发生与人虱活动密切相关，北方寒冷的冬季易发病，战争、荒灾或卫生条件不好时易引起发病和较大范围的流行。病原体在自然界中主要存在于啮齿类动物（鼠类）和体虱、蚤中。

4. 流行特征

病人是流行性斑疹伤寒唯一的传染源，人虱是本病的传播媒介，其流行与人虱活动密切相关，人对流行性斑疹伤寒普遍易感。地方性斑疹伤寒的主要传染源是家鼠，其传播途径为鼠感染后，立克次体在其体内循环，此时鼠蚤吸血，莫氏立克次体随血入蚤肠繁殖，由蚤粪通过瘙痒的伤痕，立克次体侵入人体或病原体随尘土经呼吸道、眼结膜而致感染。人食入被鼠尿、粪污染物的食物亦可受染。此外，带有立克次体的干燥蚤粪还可经口、鼻及眼结膜进入人体而致病。因此，个人卫生条件差造成体虱寄生，家鼠活动频繁的地方容易导致本病的流行。

5. 发生与分布

地方性斑疹伤寒属自然疫源性疾病呈世界性全球分布，温带及热带较多，我国华北、西南、西北等省每年8—10月有散发病例。凡是有老鼠和跳蚤活动地方都可能有地方性斑疹伤寒疫源地的存在。发达国家报告病例数较少，新中国成立后有3次流行高峰：第一次1950—1952年，为流行性和地方性混合流行以云南最严重。第二次流行高峰除台湾外，28个省区市均有发病。第三次流行高峰自1980—1984年。国内自20世纪80年代初发病呈下降趋势，1997年又开始回升。流行性斑疹伤寒在我国北方寒冷的冬季易发生，战争、荒灾及个人卫生条件不良时易引起流行。

三、对动物与人的致病性

（一）对动物的致病性

动物一般呈隐性感染。

（二）对人的致病性

该病对人的潜伏期为5～21天，平均为10～14天。人斑疹伤寒分为轻型斑疹伤寒、典型斑疹伤寒和复发型斑疹伤寒3种类型。

1. 轻型斑疹伤寒

少数散发的流行性斑疹伤寒多呈轻型。其特点为：神经系统症状较轻、发热持续时间短、全身中毒症状轻、皮疹少。

2. 典型斑疹伤寒

发病急，病程2～3周大致分为侵袭期、发疹期和恢复期。

（1）侵袭期。多急性发热、伴寒战继之高热；体温39～40℃，多呈稽留热型，同时伴有严重的毒血症症状。全身肌肉酸痛，肺底有湿性啰音。

（2）发疹期。在病程第4～6天体表出现大小、形态不一的皮疹。先见于躯干很快蔓延至四肢，很快遍及全身。随着皮疹出现，中毒症状加重，体温可高达40～41℃。同时神志迟钝、狂躁、上肢震颤及无意识动作，甚至昏迷或精神错乱。部分中毒重者可发生中毒性心肌炎，表现为心音低钝、心律不齐。少数患者发生支气管炎或支气管肺炎；消化系统表现为食欲减退、恶心、呕吐、腹胀、便秘或腹泻。

（3）恢复期。病程第13～14日开始退热，一般3～4天回复到正常，少数病例体温可骤降至正常。

3. 复发型斑疹伤寒

病人在流行性斑疹伤寒后可获得较持久的免疫力。少部分患者因免疫缺陷或治疗不当，病原体长期潜伏在体内，在第一次发病后数年或数十年后再发病。表现为少皮疹或无皮疹，病程短，外斐氏试验常为阴性或效价低，但补给结合实验阳性且效价高。

人类的地方性斑疹伤寒潜伏期1～2周，发病急，体温在39℃左右，伴发弛张热、发冷、头疼、全省疼痛和结膜充血。同流行性斑疹伤寒比较，症状较轻，病程较短。

四、诊断要点

1. 动物的临床诊断标准或要点

动物斑疹伤寒一般呈隐性感染。

2. 人的临床诊断标准或要点

根据流行地区、发病季节以及有无虱寄生或人虱接触历史，当地老鼠活动情况等；临床表现为发热、头疼，皮疹出现的日期以及皮疹特征，中枢神经系统症状与脾肿大等特征。

3. 实验室诊断标准或要点

（1）血常规检测。白细胞计数多正常。嗜酸细胞减少或消失，血小板减少。

（2）血清学诊断。包括补体结合实验、间接血凝实验、立克次体凝集反应、间接免疫荧光实验、外斐（Weil - Felix）氏试验等。

（3）病原学诊断。病原体分离 取5日以内发热期病人血液3～5mL接种于雄性豚鼠腹腔，7～10天豚鼠发热，阴囊发红，取其睾丸鞘膜和腹膜刮片或取脑、肾上腺、脾组织涂片染色镜检，可在细胞浆内查见大量立克次体。亦可将豚鼠脑、肾上腺、脾等组织制成悬液接种鸡胚卵黄囊分离立克次体。

五、防治措施

（一）动物斑疹伤寒的防治措施

由于本病的流行病学特点，针对动物的防治措施主要是做好灭虱、灭蚤、灭鼠工作，降低其传播病原体的机会。

（二）人类斑疹伤寒的防治措施

1. 人类斑疹伤寒的预防

加强宣传卫生知识，搞好个人卫生，避免虱子孳生。搞好环境卫生，做好灭鼠工作，清扫住所和周围环境，破坏蚤幼虫孳生地，在野外活动时要加强个人防护，避免跳蚤着身。目前，我国采用甲醛处理的鼠肺灭活疫苗，可使发病率降低70%～90%，免疫力维持一年左右，仅适用于某些特殊情况，如准备进入疫区者、部队、研究人员等。

2. 人类斑疹伤寒的治疗

发现病人，要及时上报，在医生的指导下进行治疗。本病未经特效治疗者病死率较高，儿童为5%～7%，50岁以上者可高达40%～50%。早期诊断并及时应用有效抗生素治疗，多可治愈病死率仅1%～2%。强力霉素、四环素族（四环素、土霉素、金霉素）对本病有特效，服药后10小时左右症状有所减轻。24～48h后完全退热。如联合应用甲氧苄氨嘧啶（TMP）使用，疗效更好。对于高热者予以物理降温或小剂量退热药。严重中毒症状者可注射肾上腺皮质激素，输液补充血容量。头痛剧烈兴奋不安者，可给予异丙嗪、安定、巴比妥、水合氯醛等。心功能不全者可静脉注射毒毛苷。

六、对公共卫生的危害和影响

斑疹伤寒作为一种人兽共患传染病严重威胁人民身体健康，新中国成立后随着人民生活水平的提高、卫生条件改善及防疫措施得力，发病率下降，但近几年有回升势头。历史上几乎每次斑疹伤寒的大流行都与大规模的战争相伴。例如，1914 年 11 月，第一次世界大战初期，塞尔维亚军军人患流行性斑疹伤寒半年内就有 15 万人死于该病。第二次世界大战期间，埃及爆发斑疹伤寒，发病 23 000人，死亡约 5 000人；同期北非也发生了该病的流行，此后流行性斑疹伤寒由北非和东欧蔓延至欧洲大部分，病死者不计其数。前苏联从 1917 年至 1922 年的 5 年期间，斑疹伤寒患者人数多达 3 000万，其中，约有 300 万人死亡。因此该病的存在、发生、发展和流行严重危害人民群众的身体健康和生命安全同时给畜牧业生产也带来较为严重的经济损失。

第七节 斑点热

斑点热是由斑点热群立克次体中致病性立克次体引起的一组以急性发热、皮疹为主要症状的疾病的总称，类型包括洛基山斑点热、北亚热、纽扣热、立克次体痘和昆士兰热等。斑点热分布很广，几乎遍布于除南极洲的世界各大洲。近年来，不断出现一些新的斑点热病种，给人和动物的健康带来严重威胁。其中，主要有日本的东方斑点热、前苏联的 Astrakhan 热、以色列蜱传斑疹伤寒、非洲蜱传热、Flinders 岛蜱传斑疹伤寒及其他一些尚未命名的斑点热。

一、病原

1. 分类地位

立克次体分为3个属12个种，分别是立克次体属、柯克斯体属及罗沙利马体属。按照生物学特性、抗原性及其对动物和人的毒力又可分3个生物型，即斑疹伤寒群、斑点热群及恙虫病群。

斑点热群立克次体是立克次体属中最复杂的一群立克次体。1984年版的《伯杰氏系统细菌学手册》中收录了立氏立克次体、西伯利亚立克次体、康氏立克次体、小蛛立克次体、澳大利亚立克次体、派氏立克次体、蒙大拿立克次体和扇头蜱立克次体，其中确定前6种对人有致病性。近年来世界各地又陆续分离到十余株斑点热群立克次体，都被鉴定为新种，包括我国分离的黑龙江立克次体及内蒙古立克次体HA－91。

2. 形态学基本特征与培养特性

立克次体呈多形态，球杆状或杆状，大小（0.3～0.6）μm×（0.8～2.0）μm。柯克斯体最小，平均大小为0.25μm×1μm，多形性更明显。斑点热群最大，0.6μm×1.2μm。在感染细胞中立克次体常聚集成致密团块状或成单、成双排列。不同立克次体在细胞内的分布不同，如普氏立克次体常散在于胞质中，恙虫病立克次体在胞质近核旁，而斑点热群立克次体则在胞质和核内均可存在。

立克次体具有相对较完整的能量产生系统，能氧化三羧酸循环中的部分代谢产物，有较独立的呼吸与合成能力，但仍需入宿主细胞中取得辅酶A、NAD及代谢中所需的能量才能生长繁殖。除战壕热罗沙利马体外，其他立克次体都为严格的真核细胞内寄生。

常用的立克次体培养方法有动物接种、鸡胚接种及细胞培养。多种病原性立克次体能在豚鼠、小鼠等动物体内有不同程度的繁殖。在豚鼠睾丸内保存的立克次能长期保持致病力和抗原性不变。立克次体还能在鸡胚卵黄囊中繁殖作为制备抗原或疫苗的材料。常用的细胞培养系统有敏感动物的骨髓细胞、血液单核细胞和中性粒细胞等，细胞培养一般不产生病变。研究表明宿主细胞的新陈代谢不太旺盛时较有利于立克次体的增殖，因此接种立克次体常用 32～35℃培养。

3. 理化特性

除 Q 热柯克斯体外，立克次体对 1% 次氯酸钠、70% 乙醇、戊二醛、甲醛和苯酚敏感；56℃30 分钟死亡；室温放置数小时即可丧失活力。对低温及干燥的抵抗力强，在干燥虱粪中能存活数月。对常用消毒剂敏感，对四环素敏感。磺胺类药物不能抑制反而促进立克次体的生长。

二、流行病学

1. 传染来源

在自然界中，病原性立克次体的生态学关系涉及节肢动物和哺乳动物之间保持的持久感染循环，人类只是偶然地接触了这个自然环节，才发生感染和患病。昆虫中的虱、蚤和节肢动物中的蜱、螨是最为重要的传染源，立克次体不仅与其共生还能经卵垂直传播，某些节肢动物扮演着立克次体传播媒介和贮存宿主的双重角色。

自然界中的哺乳动物则常是节肢动物的寄主，又是立克次体的贮存宿主。立克次体可通过节肢动物在哺乳动物之间水平传播，由此维持立克次体在自然界中的生态循环。立克次体病的传播媒介主要有：吸血昆虫类包括虱类和蚤类；吸血节肢动物类包括蜱类和螨类（恙满和革螨）。立克次体的主要贮存宿主：啮齿类动物如各种鼠类，哺乳类动物如犬、猫以及家畜等。

2. 传播途径

斑点热群立克次体在嗜血节肢动物和自然界哺乳类动物(野生啮齿类和家畜)之间维持着持久的循环传染。一方面健康的节肢动物叮咬感染斑点热群立克次体的哺乳动物引发感染，另一方面被感染的节肢动物叮咬健康的哺乳动物再将病菌传染给后者。斑点热群立克次体在蜱体内长期繁殖，存在于全身多种组织中，形成终生带毒，并可使病原经卵传递至下代，因而蜱起传播媒介和贮存宿主的双重作用。同样，对人致病的立克次体对于多数自然界哺乳类动物为非致病的或仅为隐性感染，有的呈一过性轻度发病。在这类动物体内立克次体能长期保存下去，并有可能通过在动物体外寄生的节肢动物感染新的宿主。人类感染立克次体常是偶然接触到自然界立克次体循环感染系统。主要是生产劳动、资源开发、旅游迁徙或行军作战等进入这种自然疫源地，被吸血节肢动物侵袭发生感染。

立克次体感染的传播媒介是虱、蚤、蜱、螨等节肢动物。虱、蚤的传播方式是叮咬周围粪便中的病原体通过搔抓皮肤损伤侵入人体；蜱、螨传播则是由叮咬直接把病原体注入动物体内。迄今发现的斑点热中，除了立克次体痘是由革螨叮咬传播、加利福尼亚鼠伤寒是由蚤叮咬或蚤粪传播外，其他斑点热均由蜱叮咬或蜱粪传播。

3. 易感动物与动物

(1) 自然宿主。斑点热的主要贮存宿主是啮齿类动物，另外还有食虫目和兔形目动物，节肢动物是其传播媒介也是贮存宿主。我国已检测到携带立克次体的动物种类已达 20 多种：包括赤颊黄鼠、长尾黄鼠、花鼠、草原旱獭、黑线姬鼠、水鼠平、红背鼠平、棕背鼠、黑线仓鼠、灰仓鼠、原仓鼠、草原兔尾鼠、红尾沙鼠、小家鼠等。在美国已证实至少有 18 种鸟和 31 种哺乳动物中斑点热抗体阳性。

（2）家畜等动物。研究表明，在我国牛、羊和马等家畜的带蜱率高达 85% ~97%，另外普通田鼠、长尾黄鼠、东方田鼠等小啮齿动物都是蜱的重要寄生宿主，它们都成为我国斑点热立克次体的重要贮存宿主。

4. 流行特征

斑点热是一类重要的人兽共患自然疫源性疾病，病原体在自然界中持续循环。该病全年均有发病，其发病与虱、蚤、蜱、螨等传播媒介的分布和活动规律有关。另一方面由于宿主与媒介主要存在自然界植被茂密的森林、丘陵地带以及农田，因此立克次体疾病患者具有明显的职业特点，农民、野外工作人员和旅游者面临最大感染威胁。

5. 发生与分布

斑点热的地理分布较广泛，遍布于世界各大洲。1984 年之前，已有 6 种斑点热被人们所认识，包括落基山斑点热、地中海斑点热、北亚热、以色列斑点热、昆士兰斑点热和立克次体痘，它们的病原体分别是立氏立克次体、康氏立克次体、西伯利亚立克次体、以色列立克次体、澳大利亚立克次体和小蛛立克次体。后来又有 7 种斑点热被陆续报道：日本斑点热、弗林德斯岛斑点热、阿斯特拉罕斑点热、非洲蜱咬热、加利福尼亚鼠型斑疹伤寒，以及近期发现的内蒙古立克次体和斯洛伐克立克次体引起的两种斑点热。其中以小蛛立克次体分布最广，除大洋洲外各洲均有报道；其次为康氏立克次体，已在南欧、非洲、中东和印度半岛发现。

经过近 40 年的研究，我国立克次体研究者对斑点热立克次体在我国分布有了一定的认识，虽然目前的调查只局限在部分省、区，但在所调查的地区都发现了斑点热立克次体感染的证据，因此可以推测该病在我国分布很广。现已查明：斑点热立克次体在我国北方的覆盖面为北纬 40°～50°、东经 80°～135°的地区。在这一区域里从病人、啮齿动物、蜱及蜱卵中都分离出了斑点热立克次体。在我国南方的分布为北纬 17°～28°、东经 95°～120°附近的地区，这一区域人群、鼠类斑点热立克次体抗体阳性及蜱中也分离出病原。病原学研究表明在我国存在的斑点热立克次体包括：西伯利亚立克次体、内蒙古立克次体、黑龙江立克次体及虎林立克次体 4 种。血清学研究已检测到北亚热、立克次体痘及纽扣热等种类。

三、对动物与人的致病性

（一）对动物的致病性

研究较多的是洛基山斑点热，该斑点热立克次体可感染犬及一些小型哺乳动物，如负鼠、野兔、金花鼠、松树、大鼠和小鼠等。犬自然感染或人工感染后潜伏期 2～14 天。犬感染洛基山斑点热立克次体后症状较明显或呈亚临床症状，而野生动物多呈隐形感染。犬斑点热表现为发烧、厌食和精神抑郁，其他症状包括巩膜炎、淋巴结肿大、咳嗽、流脓性鼻液、呼吸困难、腹部疼痛、腹泻、呕吐、肌肉或关节疼痛，面部和四肢水肿。眼部症状包括视网膜出血，脉络膜视网膜脓性渗出或视网膜脱落。

血小板减少症较普遍，超过 25% 的患病犬出现鼻出血，口腔黏膜、眼结膜可见出血点或淤斑、粪便黑色或血尿等症状。

大约 30% 以上病例出现神经症状，主要包括机能障碍、全身或局部感觉敏感、共济失调、四肢瘫痪。发病晚期出现癫痫、颅神经损伤、心肌炎、心血管循环衰竭、肾衰竭和昏迷等症状。严重病例有四肢坏疽、皮肤坏死灶和血管内凝血等，未经治疗的存活犬可在 2 周内恢复。尚未见慢性感染病例报道。

（二）对人的致病性

人群对斑点热的易感性是普遍的，根据病情有轻、中、重 3

种类型，在我国以轻型和中度型病例为主，尚未见死亡病例的报道。潜伏期一般 3～6 天。主要症状有焦痂、持续发热、局部淋巴结肿大、皮疹和头痛。头痛时尤以枕部和前额疼痛为重，病人常出现全身不适、疲乏无力、恶心呕吐，失眠等症状。并非都出现皮疹，若出现皮疹，多分布于颈部、背部及四肢，多见于胸、背和四肢的内侧。一般为红色椭圆型斑丘疹，边缘清楚，压之褪色。个别病例呈出血疹，未见皮疹融合现象。患者多有蜱叮咬史，叮咬部位多在头部，也有在腰部和背部的。

洛基山斑点热，在蜱咬后 3～4 天，先在腕、踝发生斑丘疹，以后蔓延到四肢、躯干及面部，常累及掌跖。其皮疹初常为粉红色斑疹，几天后变为斑丘疹，伴有淤点，严重者变为出血性且可互相融合。四肢末端可发生坏疽。1～2 周后，出现发热、头痛、倦怠等症状。病程约 3 周，重症者病例可并发肺炎、脑炎、葡萄球菌败血症、中耳炎、腮腺炎等。

四、诊断

（一）动物斑点热的临床诊断要点

动物斑点热诊断主要依靠血清学方法检测急性期和恢复期血清病原抗体，间接免疫荧光方法可检测皮肤样品或各种组织中病原。如需进一步确诊可采集样品送实验室进行病原分离、PCR 等检测。

（二）人类斑点热的临床诊断要点

1. 临床表现和常规检查

斑点热发病时的主要症状包括虫咬处焦痂、持续发热、局部淋巴结肿大、皮疹和头痛，头痛时尤以枕部和前额疼痛为重。通常五项症状中具备其中 3 项，即可作出发病初诊。

血常规检查，多数患者血小板低于 70×10^9 个/L 白细胞，一般不超过 15×10^9 个/L；单核细胞升高，红细胞和血红蛋白有时降低。患者偶有血便和尿蛋白血症，重症患者常出现尿量减少和氮质血症，部分病例出现高白蛋白、血钠过少和肝肾损伤。

2. 血清学检测

血清学检测是诊断斑点热最常用的方法，以外斐试验和间接免疫荧光试验在我国最为常用。外斐反应是用不同的变形杆菌株抗原代替立克次体抗原检测患者血清中抗立克次体抗体的凝集试验，变形杆菌 OX2 株与斑点热患者血清发生凝集反应，故可用于斑点热的血清学诊断（小蛛立克次体和立氏立克次体感染除外）。IFA 是把立克次体菌体抗原固定在带孔的玻片上，然后将系列稀释的血清分别滴在含有立克次体菌体抗原的玻片孔内，再用荧光基团标记的抗 IgG 或 IgM 二抗与结合在菌体抗原上的一抗结合，以测定血清中立克次体抗体效价的血清学诊断方法，IFA 是斑点热血清学诊断的标准方法。

3. 分子生物学检测

目前，分别以 gltA、ompA、ompB、GeneD 和 17kDa 抗原基因等为靶基因，已经建立了多种针对斑点热群立克次体的 PCR 检测方法。

斑点热立克次体检测常用探针和 SYBR 荧光染料，目前根据 gltA、ompA、ompB 等基因建立了多种斑点热群立克次体的荧光定量 PCR 检测技术，检测的敏感性和特异性显著提高，适合对各种标本中微量立克次体的快速检测。

4. 组织化学和免疫组织化学检测

组织化学染色是检测立克次体的基本技术，能快速、简便地鉴定病原体并进行形态学观察。

免疫组织化学检测能在血清抗体效价上升前诊断患者是否被感染，新鲜组织（如患者皮肤焦痂组织）、甲醛溶液固定或石蜡包埋的标本（如尸检解剖获取的患者脏器组织）均可用于免疫检测，尤其适合于皮肤焦痂活检组织的检测，在使用抗生素治疗的48h内仍有较高的阳性率。在普通显微镜下可观察到细胞周围感染的立克次体，特异性可达100%，敏感性为53%～75%，尤其在没有荧光显微镜的实验室则更加方便 。

5. 病原分离

病原分离是确诊斑点热最直接、最确凿的方法。在抗体滴度未上升前即可采样进行分离，可用于斑点热的早期诊断。立克次体分离常用的方法是动物接种、鸡胚培养和组织培养。适合进行病原体分离的标本包括抗凝全血、捣碎的血块、血浆、尸检标本、皮肤活检标本和节肢动物标本等。

鸡胚培养分离立克次体因周期长，目前主要用于立克次体的传代和抗原的大量制备。

组织培养是目前最常用的立克次体分离培养方法，可供选择的细胞株有L929和Vero等。1989年，法国立克次体病国家参比中心首次使用带盖小瓶离心组织培养法分离立克次体。不仅节省人力、物力和时间，而且具有较高的分离率，值得推广应用 。

（三）实验室诊断要点

（1）分离斑点热立克次体样品采样必须在抗生素治疗之前，否则分离试验多不成功。

（2）多数斑点热患者IgM抗体在病程第1周即可达到1∶64，可用于早期诊断。由于IgM抗体在血液中存在时间较短，因此即使只有单份血清，只要检出特异性IgM抗体，就能诊断为现症感染。检测单份血清特异性IgG抗体效价≥1∶160，或双份血清第2份血清特异性IgG抗体效价升高4倍或4倍以上，说明有立克次体感染存在。

五、防治措施

当前，国际反恐已将流行性斑疹伤寒、洛矶山斑点热和Q

热列入生物战剂目录中。按 WHO 生物安全纲要标准，立克次体所有的种均属于生物安全危险三级病原体，对其所有的实验操作均在三级实验室进行。

（一）动物斑点热的防治措施

目前尚没有商业化动物斑点热疫苗，因此避免被蜱虫叮咬是最好的预防措施。在蜱虫流行季节，给动物喷洒合成除虫菊脂或喂服阿曲米拉，并结合每日给动物体表清除吸附的蜱虫可以有效防止动物感染斑点热。一旦动物出现疑似斑点热症状应立刻请兽医诊断治疗。

（二）人类斑点热的防治措施

1. 人类斑点热的预防

积极开展防范斑点热的宣传教育工作，使人们了解其常识，主动采取措施阻止其侵入和扩散。掌握必要的防蜱措施，尽量避免与蜱接触，避免在溪边草地上坐卧，在杂草灌丛上晾晒衣服。在流行区野外军事训练，生产劳动、工作活动时，应扎紧袖口、领口及裤脚口，身体外露部位涂擦5%的邻苯二甲酸二甲酯（即避蚊剂），邻苯二甲酸二苯酯、苯甲酸苄酯或硫化钾溶液；以防恙螨幼虫叮咬。回营区后及时沐浴、更衣、如发现恙螨幼虫叮咬，可立即用针挑去，涂以酒精或其他消毒剂。目前尚无可供使用的有效疫苗，进入重疫区的人员，可服强力霉素0.1~0.2克或氯霉素1克，隔日1次，连用4周。积极开展斑点热流行病学监测、动物及媒介监测，抓紧制定实施斑点热防控策略。

2. 人类斑点热的治疗

斑点热的治疗药物首选氯霉素和四环素类抗生素（包括强力霉素），它们治疗各种立克次体引起的斑点热有显著疗效，早期治疗效果较好。据报道地中海斑点热的病死率约2.5%，洛基山斑点热为3%~7%，由此可见，斑点热病人如不及时治疗会增加致命危险。所以一旦怀疑感染了斑点热，就应及早用药。但是儿童和孕妇应慎用氯霉素和四环素类药物。

病原治疗可选用四环素类（如多西环素）及喹诺酮类，疗程6天。无并发症者用药后可迅速退热，退热24小时后即可停药。重症患者应注意对症、支持治疗，适量肾上腺皮质激素与抗生素合用可明显缓解头痛、改善中毒症状。

六、公共卫生影响

立克次体病属于人兽共患的自然疫源性疾病，是由一类十分复杂的立克次体所致疾病的总称。在人类历史上，立克次体曾严重威胁人类的健康，如第一次世界大战期间欧洲发生的大规模斑疹伤寒流行，致使数百万人死亡。第二次世界大战期间巴尔干岛爆发的Q热流行、东南亚发生的恙虫病肆虐，都曾给人类健康带来了深重的灾难。随着和平的到来，经济的发展以及卫生条件的改善，目前，该病在发达国家已基本得到了控制。然而，在发展中国家，特别是热带、亚热带某些国家，立克次体病仍然存在一定规模的流行。

当前，国际反恐已将流行性斑疹伤寒、洛基山斑点热和Q热列入生物战剂目录中，并且是各国都非常重视的人兽共患传染病。WHO生物安全纲要标准，立克次体所有的种均属生物安全危险三级病原体，所有的实验操作均在三级实验室进行。不仅如此，立克次体各种病原体极易发生实验室感染，如Q热可通过气溶胶传播，其他病原体可通过破损的皮肤黏膜发生实验室感染。因此，斑点热及其类似疫病极有可能形成较大流行，应引起全社会高度重视。

第八节　恙虫病

恙虫病又称丛林斑疹伤寒、螨传斑疹伤寒，是由恙虫病立克次体，又称东方立克次体引起的一种自然疫源性疾病，鼠类为主要宿主，以恙虫为媒介将病原体传播给动物和人。临床上以发热、恙螨叮咬处呈原发性焦痂或溃疡、淋巴结肿大及皮疹为特征。

早在公元313年，我国晋代医学家葛洪氏就已发现本病并有正确的文字记载。祖国医学称此病为沙虱热（系生长于杂草丛生的水池边或沙地的沙虱叮咬而致病）。明朝李时珍在《本草纲目》中记述闽粤有一种恶性流行热症，系由沙虱传染，其症状有溃疡、发热和疹子，此种记载与今日恙虫病的特征相符。日常说“无恙”，其辞源出于我国古代文献，乃希望旅行于荒僻未开山野间，不被恶虫所螯，身体健康，旅途无灾的意思。许多记载表明，恙虫病很早以前就在我国流行，我国古代对恙虫病的研究已有很大的贡献。

1810年日本新泽县曾发现恙虫病流行，并认为该病就是沙虱热，直到1927年，绪方规雄由病人血液中分离到病原体，定名为恙虫病立克次体，同时期又被另一学者命名为东方立克次体。经病原学证实我国有恙虫病是在1948年首次在广州分离恙虫病立克次体成功，并报道了13例，以后东南沿海地区陆续发现本病。本病主要分布于亚洲、澳洲。我国浙江、福建、台湾、广东、广西、云南、贵州、四川、江西、山东、山西、山东、河北、黑龙江、吉林、辽宁、西藏等地也有流行。我国从1952年到1985年，每年报道的病例在1 000例左右。南方老疫区疫情有所增加，如1994—1997年，福建省发病1 074例，广东省发病1 100例，呈逐年增多态势；在北方新疫区则不断有恙虫病暴发流行或病例报道。1996年在山西首次发现恙虫病的流行。1997年河北太行山区发生恙虫病暴发流行，人群发病率为2.90%。1996—1997年在山东多处发生恙虫病暴发流行,发病率为0.41% ~ 11.19%。1994—1997年在山东省某县进行了恙虫病流行病学调查，结果表明，人群年发病率为0.41%～1.09%，发病自然村占总自然村的56.68%（106/187）。以上资料提示，近年我国恙虫病的流行不管在南方疫源地的老疫区，还是在北方疫源地的新疫区，均呈现出病例增多、散发和扩散的态势。

一、病原

1. 分类地位

引起恙虫病的病原为恙虫病立克次体，在分类上属于立克次氏体科、立克次体族、立克次体属中的恙虫病群。

2. 形态学基本特征与培养特性

恙虫病立克次体呈双球或短杆状，在双球状时大小为(0.2～0.4）μm×（0.3～0.5）μm，短杆状时为（0.3～0.5）μm×（0.8～1.5）μm。多在细胞内繁殖。姬姆萨染色呈蓝紫色，革兰氏染色为阴性。在其化学组分中发现，恙虫病东方体缺少肽聚糖和脂多糖。在电镜下，恙虫病立克次体有典型的囊膜，由细胞壁和胞浆膜构成。恙虫病立克次体的外叶层明显比内叶层厚，这是与其他立克次体不同之处。

该病原不能在人工培养基上生长，可生长繁殖于小鼠腹腔或鸡胚卵黄囊、单层鸡胚纤维母细胞、L929 和 Vero 细胞。

3. 理化特性

恙虫立克次体抵抗力弱，不耐干燥和高温，加热至56℃10分钟可将其杀死。对一般消毒剂和氯霉素、四环素族等抗菌药物也都非常敏感。但对低温的抵抗力较强，如在完整组织细胞或混悬于各种保护溶液中，于－70℃下能长期生存，但将感染鼠脾置于－20℃下，则立克次体只能存活5周，若置于0～4℃，则只能存活2～3天。感染的鼠体，于夏季室温放置1天，则失去致病力。加入50%甘油或健康兔血清－20℃可存活1个月，在卵黄囊内4℃可保存17天。加入保护剂后，强毒株和中等毒力株

可分别于 -28℃保存 3 年半和 10 年半。若在 -80℃条件下，该病原在感染动物内脏中可存活 2 年，在感染细胞培养物中可存活 3 ~4 年。恙虫病东方体的敏感药物为氯霉素、利福平、四环素以及大环内酯类药物。近年报道一种新的氮环内酯药氮红霉素也是敏感药物，很可能成为一种新治疗药，可以作为不能使用强力霉素的孕妇及儿童的替代品。恙虫病对喹诺酮类药物如诺氟沙星、环丙沙星及氧氟沙星；β - 内酰胺类抗生素（氨苄青霉素、羧苄青霉素、苄青霉素、先锋霉素Ⅱ、头孢美、头孢噻肟等）不敏感。近年来，先后报道该病原体存在强力霉素和氯霉素抗药株。

二、流行病学

1. 传染来源

本病的主要传染源是鼠类（如沟鼠、黄胸鼠、小拟袋鼠、食虫鼠、家鼠，田鼠等），其次是野生动物（如野兔），家畜（如猪、家兔）、禽类（如家禽、野鸡）和鸟类（如麻雀、候鸟）。恙螨是本病的原始储存宿主和传播媒介。

2. 传播途径

感染本病病原体的恙螨幼虫，在各个发育阶段仍能保存立克次体，且能经卵传递给后代，故亦可成为恙虫病立克次体的储存宿主。本病的传播媒介为恙虫（也称恙螨），属蜘蛛纲，恙螨目。目前，已知世界各地有恙螨近 3 000种，主要分布在东南亚地区，我国已知有 350 多种。确证能传播本病的恙虫仅数种，如地里恙螨、红恙螨、高湖恙螨、印度真棒恙螨、中华背展恙螨、巨多齿恙螨、小板恙螨等。在我国地里恙螨和红恙螨为主要的传播媒介，其中，红恙螨主要见于台湾与澎湖。在浙江省青田县主要媒介是高湖恙螨。恙螨多生活在温度较高，湿度较大的丛林边缘和草莽地带，河湖岸边及土壤中。本病主要是恙螨幼虫叮咬传播的，当幼虫遇到动物和人体时，便附着体上吸血，若吸入带有恙虫病立克次体的血液后，则幼虫受感染。病原体在幼虫体内繁殖，经过稚虫、成虫和虫卵，传给第2代幼虫。当第2代幼虫再叮咬人和动物时，即把病原体传播给被叮咬者，这种传播方式称为隔代传播。由于恙虫在受染后，若干代的幼虫都有传染性，所以在疫源地内起着储存宿主的作用。

3. 易感者

动物中以鼠类、家畜和家禽易感。人类普遍易感，但病人以青壮年居多，常见于牧民、农民和野外工作者。

4. 流行特点

恙虫是该病原储存宿主和传播媒介，本病的流行有明显的季节性，多见于5~11月，以6~8月为高峰，有些地区在9~10月形成第2高峰，有个别地区一年四季，但仍以夏秋季为高峰。该病在热带和亚热带地区气候温湿和丛林多的环境中多发。此外，该病在我国流行有以下特点。

（1）本病的传染源广泛。多种感染的动物尤其是啮齿类动物都可成为传染源，我国恙虫病已知的主要宿主动物有：鼠属中的黄毛鼠、黄胸鼠、褐家鼠、社鼠和大足鼠，小家鼠属中的小家鼠，板齿鼠属中的板齿鼠，姬鼠属中的黑线姬鼠和大林姬鼠，仓鼠属中的大仓鼠，以及鼠句鼠青属中的臭鼠句鼠青等。广东、广西、福建、台湾以黄毛鼠、褐家鼠为主。云南以黄胸鼠、大足鼠为主。浙江以黄毛鼠、社鼠为主。湖南以黑线姬鼠为主。江苏以黑线姬鼠、社鼠、褐家鼠为主。山东以黑线姬鼠、大仓鼠为主。山西以大仓鼠为主。辽宁以大林姬鼠、大仓鼠为主。吉林、黑龙江以黑线姬鼠、大林姬鼠为主。在南方的广东、广西、福建，板齿鼠、臭鼠句鼠青也是重要的宿主动物。

（2）恙螨是恙虫病唯一的传播媒介。目前，已知恙虫病的媒介恙螨均为纤恙螨属中的一些种类。确定一种恙螨为媒介，应证实该恙螨是当地鼠体的优势螨种而且其季节消长、分布场所与发病相关，另外，有病原体自然感染且具备叮刺和传病能力，以及能经卵传递病原体的能力。我国起传播媒介的恙螨有：① 地里纤恙螨，是南方疫区的主要媒介；② 微红纤恙螨，是福建沿海地区的媒介；③ 高湖纤恙螨，是浙江南部山林地区的媒介；④ 海岛纤恙螨，是浙江东矶列岛的媒介；⑤ 吉首纤恙螨，是湖南西部的媒介，以上 5 种是南方夏季型恙虫病的媒介；⑥ 小盾纤恙螨，是江苏、山东秋季型和福建冬季恙虫病的媒介。

（3）疫区范围逐渐扩大。1986 年前，我国恙虫病仅知流行于南方的广东、海南、广西、福建、浙江、云南、四川、湖南、西藏和台湾，安徽南部亦有病例报告。1986 年在山东、江苏北部，1989 年在天津发生恙虫病流行。1992—1994 年，在吉林、辽宁、黑龙江发现疫源地。1994 年在新疆和甘肃通过血清流行病学调查，证明人群存在感染。1995 年在山西、1997 年在河北发生流行。1998 年在江西上高有病例报告。相信深入调查后，还会发现更多的疫区。

（4）疫源地多样化。我国恙虫病疫源地可分为南方疫源地、北方疫源地及其间的过渡型疫源地等。南方疫源地：位于我国北纬 31°以南地区，除贵州和江西两省情况不清外，其他省（区）均有存在。查出带菌动物有 20 多种，以黄毛鼠、黑线姬鼠和黄胸鼠（云南）为主。地里纤恙螨为主要传播媒介。主要流行于夏季，北纬 25°以南的广东地区全年均有流行。北方疫源地：位于北纬 40°以北与俄罗斯和朝鲜半岛接壤的沿海地区和岛屿，是我国近年新发现的疫源地。带菌动物已经证实的有：黑线姬鼠、大林姬鼠和大仓鼠。人群感染率在 10% 左右，个别地区达到 30%，并且发现少数病例。山西、河北发生流行，吉林、辽宁、黑龙江、新疆和甘肃发现疫源地。过渡型疫源地：位于北纬 31°～40°，即南北两个疫源地中间地带，山东、江苏，可能还有天津属于此型。以黑线姬鼠为主要宿主动物，小盾纤恙螨为传播媒介。主要流行于秋季。高原气候区疫源地包括：西藏、新疆的南疆、青海、四川的西部、甘肃的南部、云南的南部和西部一些地区。目前，已知的疫源地大部分为血清学证实。四川西部西昌地区的主要宿主动物为褐家鼠，媒介为地里纤恙螨。云南南部和西部的主要宿动物为黄胸鼠，媒介为地里纤恙螨。

5. 影响发病的因素

由于本病主要是恙螨幼虫叮咬传播的，所以，气候和环境对本病的发生有很大影响，恙螨多生活在温度较高、湿度较大的丛林边缘和草莽地带，河湖岸边及土壤中。当受感染的幼虫附着于动物和人体上吸血时，即把病原体传播给被叮咬者，由于恙虫的若干代的幼虫都有传染性。

三、诊断

（一）动物临床诊断

鼠类感染后多不出现症状，鸟类也多为隐性感染。猪、兔等动物感染后的症状与人类相似，但症状较轻。

（二）人临床诊断

人类感染后经 4 ~ 21 天（一般为 10 ~ 12 天）的潜伏期，突然发病，高热（39 ~ 41℃），呈稽留热、弛张热和不规则热型，持续 1 ~ 3 周。表现寒战，剧烈头痛，全身酸痛，恶心，呕吐，畏光，失眠，咳嗽等症状，严重的还有强直性痉挛等神经症状。皮肤被恙螨幼虫叮咬局部有红斑，继而发展成为丘疹以至水疱，水疱破裂后，中央坏死变成褐色或黑色痂，痂皮脱落后形成溃疡，常有淋巴结肿大。近年来，临床上常出现恙虫病并发症，如急性肺水肿、呼吸紧迫综合征、胸腔积液、胃肠出血、肾损伤、中毒性肝炎等一些多器官受损等现象。

(三) 实验室诊断

本病依据流行病学资料、临床症状可作出初步诊断。确诊还须进行病原体分离和血清学试验 C 变形杆菌 OX_k 凝集试验(魏－斐二氏反应；凝集效价 1∶160 以上可协助诊断)，补体结合试验、中和试验及间接免疫荧光试验等。恙虫病症状和体征与其他的一些发热性疾病，如流行性出血热、鼠性斑疹伤寒、疟疾、登革热等较相似，故临床上漏诊、误诊的报道较多。

1. 病原学诊断

病原学检查是最早的恙虫病诊断方法之一，有直接动物分离和组织细胞培养分离病原两种方法，前者常用小鼠作为接种的实验动物。一种方法为抽取患者的静脉血接种于小鼠的腹腔，再从小鼠体内分离，阳性率可达 70% ~80% 。另一种方法为组织细胞培养法，恙虫病立克次体可感染多种细胞，常用的细胞有家兔、鸡胚细胞等原代细胞及 Vero2E6 、BSC21 等传代细胞，但该法检出率较低。无论采用动物分离或细胞培养分离都存在所需时间长、过程烦琐、成本高等缺点。

2. 血清学诊断

用制备的菌体抗原检测血清学的抗体。近年来随着分子生物学的发展，制备出重组抗原与以往的全细胞抗原相比，重组抗原具有相似的敏感性和特异性，恙虫病立克次体膜抗原中含量最丰富的相对分子质量（Mr）为 56kDa 的型特异性抗原蛋白，具有良好的免疫原性和最易为宿主免疫系统所识别等特点，可制备成诊断抗原。

(1) 魏－斐二氏反应。魏－斐二氏反应早期曾广泛应用于立克次体疾病的诊断，本方法是利用恙虫病立克次体与变形杆菌具有交叉抗原这一特性建立起来的，为非特异性方法，故与回归热、钩端螺旋体病、流行性出血热等发热性疾病患者血清存在交叉反应。

（2）免疫荧光试验。免疫荧光试验是一种用化学方法使荧光素标记的抗体（或抗原）与组织或细胞中的相应的抗原（或抗体）结合进行定性检测的方法。分为间接法和直接法两种，其中间接荧光法较为常用。此法具有较高的敏感性、特异性和重复性强。临床应用较为广泛，可用于早期诊断、流行病学调查。

（3）被动血凝试验。将恙虫病立克次体可溶性抗原致敏于绵羊红细胞表面，与患者血清起凝集反应，从而达到快速诊断恙虫病立克次体的目的，该方法简便、快速、特异性和敏感性均较高，与鼠伤寒、肾病综合征出血热和钩端螺旋体病患者血清无交叉反应。

（4）酶联免疫吸附试验。该方法是利用免疫反应高度特异性和酶促反应高度敏感性进行抗原或抗体检测的方法，具有灵敏、简便、经济等特点。该方法已用于恙虫病检测。

此外，免疫酶染色、斑点印迹法和免疫层析法也被用于该病的检验。

3. 分子生物学诊断

近年来把 PCR 技术、核酸探针技术、基因芯片技术和噬菌体抗体库技术引进恙虫病的检测和研究中，大大提高了恙虫病检测水平。

（1）聚合酶链式反应。自 Stover 将完整基因克隆进入*E. coli*，表达了完整的 Sta58 抗原及一个 Mr1 1 000的蛋白质以后，PCR 技术开始应用于恙虫病病原学检测。根据 Sta58 设计一对引物，从恙虫病立克次体基因组中扩增出的产物约 1 360bp，而其他 5 种立克次体则不能检出。而近年来不断有新的 PCR 技术应用于恙虫病的诊断，如实时定量 PCR、套式 PCR 等。

（2）核酸分子杂交。是利用已知的 DNA 探针检验未知核酸片段的技术。探针可以用同位素或生物素等标记，放射自显影或酶免疫方法，使得结果容易判断。根据 Sta58 和 Sta56 基因序列设了 Sta58 基因探针和 Sta56 基因探针检测恙虫病立克次体，具有高度的特异性和敏感性。

（3）基因芯片技术。基因芯片又称 DNA 芯片，在病原体诊断方面具有重大的应用价值。目前，已有基因芯片技术应用于病毒、细菌等检测的报道。国内根据恙虫病立克次体56 000外膜蛋白基因序列建立的基因芯片，能够检测恙虫病立克次体标准株 DNA 的特异性荧光，有望应用于该病原多种样本的检测。

（4）噬菌体抗体库技术检测抗原。利用噬菌体抗体库技术可获得多种抗病毒、寄生虫以及一些肿瘤细胞的噬菌体抗体，而且已有噬菌体抗体用于临床检测和治疗的报道。国内也制备出多种抗病毒、肿瘤细胞、寄生虫和细胞因子的噬菌体抗体。国内正在开展构建抗恙虫病立克次体噬菌体抗体库的研究，为该病提供快速诊断方法。

4. 鉴别诊断

本病应与其他的一些发热性疾病，如流行性出血热、鼠性斑疹伤寒、疟疾、登革热等较相似，应注意鉴别。

四、防控

（一）防控措施

1. 消灭传染源

充分发动群众灭鼠，对恙虫病鸡、病猪等动物进行治疗或酌情扑杀处理。

2. 消灭恙螨

在流行区，结合农田建设等消灭恙螨，清除住地、训练场所、道路两旁的杂草，填平坑洼，增加日照，降低湿度，使不适于恙螨的生长繁殖；亦可在小范围内喷洒灭恙螨药物。

3. 个人防护

在疫区进行野外工作的人员，要紧扎袖口、裤口、领口，把衬衣扎入裤腰内，不要在草地坐卧，避免在草丛、树枝上晾晒衣服和被褥。在裸露的皮肤上涂5%邻苯二甲酸二甲酯（避蚊剂），邻苯二甲酸二苯酯、苯甲酸苄酯，或硫化钾溶液等驱虫剂。

（二）药物治疗

氯霉素、四环素、强力霉素和土霉素对本病有特效，用法为：四环素成人每天2g，分4次服，多于服药后24～48小时退热，退热后续用7～10天；强力霉素每天0.12g一次服，退热后续服7～10天。因这些抗生素对立克次体仅有抑制作用而无杀灭作用，病人的康复有赖于机体内免疫力增长后消灭立克次体，故过早停药容易复发。

（三）免疫预防

目前疫苗研究一直未能获得满意结果，没有商品化疫苗用于预防。

五、展望

由于恙虫病立克次体的免疫原性较差、抗原类型多、异源保护性差，而且在组织培养中生长慢且培养条件要求严格，难以制备大量的高纯度病原体，因而在研制高效弱毒或无毒疫苗过程中存在很大困难。

（一）全菌苗

恙虫病立克次体疫苗的研制最早是从研制全菌苗开始的，研制的恙虫病立克次体全菌疫苗主要有以下四种：化学灭活苗；放射灭活苗；减毒或无毒株；毒株与化学预防剂结合苗。目前，这类疫苗尚未在灵长类动物中作过试验，并且鸡胚卵黄囊制备的疫苗对人类也不适用。

在20世纪30年代，日本学者尝试检测感染Pescadores株（弱毒株）后的免疫保护力，在非免疫人群中，该株可产生轻微的病情，在初次感染恢复8天后，患者再次用毒力更强的Niigate

株攻击时，发现其仅仅轻度发热几天，但是这样的疫苗不适合普通人群使用。美国学者曾发现鸡胚传代减毒的恙虫病立克次体株免疫小鼠后，可以产生同源和异源保护作用，但并不是对所有株都产生异源保护作用，并且产生的异源保护作用也因不同的减毒株而不同，为了获得更全面的免疫保护，他们进而采用多价减毒株共同免疫小鼠，虽然发现这种多价疫苗可以提供更广泛的保护作用，但还是存在对某些株的异源保护作用低甚至没有保护作用的问题。我国中山医科大学培育的“49”株和福建流研所培育的“C44”株毒力都很弱，对成年小鼠基本不致死，但“49”株不稳定，若不加氰化钾处理，毒力仍然升高。“C44”株注射人体后，仍然引起发热，有待于进一步研究。

一些研究者将毒株与四环素等抗生素混合后作为疫苗，免疫小鼠后，发现具有同源和异源保护作用，但对人类却缺乏异源保护作用。

（二）重组亚单位疫苗

通过基因工程技术表达了多种具有免疫原性的恙虫病立克次体蛋白。目前，已经克隆表达的恙虫病东方体蛋白基因有150、110、72、58、56、49、47和22kDa蛋白，这8种蛋白均有抗原性，并能与高效价的抗恙虫病东方体的免疫血清发生反应，56kDa，58kDa蛋白还可与病人血清反应，表明这些蛋白分子上可能存在B细胞抗原表位。其中，对58、56、47和22kDa这4种蛋白的抗原性研究较为清楚。

目前恙虫病疫苗的研制尚处于传统疫苗（灭活苗、减毒或无毒苗等）研究阶段。由于恙虫病东方体减毒株的毒力不稳定，故有使接受者患病的危险，而灭活疫苗或单价亚单位疫苗都因失活不能进入细胞，不能激活有杀伤感染细胞作用的T细胞，因而，他们主要引起体液免疫应答。动物和人体实验结果显示，这些疫苗对以细胞免疫为主的恙虫病立克次体效果并不理想。复合多价疫苗和核酸疫苗的出现为正面临困境的恙虫病疫苗的研制带来了新希望。核酸疫苗主要引起细胞免疫，产生 CTL 作用，对胞内寄生的病毒、细菌等具有杀伤作用，并且在给予加强剂量的质粒后可使免疫反应增强。同时，有些质粒在宿主细胞中可能有 10～100 个拷贝，多种的不同类型质粒也可以在同一细胞中共存，利用这一特点，可制成广谱疫苗，就可以具有同时对抗几种株系的免疫作用。恙虫病疫苗的研制应致力于复合多价疫苗和核酸疫苗。

第九节　猫抓热

猫抓热又称猫抓病，是与猫接触或被猫抓、咬伤后感染巴尔通体所引起的一种良性、自限性人兽共患病。临床主要表现为局部皮疹和慢性淋巴结肿大，3% 的病人可发生菌血症、心内膜炎、皮肤杆菌性血管瘤、紫癜性肝炎，同时伴有发热、恶寒、脾脏充血和胃肠道病变等严重的全身性疾病。本病通常良性，多为自限性，一般 2～4 个月自愈。

本病最早于 1950 年由 Debr'e 等将这种经由猫抓伤或咬伤的感染，并以局部良性淋巴结肿大、疼痛为特征的自限性疾病命名为猫抓病。病原体于 1988 年在美国陆军病理研究所将病患淋巴结组织以 Warthin-Starry 镀银染色发现并分离出来。

一、病原

1. 分类地位

1909 年 A. L. Barton 曾描述过巴尔通体是附着于哺乳动物红细胞上的病原体，1993 年确定该菌归属于立克次氏体的巴尔通科，并命名为杆菌状巴尔通体。

2. 形态学基本特征与培养特性

巴尔通体是一种革兰氏阴性稍弯曲的小杆菌，需氧性，菌体细小，直径 0. 5 ~ 1μm。在含 5% 马或兔血清的培养基且潮湿、35℃和富含 CO_2 的环境中生长良好，也可在细胞内培养，但生长相对缓慢。原代培养 9 ~ 12 天可见巴尔通体克隆，培养超过 14 天可见灰白色、不透明黏性菌落，传代后生长速度加快。

3. 理化特性

对理化因素抵抗力较弱，一般 50℃ 30 分钟可使其灭活，新分离的病原体在室温几小时即可灭活。对低温和干燥的抵抗力较强，于猫蚤的粪便中可存活一年以上。在 0. 5% 石炭酸或 0. 5% 来苏水中 5 分钟可被灭活，于 50% 甘油盐水中置 4℃可保存活力数月。

巴尔通体对阿奇霉素、多西环素敏感。此外，红霉素、环丙沙星、克拉霉素、利福平对该菌也有可靠的抑制作用。

二、流行病学

1. 传染来源

家猫是巴尔通体主要宿主，其他猫科动物、犬科动物也可能带菌。约 10% 的动物猫及 33% 的流浪猫血液中携带巴尔通体。猫感染后可持续数月甚或数年带菌，但不表现病征。该菌在猫之间由猫蚤传播，菌体可在猫蚤肠管中增殖，而由粪便排出。人与人之间并不传播。6 月龄以内及流浪猫带菌率高于成年猫，卫生条件好的猫低于卫生条件差的猫。

2. 传播途径

病原体借由猫蚤传播给幼猫或其他个体，再由猫抓伤、咬伤后或皮肤开放性损伤被猫舔舐而感染发病。小于 1 岁的动物猫更易传播本病，尤其是带有猫蚤者。

另外也有因狗、兔、猴抓、咬伤引起该病的报道，但仍需进一步考证。

3. 易感动物

猫是自然宿主，但发病率低。犬与其他动物可能有感染，但罕有发病报道。

4. 流行特征

该病最早发现于1889年，在全球每年都有流行，在总人群中发病率约为1/10 000，任何年龄的人群均有发病，尤以青少年和儿童居多，无性别差异，秋冬季节多见。

5. 发生与分布

猫抓热分布于全世界，各国都有发生，尤其以经济发达、动物猫饲养较多的国家和地区，以美国、英国、德国、日本、法国、澳大利亚、意大利和我国的台湾省报道较多，全球每年发病人数超过4万人，仅美国每年就有约2万人发病，其中，80%为儿童。近年来国内病例报道的数量呈上升趋势，半数以上为儿童和青少年，逐渐成为一种重要的动物源性人兽共患病。

三、对动物与人的致病性

（一）对动物的致病性

猫感染巴尔通体大多数并不表现任何临床症状，但近来发现一些家猫表现出无名高热、视网膜炎、淋巴结肿大、全身性肌痛、心内膜炎和繁殖障碍等的病征与感染巴尔通体有关。

有些猫感染巴尔通体后持续发热2～3周，同时产生爪部浅表性的感觉丧失，肌体运动平衡失调，紧接几周内发生淋巴结肿大和轻度贫血。但是，由于没有其他明显的临床症状往往不被主人发现。另有证据表明，巴尔通体可损伤肝、肾及脾，但这种损伤是一过性的，通常并不表现临床症状。

其他动物感染巴尔通体的致病性尚无可靠性结论。

（二）对人的致病性

病原体经由损伤的皮肤或黏膜进入体内，其潜伏期为2～6

周。其致病性可分为局灶性和全身性。全身性患者产生多日持续的低热并伴有头痛、寒战、全身乏力和腹痛等消化道疾病。研究表明，患有全身性症状者并不发生淋巴结的病变，但症状持续时间较长。局灶性病变患者主要发生损伤邻近性的淋巴结肿大及损伤部位的化脓性和非化脓性病灶，患者除有淋巴结肿大及炎性病灶的痛、痒感之外仍感健康。此外，感染巴尔通体后可发生眼疾和神经系统的疾病。

四、症状

猫抓热的临床表现多种多样，一般在被猫抓、咬伤3～7天后，伤处局部皮肤出现红斑、丘疹、疱疹、脓疱、结痂或小脓疡并伴有局部淋巴管炎，半数患者可持续1～3周，继而出现淋巴结肿大，常见于腋下、颌下、颈部及腹股沟等处，但以腋下多见。全身表现有低热、头痛、寒战、全身乏力、不适、咳嗽、厌食、恶心或呕吐等。

此外，临床上有少数病例表现为脾肿大和腹痛，癫痫样抽搐，进行性昏迷，心内膜炎、视神经视网膜炎、结膜炎或视网膜血管炎症等。儿童感染巴尔通体后通常患有不明原因的持续性发热。

五、诊断

（一）临床诊断要点

与猫有接触史或是被猫抓伤或咬伤处皮肤有炎症、疼痛，并可化脓。局部淋巴结肿大、压痛，少数病人淋巴结化脓，并可破溃形成窦道。约1/3病人可出现发热，体温在38～41℃，伴有头痛、全身不适等。少数病人于病后3～10天出现充血性斑丘疹、结节性或多形性红斑。部分病人有结膜炎和结膜肉芽肿，伴有耳前淋巴结肿大。也可发生脑炎、脑膜炎、脊髓炎、多发性神经炎、血小板减少性紫斑、骨髓炎等。末梢白细胞总数轻度增高，血沉速率加快。

（二）实验室诊断要点

由患者血液进行细菌分离可确诊。一般使用含兔血液的新鲜培养基或巧克力培养基，且需在含 5% CO_2 环境下培养 5 ~ 6 周才可见到菌落，此法费时。抗体检查方法为间接免疫荧光抗体法，此法具有高敏感性与特异性，但是与 Bartonella quintana 之间有交叉反应。若间接免疫荧光抗体结果呈弱阳性，表示之前曾感染，若为强阳性则表示近期感染过或目前正处于感染的阶段。此外，PCR 法也较敏感。

六、防治措施

90% 的患猫可不治而愈，但可能需要几个月的过程。有效的内服药有阿奇霉素，给药后约 3 周 80% 猫体内的巴尔通体才能清除。此外，多西环素、红霉素、环丙沙星、甲氧苄啶/磺胺、克拉霉素、利福平对该菌也有可靠的抑制作用。有些治愈的猫也可能再次复发或长期带菌。

人类一旦被猫抓伤、咬伤应尽早就医，及时处理。口服效果最好的是利福平、环丙沙星和复方新诺明，庆大霉素是最有效的静脉用药。

预防的重点是控制猫将此菌将传染给人类，动物猫应定期接受体检，检查是否有体外寄生虫。另外，要定期清洗及灭蚤，同时限制外出。与猫玩耍时应避免被其抓伤或咬伤，若不慎遭到抓伤或咬伤，要立即用碘酊处理损伤处，并以流水及肥皂清洗伤口，且勿让猫舔舐开放的伤口。

七、公共卫生影响

近年来由于动物猫的饲养量逐渐上升，每年报道的病例数也呈上升趋势，该病对社会公共卫生的影响也越来越大。但该病是一种良性、自限性的疾病，不会在人群之间传播，病患多为个案，不需要进行隔离或检疫，所以只要认识清楚，不难控制。

第六章　外来人兽共患传染病

第一节　疯牛病

疯牛病学名为“牛海绵状脑病”，是一种发生在牛身上的进行性中枢神经系统疾病，通常解剖发现淀粉羊蛋白质纤维，并伴随着全身症状，以潜伏期长，死亡率高，传染性为特征。

1. 病原

疯牛病的病原体是一种朊病毒。病牛脑组织呈海绵状病变，并出现步态不稳、平衡失调、搔痒、烦躁不安等症状，通常在14~90天内死亡。由于种类的不同，疯牛病的潜伏期长短不同，一般在2~30年。朊病毒能引起牛海绵状脑病，其死亡率可达100%，还能引起人的库鲁病、克雅氏病和致死性家族失眠病，以及动物中的羊瘙痒症、貂的传染性脑病、鹿的慢性萎缩症等。

该病原对紫外线、离子辐射、超声波、非离子型去污剂、蛋白酶等理化因子却具有较强的抗性，高温不能使其完全灭活，乙醇、福尔马林、双氧水、酚等均不能使其灭活。但可被2%~5%的次氯酸钠或90%的石炭酸24小时处理灭活，SDS、尿素、苯酚等蛋白质变性剂能使之灭活。

2. 流行特点

疯牛病于1986年最早发现于英国，随后由于英国疯牛病感染牛或肉骨粉的出口，将该病传给其他国家。至2001年1月，已有英国、爱尔兰、葡萄牙、瑞士、法国、比利时、丹麦、德国、卢森堡、荷兰、西班牙、列支敦士登、意大利、加拿大、日本等15个国家发生过疯牛病。阿曼、福克兰群岛等国家仅在进口牛中发生过疯牛病。

易感动物为牛科动物，包括家牛、非洲林羚、大羚羊以及瞪羚、白羚、金牛羚、弯月角羚和美欧野牛等。易感性与品种、性别、遗传等因素无关。发病以4~6岁牛多见，2岁以下的病牛罕见，6岁以上牛发病率明显减少。奶牛因饲养时间比肉牛长，且肉骨粉用量大而发病率高。家猫、虎、豹、狮等猫科动物也易感。

3. 临床特征与表现

病牛中枢神经系统出现变化，行为反常，烦躁不安，对声音和触摸敏感，步态不稳，难以站立，身体平衡障碍，运动失调；产奶量下降，体重下降。经常乱踢以至摔倒、抽搐。发病初期无上述症状，后期出现强直性痉挛，粪便坚硬，两耳对称性活动困难，心搏缓慢，呼吸频率增快，体重下降，极度消瘦，以至死亡。

4. 病理表现

疯牛病脑组织病理特征是广泛海绵状空泡，可见神经纤维网有中等数量的不连续的卵形和球形空洞，神经细胞肿胀成气球状，细胞质变窄，胶质细胞增生，神经元退行性变，淀粉样蛋白沉积。此外，患病牛的脑组织中细胞因子含量增加，某些神经递质发生变化。

5. 诊断

根据临床症状只能做出疑似诊断，确诊需进一步做实验室诊断。

病原检查：目前尚无疯牛病病原的分离方法。生物学方法即用感染牛或其他动物的脑组织通过非胃肠道途径接种小鼠，是目前检测感染性的唯一方法。但因潜伏期至少在300天以上，而使该方法无实际诊断意义。

脑组织病理学检查：以病牛脑干核的神经元空泡化和海绵状变化的出现为检查依据。在组织切片效果较好时，确诊率可达90%。本法是最可靠的诊断方法，但需在牛死后才能确诊，且检查需要较高的专业水平和丰富的神经病理学观察经验。

免疫组织化学法：检查脑部的迷走神经核群及周围灰质区的特异性 PrP 的蓄积，本法特异性高，成本低。

电镜检查：检测痒病相关纤维蛋白类似物。

免疫转印技术：检测新鲜或冷冻脑组织（未经固定）抽提物中特异性 PrP 异构体，本法特异性高，时间短，但成本较高。

6. 疯牛病的传染与防治

牛的感染过程通常是：被疯牛病病原体感染的肉和骨髓制成的饲料被牛食用后，经胃肠消化吸收，经过血液到大脑，破坏大脑，使失去功能呈海绵状，导致疯牛病。进口有疯牛病病的国家或地区的活牛及其产品或被污染的饲料和进口有疯牛病国家或地区的活羊及其产品或被污染的饲料都是疯牛病的国际间传播途径。

人类感染通常是因为下面几个因素。

（1）食用感染了疯牛病的牛肉及其制品也会导致感染，特别是从脊椎剔下的肉（一般德国牛肉香肠都是用这种肉制成）；

（2）某些化妆品除了使用植物原料之外，也有使用动物原料的成分，所以化妆品也有可能。

含有疯牛病病毒（化妆品所使用的牛羊器官或组织成分有：胎盘素、羊水、胶原蛋白、脑糖）。

现在对于疯牛病的处理，还没有什么有效的治疗方法，只有防范和控制这类病毒在牲畜中的传播。一旦发现有牛感染了疯牛病，只能坚决予以宰杀并进行焚化深埋处理。但也有看法认为，即使染上疯牛病的牛经过焚化处理，但灰烬仍然有疯牛病病毒，把灰烬倒到堆田区，病毒就可能会因此散播。

为了防止疯牛病国内发生传播，必须建立行之有效的规章制度。① 不能从有疯牛病和羊瘙痒病的国家进口牛羊以及与牛羊有关的加工制品，包括牛血清、血清蛋白、动物饲料、内脏、脂肪、骨及激素类等。② 对于动物饲料加工厂的建立和运作，必须加以规范化，包括严格禁止使用有可疑病的动物作为原料，使用严格的加工处理方法，包括蒸气高温、高压消毒。③ 建立全国性的监测系统，与世界卫生组织和有关国家建立情报交换网，防止疯牛病和羊瘙病在中国的出现。④ 在从事研究和诊断工作时，要注意安全防护。

第二节 西尼罗热

西尼罗热是一种人兽共患病，是由携带西尼罗病毒的蚊虫叮咬人畜而引起发病的。人感染西尼罗病毒后大多数表现为隐性感染。发病者常常出现发烧、头痛、皮疹、淋巴结肿大等症状，严重时表现为无菌性脑膜炎，甚至死亡。该病最初发现于非洲，曾传播至北美、欧洲等地；灭防蚊害是防止该病的重要手段。

1. 病原

西尼罗热是由西尼罗病毒所致的一种虫媒传染病。1937 年，人类首次从乌干达西尼罗省的 1 名发热女子的血液标本中，分离出该病毒，所以称为“西尼罗病毒”。电镜下西尼罗病毒颗粒为直径 40 ~ 60nm 的球形结构，脂质双分子膜包裹着一个直径在 30nm 左右的二十面体核衣壳。西尼罗病毒有 3 种结构蛋白，核衣壳蛋白、包膜蛋白和膜蛋白。该病毒属于黄病毒科黄病毒属，有包膜 RNA 病毒。病毒对热、紫外线、化学试剂如乙醚等敏感，加热至 56℃ 30 分钟即可灭活。

2. 流行特点

非洲、北美洲、欧洲是西尼罗病毒感染的主要流行地区；亚洲报告本病的国家有印度、马来西亚、泰国、菲律宾、土耳其、以色列、印度尼西亚、巴基斯坦等；此外，澳大利亚也发现过。我国尚无此种病例。

（1）传染源

西尼罗病毒感染的传染源主要是鸟类，包括乌鸦、家雀、知更鸟、杜鹃、海鸥等。鸟感染后产生的病毒血症至少可维持3天，足以使蚊感染。人、马和其他哺乳动物感染后不产生高滴度的病毒血症，不能通过蚊子在人与人、人与动物间传播。

（2）传播途径

蚊子是本病的主要传播媒介，以库蚊为主。蚊子因叮咬感染西尼罗病毒并出现病毒血症的鸟类而感染。病毒在蚊体内生长繁殖后进入蚊子唾液。人和动物被蚊子叮咬而受染。有输血、器官移植传播西尼罗病毒的报道，但不是主要的传播方式。哺乳及胎盘传播也是可能的传播方式。

（3）人群易感性

人群对西尼罗病毒普遍易感。有些地区人群感染率很高，但以隐性感染居多。老年人感染后则易发展为脑炎、脑膜炎、脑膜脑炎，具有较高的死亡率。流行高峰一般为夏秋季节，与媒介密度高及蚊体带毒率高有关。

3. 临床症状与表现

西尼罗病毒感染的潜伏期一般为3～12天。临床可分为隐性感染、西尼罗热、西尼罗病毒脑炎或脑膜脑炎3种类型：感染西尼罗病毒后绝大多数人（80%）表现为隐性感染，不出现任何症状，但血清中可查到抗体。少数人表现为西尼罗热，病人出现发烧、头痛、肌肉疼痛、恶心、呕吐、皮疹、淋巴结肿大等类似感冒的症状，持续3～6天后自行缓解。极少数人感染后表现为西尼罗病毒脑炎或脑膜脑炎，多发生在老年人及儿童。表现为起病急骤，高热，持续不降，伴有头晕，头痛剧烈，恶心，可有喷射样呕吐，嗜睡，昏睡，昏迷，可有抽搐，脑膜刺激征阳性，巴氏征及布氏征阳性，可因脑疝导致呼吸衰竭，病情严重者死亡。近年暴发流行的西尼罗病毒感染，呈现重症病例明显增加的趋势。极个别病人表现为急性弛缓性麻痹，病人出现急性无痛、不对称性肌无力、脑脊液淋巴细胞增多。偶尔也可表现为西尼罗病毒性心肌炎、胰腺炎或肝炎等。

4. 诊断

（1）诊断要点。由于感染西尼罗病毒后绝大多数人不出现症状或仅出现发热等非特异性表现，所以诊断上非常困难，一定要注意结合流行病学史来综合判断，诊断要点包括：

流行病学资料：是否来自于西尼罗病毒感染的主要流行地区，如非洲、北美洲和欧洲，发病前 2 周有无蚊虫叮咬史。

临床特征：有无发热尤其是同时有中枢神经系统受累的表现，如头痛、喷射样呕吐以及昏迷、抽搐、惊厥、脑膜刺激征阳性等。

实验室检查：血清西尼罗病毒抗体 IgM 阳性，恢复期血清较急性期 IgG 抗体滴度升高 4 倍以上或 PCR 检测到血清中西尼罗病毒核酸，有确诊意义。

（2）鉴别诊断。西尼罗热需与其他感染性疾病进行鉴别诊断，尤其是要排除流行性乙型脑炎、其他病毒性脑膜脑炎、中毒型菌痢、化脓性脑膜炎、结核性脑膜炎和脑型疟疾，上述疾病均有各自的临床特征和诊断要点。

5. 防治措施

目前，尚无特效药物治疗和疫苗预防。预防西尼罗病毒感染最简单和最有效的办法，就是避免蚊子叮咬。具体而言，在户外活动时最好使用驱蚊剂；穿长衣长裤，穿浅色衣服也有助于察觉落在身上的蚊子；住宅安装纱门纱窗也可将蚊子拒于门外；另外，最好倒干花盆、桶以及罐中的积水，以防蚊子滋生。

由于目前无预防西尼罗病毒感染的疫苗，因此预防西尼罗病毒感染的主要手段为切断传播途径，即有效的、大规模灭蚊；户外活动时应采取措施以防蚊子叮咬。

（1）保护易感人群。在西尼罗病毒病暴发的疫区，提醒居民较少户外活动，在户外应尽量穿着长袖衣裤，裸露皮肤应涂抹蚊虫驱避剂。注意安装纱窗和纱门，减少蚊虫进入室内的机会，同时可以使用电蚊香和电蚊拍杀死室内的成蚊。

（2）隔离病人。虽然目前认为人与人之间通过蚊虫吸血刺叮传播西尼罗病毒的可能性相对较小，但是，为了安全起见，应隔离病人并给加装蚊帐，防止蚊虫刺叮，避免引起传播。

（3）切断传染源。媒介蚊虫的防治，应采取综合防治的方法，将媒介蚊虫的密度尽可能地降低。在西尼罗病毒病疫情暴发后，立即开始启动媒介蚊虫的防治措施。

第三节　埃博拉出血热

埃博拉出血热是埃博拉病毒感染导致的急性出血性、动物源性传染病。埃博拉疫情已经构成了国际关注的突发公共卫生事件。1976 年，埃博拉出血热在非洲的苏丹和扎伊尔暴发，病死率高达 50% ~90% 。因该病始发于扎伊尔北部的埃博拉河流，并在该区域严重流行，故命名为埃博拉病毒，其形态学、致病性等与马尔堡病毒相似，但免疫原性有所区别。

1. 病原

由埃博拉病毒是一种丝状病毒科，具有极高传染性，属非常罕见的致命病毒，可通过感染者的体液、血液、精液迅速传播。埃博拉病毒属有五个不同的病毒种。扎伊尔埃博拉病毒、苏丹埃博拉病毒，本迪布焦埃博拉病毒，大森林埃博拉病毒，雷斯顿埃博拉病毒。其中，莱斯顿亚型只感染灵长类动物，其他都可以感染人类。最致命的是扎伊尔亚型。

埃博拉病毒其实不易传播。该病毒无法通过水、空气或食物传播，没有症状的人也不会传播，传染途径只有患者或死者的体液和被污染的针头等工具。因此，只要从被检测者中找出患者并将他们隔离，便有助控制疫情。

2. 流行特点

（1）传染源和宿主动物。感染埃博拉病毒的人和非人灵长类动物为本病的传染源。目前认为，埃博拉病毒的自然宿主为狐蝠科的果蝠，尤其是锤头果蝠、富氏前肩头果蝠和小领果蝠，但其在自然界的循环方式尚不清楚。科学工作者对24种植物和19种动物进行感染埃博拉病毒试验，只有蝙蝠被感染，蝙蝠感染后无临床症状。法国研究人员在暴发过埃博拉疫情的加逢和刚果捕捉上千只不同动物，其中，包括679只不同种类的蝙蝠，222只鸟类和129只松鼠等小哺乳动物，检测证实3种29只蝙蝠的体内（包括血液、肝脏和脾脏）发现感染过埃博拉病毒，但未出现临床症状，他们推测蝙蝠成为埃博拉病毒自然宿主的条件。这些结果表明蝙蝠具有成为埃博拉病毒自然宿主之一。

（2）传播途径。接触传播是本病最主要的传播途径。可以通过接触患者和被感染动物的各种体液、分泌物、排泄物及其污染物感染。患者感染后血液中含有大量的病毒，医护人员在治疗、护理患者或处理死者尸体过程中，如果没有严格的防护措施，极易感染。医院内传播是导致埃博拉出血热暴发流行的重要因素。据文献报道，埃博拉出血热患者的精液中可分离到病毒，故存在性传播的可能性。动物试验表明，埃博拉病毒可通过气溶胶传播。虽然尚未证实有通过性传播和空气传播的病例发生，但应予以警惕，做好防护工作。

（3）人群易感性。人对埃博拉病毒普遍易感，出现疫情时，感染风险最高的人群为：① 医务人员。② 与患者有密切接触的家庭成员或其他人。③ 在葬礼过程中直接接触死者尸体的人员。④ 在雨林地区接触了森林中死亡动物的人。发病主要集中在成年人，这与暴露或接触机会多有关。目前认为埃博拉发病在性别间无明显差异，季节分布也无明显差异。

（4）地理分布。近几十年来，埃博拉出血热主要在乌干达、刚果、加蓬、苏丹、科特迪瓦、南非、几内亚、利比里亚、塞拉利昂等非洲国家流行。除非洲外（不包括实验室感染），目前尚未发现其他洲有人类埃博拉出血热流行。因此，就目前资料分析，埃博拉出血热流行的地理特征比较典型。目前我国尚未发现埃博拉出血热患者，但随着国际交流日益增多，不排除该病通过引进动物或通过隐性感染者及患者输入的可能性。故应提高警惕，密切注视国外疫情变化。

3. 临床症状与表现

埃博拉病毒感染人类后的潜伏期为 2 ~21 天，大多数患者在感染 8 ~9 天后病情危重。一旦被感染，患者在 1 ~2 天出现症状。

临床患者可出现高热、头痛、喉咙痛、关节痛等全身中毒症状，继之出现严重呕吐、腹泻。可在 24 ~48 小时发生凝血功能障碍与血小板减少症，从而导致鼻腔或口腔内出血，伴随皮肤出血性水泡。在 3 ~5 天，出现肾衰竭，并导致多器官功能衰竭和弥散性血管内凝血，伴随明显的体液流失。

4. 诊断

埃博拉出血热的主要诊断依据是流行病学资料、临床表现和实验室检查结果。早期诊断埃博拉出血热较困难，因其症状无特殊性，不易与其他病毒性出血热如拉沙热、黄热病、马尔堡出血热、克里米亚—刚果出血热、肾综合征出血热等鉴别。确诊主要依靠实验室检测。以下实验室结果均可确诊：① 病毒抗原阳性；② 血清特异性 IgM 抗体阳性；③ 恢复期血清特异性 IgG 抗体滴度比急性期有 4 倍以上增高；④ 从患者标本中检出埃博拉病毒 RNA；⑤ 从患者标本中分离到埃博拉病毒。埃博拉病毒高度危险，检测必须在 BSL4 实验室进行，以防感染扩散。检测方法：① 病原学检测。目前病原学检测方法主要有 4 种：a. 电镜法：电镜可直接用于急性期患者标本中的埃博拉病毒检测，结果可靠。b. 病毒分离：采集发病一周内患者血标本，用 Vero、Hela 等细胞进行病毒分离培养。c. 病毒抗原检测：由于埃博拉出血热有高滴度病毒血症，可采用 ELISA 方法检测血标本中病毒抗原；也可采用免疫荧光法和免疫组化法检测动物和疑似病例尸检标本中的病毒抗原。d. 核酸检测：采用 RT－PCR 等核酸扩增方法检测；一般发病后一周内可从患者血标本中检测到病毒核酸。② 血清学检测。常用 ELISA 法和免疫荧光法。血清特异性 IgM 抗体多采用 IgM 捕捉 ELISA 法检测；血清特异性 IgG 抗体多采用 ELISA 法和免疫荧光法检测。据文献报道，最早可从发病后 2 天的患者血清中检出特异性 IgM 抗体，IgM 抗体可维持数月。发病后 7～10 天可检出 IgG 抗体，IgG 抗体可维持数年。IgM 抗体检测可用于埃博拉出血热的快速诊断，而 IgG 抗体检测用于流行病学调查。因此，血清学检测法不仅具有较高的特异性和敏感性，而且操作简便，不需特殊设备，成本低廉，对人和动物血清均可检测，易于推广应用。

5. 防治

（1）现状。目前无有效疫苗，发现可疑患者应立即隔离，发现病猴应全部捕杀。死亡患者立即火化。治疗手段只有对症支持治疗（静脉输液，血液和血小板输注）。其他方法包括输注恢复健康埃博拉病毒感染者的血浆。这种方法的前提是康复患者的血浆中含有救命的中和抗体。根据此次疫情期间的最新报道，这种试验性的治疗手段已经在临床运用，虽然该疗法的疗效未知。

（2）新药进展。两名感染埃博拉病毒的美国患者已率先接受试验性新药治疗，他们原本病情严重，但在使用名为 ZMapp 的药物治疗后病情开始好转，其中第一个接受治疗的人甚至可以独立行走，这让医学界看到了遏制埃博拉病毒的希望。尽管最终疗效还有待观察，但至少说明人类有希望战胜这种“大杀伤力”病毒。

在这两名美国患者开始服用试验性药物之前，没有任何埃博拉药物或疫苗经过深入的临床试验，更不用说得到医疗管理机构认证并上市。

从公开的研究资料看，全球范围内，相关药物最多也就是在猴子或部分健康人身上开展过初步测试。目前已知的只有两种埃博拉药物和一种疫苗在猴子身上测试后呈现不错效果。研制这些产品的共有 3 家公司，其中两家在美国，一家在加拿大，它们都曾接受美国卫生部门的资助。

第四节　马尔堡出血热

马尔堡出血热是由马尔堡病毒引起的一种自然疫源性传染病，但该病毒的长期宿主尚未能确定。临床上以发热、头痛、腹痛、腹泻、休克、出血等为主要表现。本病曾于 2004 年 10 月至 2005 年 7 月在非洲的安哥拉、刚果及肯尼亚等国发生流行。本病的传染性强，病情发展较快而重，病死率可高达 90%。

1. 病原

马尔堡病毒也称为绿猴病病毒、绿猴因子，与埃波拉病毒同属丝状病毒科丝状病毒属。马尔堡病毒的发现早于埃波拉病毒。

马尔堡病毒在自然状态下呈长丝状、分枝状或盘绕状（盘绕成“U”形、“6”形或环形）。以磷钨酸负染后电镜观察，可见直径 80～90nm、长度 130～2 600nm（平均 790nm）不等的病毒粒子，外周有囊膜，表面有长约 10nm 的突起。马尔堡病毒聚糖无唾液酸，这是它与埃波拉病毒的区别之一。马尔堡病毒含一个单链负股 RNA，基因组共编码 7 种主要结构蛋白质。马尔堡病毒只发现一个血清型。

马尔堡病毒对热有中等程度的抵抗力，56℃不能完全将其灭活，60℃ 1 小时可使其丧失感染性。在室温及 4℃时存放 35 天其感染滴度基本不变，－70℃可以长期保存。紫外线，γ 射线、脂溶剂、乙醚、β 丙内酯、次氯酸和酚类等均可破坏病毒的感染性。

马尔堡病毒和埃博拉病毒在形态上几乎没有区别，但在血清学细胞培养上两者有明显的不同。在细胞培养中，马尔堡病毒的复制对宿主细胞可造成损害，形成空斑病变。马尔堡病毒对人类有极强的感染性和致病力。

2. 流行特点

（1）传染源。病人和受感染动物是本病的主要传染源。马尔堡病毒可从患病的猴子传染给人类，但是目前仍然未清楚该病毒在自然界的主要宿主是什么动物。因为猴子受感染后比人类更易发病、死亡，因此，科学家们已对数百种动物进行了检测，企图寻找那些可长期携带马尔堡病毒的动物宿主。然而，至今尚未能确定该病毒的真正自然贮存宿主。

（2）传播途径。根据目前的了解，该病是通过接触患者含高密度病毒的血液和体液传播。若接触病人的血液和其他体液，包括粪便、尿液、呕吐物、唾液、精液、呼吸道分泌物等则可被感染。因此，密切接触病人的家属和医护人员的危险性最高。一般不会通过呼吸道传播。

（3）易感人群。从该病的流行情况来看，所有人对马尔堡出血热都普遍易感。大部分病人都是成年人。5 岁以下的儿童患者仅占10%左右。人在感染2周后可产生中和抗体，从而获得免疫力，但能持续多长时间尚不清楚。

（4）流行特征。本病传染性强，密切接触者易成为继发病例。人类历史上，马尔堡病毒曾侵袭人类6次。最近一次发生在2004年10月至2005年7月，在安哥拉共有235例发病，导致215例死亡，病死率高达91.5%。

3. 临床症状与表现

本病的潜伏期一般为3~9天，亦可超过2周。人感染马尔堡病毒经过潜伏期后突然发病，通常发病第1日即出现高热，数小时内体温可上升超过39℃，呈现为稽留热或弛张热，常伴有畏寒或寒战、剧烈头痛和全身不适。高热常持续达7天以上。第3日起出现腹痛、恶心、呕吐和严重水样腹泻。腹泻可持续1周，导致严重的失水和嗜睡。病人常于病程的第2~7日全身皮肤出现不痛不痒的红色斑丘疹，随后可出现脱屑。病情进一步发展，常于第5~7日出现休克、出血的临床表现，如牙龈出血、鼻出血、尿血、阴道出血和消化道出血等。通常病程为14~16天。病人多于发病后第6~9日因休克，出血，因肝、肾、心、肺、脑等多器官衰竭而死亡。

4. 诊断

（1）一般检查。患者发病早期就可有蛋白尿，天冬氨酸转氨酶显著升高及丙氨酸转氨酶有限升高，形成特征性的天冬氨酸转氨酶>丙氨酸转氨酶。淋巴细胞减少，随后中性粒细胞增多，血小板显著减少，伴有反常的血小板凝聚。有时血淀粉酶也增高。

（2）特异性诊断方法。马尔堡病毒属于生物安全4级病原体，病毒分离培养和研究工作都必须在P4级实验室内进行。其特异性诊断方法有：①血清学检测：检测方法包括间接免疫荧光试验、酶联免疫吸附试验和放射免疫测定技术等。间接免疫荧光试验可测定 IgG 和 IgM 两类抗体。IgM 抗体在发病后 7 天即可出现，并很快达峰，可用于疾病的早期诊断；IgG 抗体在感染后 30 天达峰，并持续较长时间。检测抗原的方法有：用酶联免疫吸附试验检测血液、血清或组织匀浆中的抗原，用间接免疫荧光试验通过单克隆抗体检测肝细胞中的病毒抗原。② 电镜检查：在急性期，可取患者或猴的血液和尿或死亡人或猴的肝脏等标本，电镜观察病毒粒子，即可做出诊断。③ 病毒分离：病毒的分离可取上述标本接种 Vero 细胞，3 天后采用免疫荧光技术即可检出细胞内的病毒抗原；也可将上述标本接种豚鼠、乳鼠或猴，动物发病，可采用电镜或免疫荧光技术检查血液或组织器官中的病毒抗原

5. 防制

对马尔堡出血热尚无特效治疗药物，对其主要依靠早期发现、早期隔离、对症治疗以及积极的支持治疗：① 对症治疗：包括退热、镇静、氧疗、止血、保护重要脏器的功能等。② 支持治疗：液体疗法、营养支持、补充凝血因子、补充新鲜血浆和白蛋白、维持血压，治疗各种并发症。肝素的应用尚有争议。③ 抗病毒治疗：在病程的前 6 天内使用效果最好，例如利巴韦林静脉给药，首剂 30mg/kg，以后按每 6 小时 15mg/kg 用药 4 天，再按每 8 小时 8mg/kg 继续用药 6 天。④ 有人主张使用恢复期患者血清及动物免疫血清球蛋白治疗早期患者，但目前争议较多。

第五节　东部马脑炎

东部马脑炎是由东部马脑炎病毒引起的人兽共患病毒性疾病。主要侵犯马和人。因本病 1933 年流行于美国东部一些农场的马群，同年科学家从病马中分离出病毒，故名叫东部马脑炎。

临床上以高热及中枢神经系统症状为主。人偶然感染，潜伏期7～10天病死率可高达50%。本病有严格季节性，多在7～10月，以8月为高峰。本病毒对人的感染大多侵犯10岁以下儿童和50岁以上老年人。据统计10岁以下儿童约占70%，男女无明显差别。10～50岁显性感染少。本病尚无特效治疗方法，仍以支持疗法和对症处理为主。对高热、惊厥、呼吸衰竭的抢救措施同流行性乙型脑炎。如能及时处理，多数病人可顺利度过极期而恢复。

1. 病原

东部马脑炎病毒属于披膜病毒科甲病毒属。在电镜下病毒颗粒为球形RNA病毒，有囊膜，直径为60～80nm，对乙醚、甲醛紫外线、脱氧胆酸胆酸钠敏感。对胰酶不敏感。能凝集1天龄雏鸡和成年鹅红细胞。60℃加热10分钟即可灭活，－70℃可长期保存。病毒在pH值5.1～5.7不稳。本病毒能在多种组织细胞内增殖，包括：鸡胚、地鼠肾、豚鼠肾、猴肾、鸭肾等组结培养下良好繁殖。对实验动物如小白鼠、豚鼠、鸡有较强的侵袭力和毒力。脑内接种和皮下接种可使许多鸟类和啮齿类动物发病。一些鸟类、啮齿动物、家畜、家禽均可感染。动物肝然后最先是发烧，随货肌肉震颤、倒卧，并呈划水样动作。病变主要局限在中枢神经系统。

2. 流行特点

（1）传染源。鸟类为本病主要传染源和贮存宿主。在自然条件下本病毒在多种小野鸟和库蚊中自然循环和传播。人和马是偶然受害者。鸟类感染本病后，大多无症状，体内病毒血症约维持4天左右。野鸟中幼鸟体内病毒比大鸟滴度高，数量多。故小鸟是本病主要传染源。一些温血脊椎动物对本病毒易感。马感染后表现为病毒血症，病死率甚至高达80%～90%。但血中病毒抗原效价低，流行病学调查显示，马和人一样对本病毒不起传染源作用。

(2) 传播途径。目前能分离到东部马脑炎病毒的蚊种已达1 000余种，其中黑尾脉毛蚊是最主要的传播媒介。黑尾脉毛蚊专吸鸟的血液，很少吸人血，是鸟类之间主要传播媒介。而烦扰伊蚊兼吸人血液，故为人和家畜的主要传播媒介。蚊虫叮咬是本病主要传播途径。偶可由人吸入含病毒的气溶胶经呼吸道传播。

(3) 人群易感性。人对东部马脑炎普遍易感，且大多呈不显性感染，2% ~10%呈显性感染。人感染后可产生持久免疫力。

(4) 流行特征。东部马脑炎主要分布在美国东部、东北部与南方几个州，加拿大的安大略省、加勒比群岛、阿根廷、圭亚那等国。其他地区菲律宾、泰国、捷克、波兰等国都从动物中分离到本病毒，但尚无病例发生。我国也从自然界分离到东部马脑炎病毒，在人群血清学调查也发现东部马脑炎病毒抗体阳性，由此推测，我国除已知乙脑和森林脑炎外，可能有其他虫媒病毒引起的脑炎还未被人认识。

东部马脑炎有严格季节性，多在 7 ~10 月，以 8 月为高峰。在人间流行前几周，常先在家畜、家禽之间流行。本病毒对人的感染大多侵犯 10 岁以下儿童和 50 岁以上老年人。据统计 10 岁以下儿童约占 70%，男女无明显差别。10 ~50 岁显性感染少。

3. 临床特征与表现

被受感染节肢动物叮咬之后，病毒在局部组织及局部淋巴结复制。病毒血症的发生与持续取决于神经系统外局部组织内病毒复制的阶段，单核–巨噬细胞系统清除病毒的速度以及特异性抗体的出现，故而出现临床表现较大差异。

该病潜伏期 7 ~10 天。除一部分病人有前驱症状如倦怠、食欲缺乏、腹痛、咽痛、头痛外，临床经过分 3 个阶段。

(1) 初热期。急性起病，突然出现寒战、高热，伴剧烈头痛，恶心呕吐，眼结膜炎等症状，体温很快升至 39℃以上，持续 2～3 天，稍下降，然后再上升进入极期。

（2）极期。主要表现为持续高热（40℃以上）和明显中枢神经系统症状、体征。病人有剧烈头痛、呕吐、肌张力增强，谵妄或嗜睡，很快进入昏迷或惊厥。颈项强直明显，凯尔尼格征阳性，腹壁反射和提睾反射消失，四肢肌肉痉挛，部分病人表现麻痹。部分病人有眼肌麻痹，眼睑下垂、偏视。病重者因严重脑水肿发展成脑疝，引起呼吸不规则，直至呼吸心跳停止。也可因合并肺感染而死亡。死亡多发生在病后 2 周内。此期一般持续 7～8 天。

（3）恢复期。病程约 10 天后，体温开始下降，各种症状逐渐改善和恢复，病重者发热持续时间要长一些。通常遗留有语言障碍、嗜睡状、定向力差，对周围事物漠不关心或步态失调等。脑神经和支配四肢肌肉的神经麻痹者，多为永久性损害。

病理检查发现常伴有散在神经元破坏病变的一种弥散性脑炎，故存活者 30% 残留严重的后遗症（麻痹、瘫痪、惊厥、精神迟钝等）。

4. 诊断

东部马脑炎主要靠血清学检查和流行病学资料做出诊断。我国尽管在自然界分离出本病病毒，也发现人群血清抗体阳性，但尚未见本病例报告，故诊断时需慎重。必须取急性期和恢复期双份血清中和抗体或凝血抑制试验抗体 4 倍升高才可确诊。另外从死者脑组织作小鼠脑内接种或鸡胚接种进行病毒分离，可获阳性结果。

5. 防制

东部马脑炎尚无特效治疗方法，仍以支持疗法和对症处理为主。对高热、惊厥、呼吸衰竭的抢救措施同流行性乙型脑炎。如能及时处理，多数病人可顺利度过极期而恢复。

东部马脑炎主要在夏秋季节流行，其流行强度与蚊密度有平行关系，因此防蚊和灭蚊是预防本病重要环节。另外目前使用单价（东部马脑炎）疫苗、双价（东马加西马）、三价（东马、西马和委内瑞拉马脑炎）弱毒和灭活疫苗5种，对马等家畜有较好的保护作用。目前人群疫苗接种，尚处在实验阶段。使用恢复期血清，对人群有一定的保护作用和治疗作用。

第六节　西部马脑炎

西方马型脑炎是由西方马型脑炎病毒引起的人马共患的病毒性疾病。病程3~5天，大多在8~14天。成年人多无后遗症，乳幼儿后遗症常有智能低下、情绪不稳、四肢强直性瘫痪。老年患者则表现为精神障碍和人格改变。

1. 病原

西部马脑炎是由西部马脑炎病毒引起，经蚊虫传播的人兽共患急性传染病。西部马脑炎病毒属于披膜病毒的甲病毒科，可引起人类和马等动物的致死性疾病—脑炎。该病毒于1930年从患病马群中分离到，1937年又从1名死于脑炎患儿脑组织中分离出此病毒。因首先发现于美国西部，故称为西方马型脑炎。

其代表株有2个：一个为McMillan株，是从西部人群中分离到的；一株为Highland株，是从鸟中分离到的。两株抗原性有明显差别。病毒株间其抗原性也存在地区性差异。

2. 流行特点

1930年，该病毒首先分离自美国加州默克郡的马脑内。1941年，加拿大的马尼托巴、萨斯喀彻温以及美国北部发生该病的第一次大流行，至少有2 792例病人，发病率为22.9~171.5/10万，病死率为8.1%~15.3%。最近流行的年份分别是1975、1977、1981和1983年。该病在北美西部呈地方性流行，以不规则的间隔在马和人群中引起流行。目前已知该病主要分布

于加拿大、美国西部和中部、墨西哥、圭亚那、巴西、阿根廷、秘鲁、智利和乌拉圭等国家。

除了美洲外，波兰和前苏联也曾报道从正常人血中测得西部马脑炎抗体。我国1956年曾报道从疑似脑炎病人尸体脑组织分离到2株病毒，经鉴定证明其抗原与西部马脑炎病毒相似。1957年又从牛血清调查中检得到西部马脑炎病毒中和抗体。1990年分别从新疆乌苏县的一组赫坎按蚊和博乐县的全沟硬蜱中分离出西部马脑炎病毒，这是在欧亚大陆除俄罗斯外发现的第2例西部马脑炎病毒分离的报道。学者在对我国人体血清进行调查中发现，西部马脑炎病毒抗体阳性率为2.71%。这些情况都表明西部马脑炎病毒在我国的存在。我国每年均有大量不明原因发热及脑炎病例的报道，提示西部马脑炎病毒可能是我国感染性疾病的新病原之一。

3. 临床特征与表现

主要临床表现与东方马脑炎相似，但要比东部马脑炎轻，病死率亦低。

4. 诊断

虽然东方马脑炎和西部马脑炎的临床症状相当特征，组织病理学上也有典型的病毒性脑炎变化，可提供一定的诊断依据，但是最后确诊必须靠病毒的分离、鉴定以及特异性血清学诊断。

5. 防制

本病无特效抗病毒疗法。多采用支持疗法和对症处理，方法同流行性乙型脑炎。预防的主要措施是防蚊灭蚊和预防接种。对婴幼儿和孕妇防蚊格外重要。本病在人间流行前，常在马群中流行。家畜家禽可以注射灭活单价或双价、三价疫苗，以减少动物带毒，使人群流行率有所降低。人用灭活疫苗尚在研制中。

第七节　尼帕病毒

尼帕病毒是一种新出现的人兽共患病毒（一种可由动物传播给人类的病毒）。尼帕病毒给感染者造成严重疾病，主要症状为神经症状和呼吸道症状。该病毒还可在猪等动物身上引起严重疾病，给养殖者造成重大经济损失。1997 年在马来西亚森美兰州首次发现，随后在澳大利亚、孟加拉国均爆发了此病，造成许多人员死亡和重大的经济损失。该病有扩散到其他国家的可能性，已成为继疯牛病、禽流感、SARS 后又一引起世界各国广泛关注的人兽共患病，是一个具有重要公共卫生意义的全球性疾病。

1. 病原

尼帕病毒是副黏病毒科、副黏病毒亚科中第 4 属即亨的拉病毒属的成员。尼帕病毒是单链 RNA 病毒，绝大多数为负链，也有正链。经电镜观察病毒呈圆形或多型性，病毒粒子差异较大。

该病毒在体外不稳定，对温度、消毒剂及清洁剂敏感，56℃经 30 分钟即可被破坏，常用消毒剂和一般清洁剂即可使其灭活。尼帕病毒可在任意一种哺乳动物的细胞系上生长，形成合胞体样病变，但不能在昆虫细胞系中生长。病毒在 Vero、BHK、PS 等细胞上生长良好，24 小时可出现病变，TCID50 可达到 10^8个/mL 以上。

尼帕病毒的毒力很强，美国疾病控制中心将其定为生物安全 4 级，这一级别的致病原为致死性最强的病原，其中，包括埃博拉病毒、马尔堡病毒和拉沙热病毒。

2. 流行特点

尼帕病毒有较为广泛的宿主（如蝙蝠、猪、人、猫、犬和马等）。目前，本病的流行还只限于马来西亚、新加坡和孟加拉 3 国，尼帕病毒脑炎对与病猪接触职业者威胁最大，占全部脑炎患者的70%，屠宰业者占1.8%。

最早引起该病爆发的帕尼病毒的宿主来源依然未知。有研究认为，猪可能经与果蝙蝠、野猪、流浪狗和鼠类等野生动物接触而感染尼帕病毒。也有学者认为，尼帕病毒在猪群间的传播可能与八哥、九官、掠鸟等掠鸟科鸟类有关，因为这些鸟类经常在猪场内觅食，且常常停留在猪的身上，啄食其背上的蜱，并可在不同的猪群间或养猪场间活动。猪间的传播是因猪的移动引起的。没有引进可疑猪的猪场，尼帕病毒抗体为阴性，而引进可疑猪的猪场其抗体为阳性。处于潜伏期无临床症状的猪是主要的传染源。同一养猪场猪间的传播，可能是通过直接接触病猪的分泌物和排泄物（如尿、唾液、喉气管分泌物）传播的，此外，该病毒也可通过狗、猫的机械传播或通过使用同一个针头人工授精或共用精液的方式传播。

尼帕病毒感染人的过程中，猪起关键作用。猪感染后，病毒可在病猪体内大量增殖，且病毒血症时间较长。更主要的是可直接通过呼吸道和尿液、粪便等排出体外，从而使与感染猪密切接触的人和马、狗、猫和鼠等动物受到感染。排毒病猪不出现任何临床症状，是最危险的传染源。人群普遍易感，而与感染猪直接接触的人最易感，为高危人群。病人主要通过伤口，与猪的排泄物（包括唾液、鼻腔分泌液、血液、尿液和粪便及呼出的气体等）直接接触而感染。在马来西亚的疫情中，狐蝠携带的尼帕病毒可能以微小的概率感染猪后，在猪体内大量增殖，并且迅速感染相互接触的其他猪，人通过密切接触这些病猪而受感染。然而，2001年印度感染者大多是在医院工作或是照顾、看望住院病人的人，这表明尼帕病毒可以由人传染给人，可引发严重的医院内感染，但没有猪群感染尼帕病毒的报道。与印度类似的是，在孟加拉国的疫情中，尼帕病毒感染者大多数与猪没有密切接触史，且该地区的猪也未见尼帕病毒感染的相关报道，所有在孟加拉国的疫情中发挥重要作用，故人感染尼帕病毒的最初途径仍不清楚。在马来西亚的疫情中，经多方调查，未发现人和人之间相互传染的证据；而在孟加拉国的疫情中，有确凿证据表明，尼帕病毒在人与人之间相互传播。该病不通过蚊虫和其他昆虫传播，由于患者多种内脏器官有病变，而生殖器官未见异常，所以推测人类垂直传播的可能性较小。

3. 临床特征与表现

尼帕病毒在人的潜伏期为1～3周，人感染后主要表现为严重的快速进行性脑炎，脑干功能失常（表现为高血压、心动过速），死亡率较高。不同患者发病的严重程度各异，以神经系统症状为主，特征症状是颈部和腹部肌肉痉挛，同时出现体温升高、头痛、嗜睡、呕吐、咳嗽、意识混乱，严重的昏迷、死亡。多表现为急性经过，轻的无临床症状，仅血清学检测为阳性。

在猪的潜伏期为1～2周，多为温和型或亚临床感染，自然感染的症状与猪年龄有关。猪表现为呼吸困难，肌肉震颤、抽搐，四肢无力，死亡率约为40%。4～6周龄的断奶仔猪和育肥猪常表现为急性发热，高达39.9℃以上，伴有呼吸困难、咳嗽等呼吸道症状。还可能出现肌肉痉挛、抽搐等神经症状，影响行动，感染率可高达100%，但病死率低（1%～5%）。成年猪表现为突然死亡或急性高烧（39.9℃以上），稍后食欲废绝，出现呼吸症状与神经症状。怀孕母猪可能早产、死胎。

4. 诊断

依据本病的发病年龄、临床症状及流行病学的特点可做出初步诊断，通过实验室的检测进行确诊。目前用于尼帕病毒或抗尼帕病毒抗体的诊断方法主要有病毒分离、电镜观察、免疫组织化学法、中和试验、补体结合试验、间接ELISA、竞争ELISA、夹心ELISA、RT－PCR、基因序列分析、免疫噬斑分析等方法。此外，人医上还利用核磁共振图像技术观察病人脑部的病理变化，与其他脑炎的病理变化相区别，从而进行诊断。

5. 防治措施

目前，对该病尚无有效的药物和治疗方法，只能采取强制措施，监测并淘汰患病动物，以免传染给人；防止家猪与野猪的接触；禁止运输和进口患病猪及其肉制品；对猪舍进行消毒，搞好清洁卫生工作。人医上使用的药物有病毒唑及阿昔洛韦。

随着世界人口的增多，人类生活的区域越来越接近野生动物生活的区域，为野生动物源性疾病跨种间传播提供了有利条件。但目前对尼帕病毒的来源尚不十分清楚，土地资源的开发和利用可能是尼帕病毒出现的重要因素；对尼帕病毒的传播方式也正在研究中；且对尼帕病毒如何侵入宿主的机制、病毒在中枢神经系统的存活情况及宿主的免疫反应等都需做进一步的研究。

第八节　裂谷热

裂谷热又称里夫谷热，是由裂谷热病毒引起的一种急性、烈性传染病。该病是一种重要的人兽共患病，主要通过蚊媒传播，也可通过气溶胶和接触传播，主要宿主是绵羊、山羊和牛，其流行特征是妊娠动物出现急促流产，幼小动物的死亡率高，同时伴有人群的发病和死亡。WHO 已将其列为生物战剂之一，世界动物卫生组织将其列为 A 类疫病。目前为止，我国未见裂谷热疫情发生，但近年来，由于国际合作的加深，各国间贸易往来频繁，旅行者数量逐年递增，这些都增大了裂谷热传入我国的可能性。为此本文综合国内外文献，就裂谷热的流行特点、各种检测技术以及预防控制方面进行综述，为能够更准确、特异、快速检测该病毒提供参考，指导口岸卫生控制。

1. 病原

裂谷热病毒归属布尼亚病毒科白蛉热病毒属，具有布尼亚病毒的典型形态学和理化特性。裂谷热病毒只有一种血清型，目前还未发现裂谷热病毒的分离株和实验室传代株的特异性抗原差异。病毒有囊膜，呈球形，直径 90nm ~ 100nm，表面有糖蛋白突起，其直径长 10nm，裂谷热病毒核酸位于病毒的核衣壳内，为单负股 RNA，由 S 基因、M 基因及 L 基因 3 节段组成。其中，S 基因 1 690nt，编码 N 蛋白和 NSs 蛋白；M 基因 3 885nt，编码 Gn 蛋白、Gc 蛋白、NSm 蛋白和 NSm 与 Gn 融合蛋白。L 基因 6 404nt，编码 L 蛋白和 RNA 依赖性 RNA 聚合酶。N 蛋白和 L 蛋白负责、责病毒复制和转录，Gn 和 Gc 蛋白作为糖蛋白进入病毒的被膜，与 N 蛋白形成核糖核蛋白复合体（RNP），RNP 与 L 蛋白共同包装病毒颗粒，NSm 与 NSs 为非结构蛋白，NSm 是否参与病毒颗粒的包装目前还不清楚，NSs 是裂谷热病毒的主要致病因子，NSm 的机理目前尚不清楚。已证明各毒株的致病性存在着一定的差异。

病毒对脂溶剂和热敏感，56℃ 40 分钟可灭活，在鸡胚等组织细胞中生长良好。病毒耐受冻干；低温下可保存数月；在放牧地带外环境中可维持传染达 5 ~ 15 年；在 -4℃ 存活 3 年；2. 5mL/L 福尔马林、4℃需 3 天才能灭活；pH 值低于 6. 8 可使之灭活。

2. 流行特点

（1）流行范围。该病最早于 1931 年在对肯尼亚里夫特山谷一农庄羊群做流行病调查时确定，随后迅速在一些国家引起暴发，包括非洲的肯尼亚、南非、塞内加尔、毛里塔尼亚、埃及、马达加斯加岛和中东的沙特阿拉伯以及也门等地。此病本来在非洲地区流行，但数据显示，该病进一步越过红海，延伸至中东的阿拉伯半岛和也门，可能会进一步威胁亚洲和欧洲。近些年来，各国之间旅游业发展及动物性进出口贸易日趋频繁，如果各国不加强对动物或货物及入境人员的裂谷热的检疫，裂谷热将会乘虚而入，我国应对裂谷热做好预防控制和应对措施。

（2）流行特点。裂谷热病毒主要寄生在多种脊椎动物中，羊、牛等家畜以及鼠类为主要传染源，家畜及病人在病毒血症期间也具有传染性。裂谷热病毒可通过血液、体液和气溶胶途径感染机体，蚊子吸血传播是重要的传播途径，但是绝大多数导致人类感染的是通过直接接触病畜的组织、血液、分泌物和排泄物所造成的。因此，某些职业群体，如牧民、农民、屠宰工人和实验室技术人员等，在宰杀、接生或实验诊断期间很可能感染到病毒。目前至今并无裂谷热病毒在人与人之间传染的报道。

裂谷热的流行和传播与周期性的降水量有关，夏秋季为该疾病流行高峰期，雨水有助于蚊虫的滋生，据统计，非洲的多处疫区都集中分布在多水带和丰水带。RVFV 经蚊虫传播感染，其实是通过蚊卵进行传播，蚊卵可以在土壤中存活很多年，一旦遇到适宜的环境如大雨，雨水将带毒的蚊卵冲到静止的河中，卵就开始孵化成带毒的蚊子，再一次引起病毒的循环传播。在南非和埃及的裂谷热流行中最重要的媒介分别是泰累尔氏库蚊和尖音库蚊。

3. 临床特征与表现

潜伏期 3～6 天。起病急骤，高热达 38～40℃，可为双峰热，热程可达 1 周。并有畏光、剧烈头痛、肌痛及相对缓脉。常无皮疹，偶有皮肤黏膜小出血，罕见大出血。并发症可有中心性、浆液性视网膜炎及中心暗点，少数可致视网膜剥离；罕见脑炎（多发生于发热后 3～12 天）。

4. 诊断

（1）临床诊断。疫区的患畜出现发热、肝炎、产奶量下降、流产等症状可初步确诊为裂谷热，但要注意鉴别诊断，再进一步分离病毒进行实验室诊断方可确诊。感染患者的临床症状为头痛，筋骨关节痛、畏光、疲倦和视网膜出现斑点。

（2）实验室诊断。裂谷热病毒的诊断需要实验室诊断，主要是在血清中检测 IgM 抗体水平，或是在急性发病期或恢复期的病例的血液中检测 IgG 抗体滴度。有脑炎症状的病例，可采其脑脊液检测 IgM 抗体水平；也可以从急性发病期病例的血液中分离裂谷热病毒，并通过 PCR 检测核酸序列。实时荧光定量 RT－PCR 能够检测细胞培养悬浮液中 10 $TCID_{50}$/mL 的感染性裂谷热病毒。也能够检测每份样品的 9～16 个裂谷热病毒 RNA 拷贝。除上述诊断方法外还可以应用非洲绿猴肾细胞，仓鼠肾细胞或牛羊的原代细胞、仓鼠、成年鼠、幼鼠、鸡胚、2 日龄羔羊或用全血或组织悬液通过脑内或腹腔内接种小鼠的方式分离病毒，进行补体结合反应、免疫扩散、血凝试验、微量中和、免疫荧光、蚀斑减数中和试验、小鼠中和试验、酶联免疫荧光实验和放射免疫分析。

5. 防制

（1）对症和支持治疗。① 高热。给予物理降温，也可使用小剂量解热镇痛药，避免大量出汗。② 呕吐。给予甲氧氯普胺片、维生素 B6。③ 出血。发现弥散性血管内凝血（DIC），可早期用肝素钠，应用止血敏、维生素 C 等，补充血容量、血浆、白蛋白、全血、纤维蛋白原、血小板等替代疗法治疗 DIC。④ 肝损伤。保肝、退黄、营养支持，可用甘草酸制剂。⑤ 颅内高压。密切观察生命体征、呼吸节律、瞳孔等变化，予 20% 甘露醇快速静点脱水。⑥ 肾衰竭。如少尿、无尿、高血钾等，应积极行血液透析。同时注意维持水、电解质、酸碱平衡。

（2）抗病毒治疗。利巴韦林在动物实验和细胞培养中有抗裂谷热病毒作用，可考虑在早期试用。

主要参考文献

[1] 陈溥言. 兽医传染病学（第五版）. 北京：中国农业出版社，2007.

[2] 费恩阁，李德昌，丁壮. 动物疫病学. 北京：中国农业出版社，2004.

[3] 金宁一，胡仲明，冯书章. 新编人兽共患病学. 北京：科学出版社，2007.

[4] 金奇. 医学分子病毒学. 北京：科学出版社，2001.

[5] 梁旭东. 炭疽防治手册. 北京：中国农业出版社，2001.

[6] 刘克州，陈智. 人类病毒性疾病. 北京：人民卫生出版社，2002.

[7] 世界动物卫生组织. OIE 哺乳动物、禽、蜜蜂 A 和 B 类疾病诊断试验和疫苗标准手册. 北京：中国农业科学技术出版社，2002.

[8] 史利军，刘锴. 动物源人兽共患病. 北京：中国农业科学技术出版社，2011.

[9] 孙鹤龄. 医学真菌鉴定初编. 北京：科学出版社，1987.

[10] 唐家琪. 自然疫源性疾病. 北京：科学出版社，2005.

[11] 田克恭. 人与动物共患病. 北京：中国农业出版社，2013.

[12] 汪昭贤. 兽医真菌学. 杨凌：西北农林科技大学出版社，2005.

[13] 谢庆阁. 口蹄疫. 北京：中国农业出版社，2004.

［14］杨佩英，秦鄂德. 登革热和登革出血热. 北京：人民军医出版社，1999.

［15］殷震，刘景华. 动物病毒学（第二版）. 北京：科学出版社，1997.

［16］俞东征. 人兽共患传染病学. 北京：科学出版社，2009.